Michael Field
Martin Golubitsky

Chaotische Symmetrien

Die Suche nach Mustern in Mathematik, Kunst und Natur

Aus dem Englischen von Gisela Menzel

Springer Basel AG

Die Originalausgabe erschien 1992 unter dem Titel
"Symmetry in Chaos. A Search for Pattern in Mathematics, Art and Nature"
bei Oxford University Press, Oxford, England.

Die Deutsche Bibliothek — CIP-Einheitsaufnahme

Field, Michael:
Chaotische Symmetrien : die Suche nach Mustern in Mathematik, Kunst und Natur / Michael Field ; Martin Golubitsky. Aus dem Engl. von Gisela Menzel.

Einheitssacht.: Symmetry in chaos <dt.>
ISBN 978-3-0348-6228-8 ISBN 978-3-0348-6227-1 (eBook)
DOI 10.1007/978-3-0348-6227-1

NE: Golubitsky, Martin:

Ursprünglich erschienen bei Birkhäuser Verlag, Basel 1993
Softcover reprint of the hardcover 1st edition 1993

Umschlaggestaltung: Micha Lotrovsky

ISBN 978-3-0348-6228-8

Inhaltsverzeichnis

Für April und Barbara

Vorwort

ı unseren mathematischen Forschungen untersuchen wir, wie Symmetrie nd Dynamik nebeneinander existieren können. Dies hat uns zu den Bildern on symmetrischem Chaos geführt, die in diesem Buch enthalten sind. Seiner ntstehung liegen zwei Intentionen zugrunde: Einerseits möchten wir Bilder räsentieren, die bei unseren Freunden so viel Zustimmung ausgelöst haben, aß wir dachten, sie könnten auch anderen gefallen. Andrerseits wollen wir ie Begriffe Symmetrie und Chaos vorstellen – so, wie sie von den Maematikern verwendet werden –, um damit zu vermitteln, wie diese Bilder ıtstanden sind. Sie werden feststellen, daß uns Abbildungen des symmetrihen Chaos gleichzeitig komplex und vertraut erscheinen. Die Komplexität ammt aus der chaotischen Dynamik, mit deren Hilfe die Bilder erzeugt urden. Die Vertrautheit dagegen liegt in der Symmetrie begründet.

Obwohl die Symmetrie sehr lange eine Schlüsselrolle in der Matheatik eingenommen hat und praktisch allen Modellen des Universums inneohnt, ist das Studium der chaotischen Dynamik und ihrer Anwendung beim Iodellieren physikalischer Phänomene eine eher neue Erscheinung. Beide egriffe, *Symmetrie* und *Chaos*, besitzen einerseits in unserem Sprachgerauch eine feste Bedeutung und andererseits eine technische Definition in er Mathematik. Zwischen dem täglichen Gebrauch und der technischen Denition gibt es bei beiden Begriffen ausgeprägte Ähnlichkeiten – allerdings t die Ähnlichkeit bei der Symmetrie stärker als beim Chaos. Sowohl in nserem Sprachgebrauch als auch in der Mathematik bedeutet Symmetrie ı erster Linie Wiederholung. Zum Beispiel vereinheitlicht die Symmetrie Iuster von den Rosettenfenstern großer Kathedralen bis zu den Tapeten an ıren Wänden, indem sie ein Muster sehr oft wiederholt.

Chaos dagegen bedeutet "ohne Gestalt" – die große Leere. Unter diem Aspekt ist es nur schwer zu verstehen, wie Chaos ein Gegenstand wisnschaftlicher Forschung sein kann. Schließlich ist das Ziel jeder Forschung, trukturen und Gesetzmäßigkeiten in der physikalischen Welt zu entdecken. ı den letzten Jahren wurde der Begriff Chaos (vielleicht etwas unglücklich) on den Mathematikern und Wissenschaftlern übernommen, um Situationen zu beschreiben, die komplex und nicht vorhersagbar sind. Typische Beispiele hierfür sind das Wetter und die Börsenkurse – doch obwohl beide komplex und nicht vorhersagbar sind, sind sie weit davon entfernt, ohne Gestalt oder Struktur zu sein.

Wir wollen Ihnen nicht nur Bilder vom symmetrischen Chaos vorstellen, sondern auch die Grundlagen darstellen, die zur Herstellung dieser Bilder benötigt werden. Denn obwohl die Methoden, mit deren Hilfe der Computer diese Bilder erzeugt, relativ einfach sind, kann man sich nur schwer vorstellen, wie sie ohne Verständnis für die ihnen zugrundeliegende Mathematik entwickelt werden können.

In den ersten beiden Kapiteln erläutern wir allgemein, wie die Bilder produziert werden und welchen Zusammenhang sie mit den mathematischen Begriffen Symmetrie und Chaos besitzen. Das dritte Kapitel bildet ein Intermezzo. Wir haben bereits darauf hingewiesen, daß uns die Bilder von symmetrischem Chaos oft sehr vertraut zu sein scheinen. Deshalb haben wir in Kapitel 3 einigen Bildern aus der Natur (wie Diatomeen, Schalentiere, Blumen usw.) und einigen Bildern aus der dekorativen Kunst (Rosettenfenster, Firmenembleme, Kacheln) Muster gegenübergestellt, die mit Methoden des symmetrischen Chaos auf dem Computer erzeugt wurden. Das vierte Kapitel widmet sich einer detaillierteren Abhandlung über die einfachsten Formen der chaotischen Dynamik.

Sie werden feststellen, daß wir zur Berechnung unserer Bilder drei mathematisch unterschiedliche Methoden verwendet haben. Die entsprechenden Bilder nennen wir *symmetrische Objekte*, *Quilts* und *symmetrische Fraktale*. Sie sind tatsächlich von sehr unterschiedlicher Erscheinung. In den letzten drei Kapiteln werden die Methoden, mit denen die symmetrischen Objekte, Quilts und symmetrischen Fraktale erzeugt werden, detailliert erklärt. Da viele, die dieses Buch lesen, mit der fraktalen Kunst vertraut sein mögen – wie sie zum Beispiel in *The Beauty of Fractals* von Heinz-Otto Peitgen und Peter Richter oder in *Fractals Everywhere* von Michael Barnsley dargestellt wird –, möchten wir darauf hinweisen, daß die Bilder, die wir präsentieren, einen anderen Charakter besitzen als die der fraktalen Kunst. Während die letzteren an abstrakten Modernismus oder Surrealismus erinnern, vermitteln unsere Bilder typischerweise das Gefühl eines klassischen Designs.

Im ersten Anhang geben wir die exakten Parameterwerte an, die wir verwendet haben, um die in diesem Buch gezeigten Bilder des symmetrischen Chaos zu erzeugen. In Anhang B liefern wir ausführliche, in QuickBasic abgefaßte Computerprogramme. Diese ermöglichen es dem Leser, mit den Formeln für symmetrisches Chaos aus den Kapiteln 5–7 auf einem PC zu experimentieren. Die Herleitung dieser Formeln findet sich in den letzten beiden Anhängen – eine für die Objekte und eine für die Quilts. Diese Abschnitte enthalten mehr technische Mathematik als die vorhergehenden Kapitel.

Obwohl sich dieses Buch mit Symmetrie und Chaos und ihrer Beziehung zur Bildung von Mustern und geometrischem Design befaßt, haben wir nicht versucht, alle möglichen Zusammenhänge zu beschreiben, die sich aus diesem Ansatz herstellen lassen, denn diese Themen wurden schon an anderer Stelle erörtert. Viele Autoren haben über Symmetrie und Kunst geschrieben, vielleicht niemand so elegant wie Hermann Weyl in seinem Klassiker *Symmetrie*. Es gibt auch einige Bücher über Chaos – unsere Lieblingsbücher sind *Spielt Gott Roulette?* von Ian Stewart und *Chaos – die Ordnung des Universums* von James Gleick. Die mathematische Disziplin des Bildens von Mustern, auf die sich unsere Arbeit gründet, wird in *Denkt Gott symmetrisch?* von Ian Stewart und Martin Golubitsky dargestellt.

Es gibt sehr viele Personen, für deren Hilfe wir uns bedanken möchten. Ihr Rat erstreckte sich von der Herleitung der grundlegenden Theorie, auf der sich unsere Bilder begründen, über die Computerprogramme, die zur Herstellung von hochauflösenden Farbgraphiken auf Workstations benötigt werden, bis zu hilfreichen Vorschlägen, wie wir die Farbe in unseren Bildern besser einsetzen können. Wir danken Peter Ashwin, Pascal Chossat, Robert Cottingham, Michael Dellnitz, April Field, Nathan Field, Michael Flanagan, Elizabeth Golubitsky, Phil Holmes, Barbara Keyfitz, Greg King,

Martin Krupa, Ian Melbourne, Ralph Metcalfe, Jim Richardson, Harry Swinney, Hans True und ganz besonders Ian Stewart. Ebenso möchten wir Wendy Aldwyn danken, die die handgezeichneten Kunstwerke, unter ihnen mehrere Originale, angefertigt hat und die uns bei der Farbgebung mehrerer der computergezeichneten Bilder behilflich war.

Layout, mathematische Notationen, Graphiken und Farbdruck haben dafür gesorgt, daß die Herstellung dieses Buches ungewöhnlich komplex verlief. Spezieller Dank gebührt daher Oxford University Press für die umfassende Beihilfe bei jedem Schritt des Produktionsprozesses. Die vom Computer erzeugten Bilder wurden direkt über Files durch Kaveh Bazargan von Focal Image, Ltd. produziert. Hierbei wurde ein Verfahren verwendet, das dem neuesten Stand der Technik entspricht. Schließlich möchten wir noch dem Mathematical Sciences Institute, Cornell University, dem Department of Mathematics, University of Houston, und dem Department of Pure Mathematics, University of Sydney, dafür danken, daß wir bei ihnen die intellektuelle und technische Umgebung gefunden haben, die zur Erzeugung dieser Bilder nötig war.

Sydney und Houston M. F.
Februar 1992 M. G.

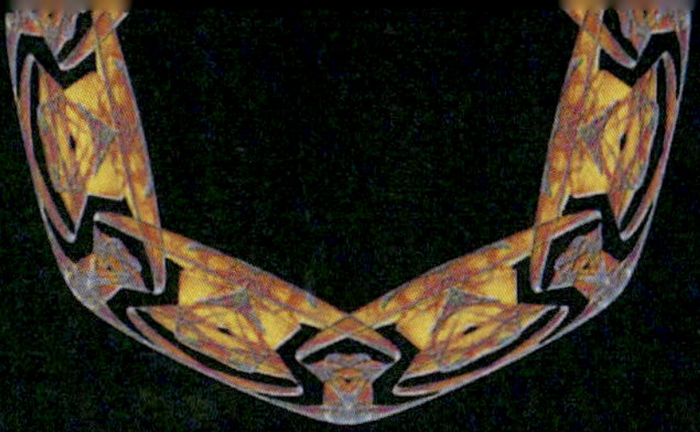

Kapitel 1

EINFÜHRUNG IN SYMMETRIE UND CHAOS

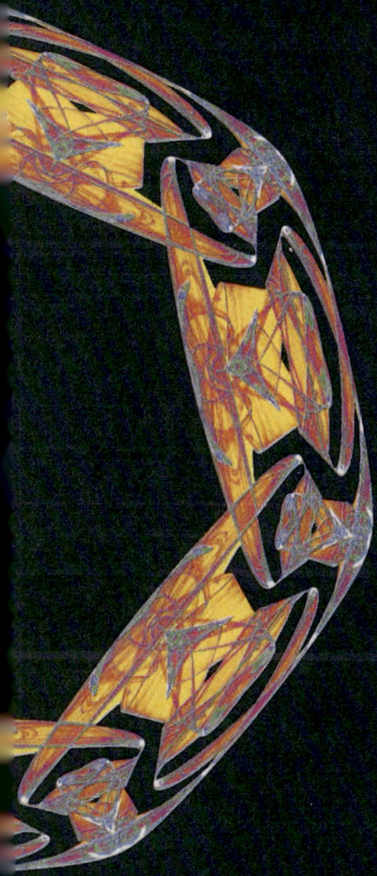

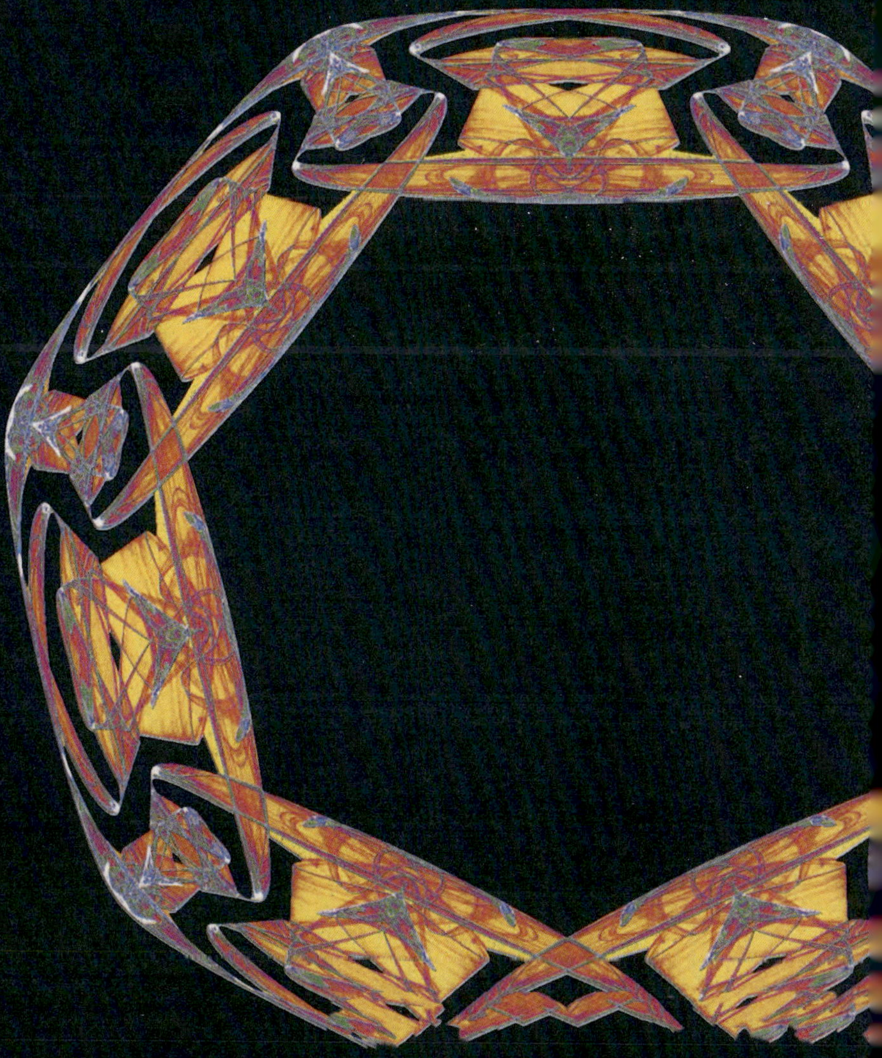

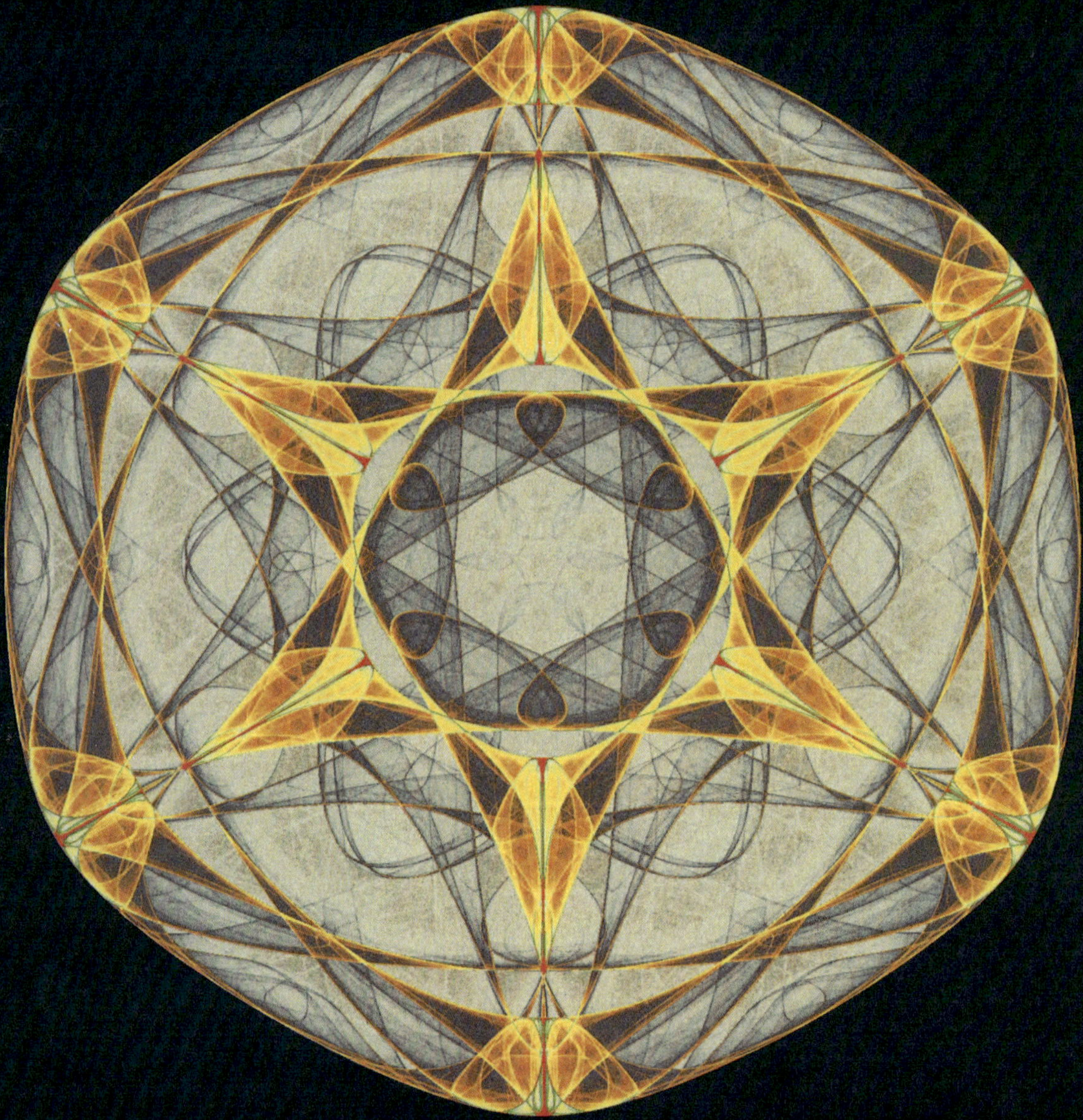

Die Bilder in den Abbildungen 1.1 und 1.2 wurden mit einem Computer gezeichnet. Wenn wir uns von einem Kunstwerk angesprochen fühlen, sei dies ein Gemälde, ein Mosaik oder eine Skulptur, teilen wir oftmals die Gedanken des Künstlers über das, was die Kombinationen der Formen und Gestalten ausdrücken können. Wir sehen an unseren Bildern, daß der Computer dazu in der Lage ist, Formen und Gestalten zu erzeugen, um Muster nachzuahmen, die in der Natur vorkommen oder von Menschen geschaffen wurden. Aber diese Bilder wurden nicht von einem Künstler kreiert. Künstlerische Sensibilität und ästhetisches Urteil wurden statt dessen in weiten Teilen durch exakte mathematische Formeln ersetzt. Obwohl diese Frage interessant ist, werden wir nicht darüber spekulieren, warum diese Nachahmungen stattfinden. Statt dessen haben wir die Absicht zu beschreiben, wie diese Bilder gestaltet werden. Dabei werden wir einigen der faszinierendsten Themen der Mathematik und der Wissenschaft im zwanzigsten Jahrhundert begegnen.

Unsere Bilder sind entstanden, indem Symmetrie und Chaos vermischt wurden. Auf den ersten Blick scheint dies paradox zu sein: eine Mischung von Ordnung und Unordnung, von yin und yang. Um dieser Beschreibung einen Sinn zu verleihen, müssen wir zunächst die Begriffe Symmetrie und Chaos untersuchen.

Symmetrie

Wir beginnen mit einer Definition des Begriffes Symmetrie aus einem Wörterbuch (im Original aus dem *The American Heritage Dictionary*, hier aus dem *Duden* (Fremdwörterbuch)):

> **Symmetrie** die; *Spiegelungsgleichheit, Eigenschaft von Figuren, Körpern o. ä., die beiderseits einer [gedachten] Mittelachse ein jeweils spiegelgleiches Bild ergeben.*

Liest man dies, könnte man meinen, Wörterbücher seien Meister der Verwirrung! Dennoch ist die Symmetrie ein ebenso grundlegender Begriff wie "Einheit". Es ist allgemein bekannt, wie schwer es ist, solche Begriffe zu

Abb. 1.1 (Seite 2): Halloween.

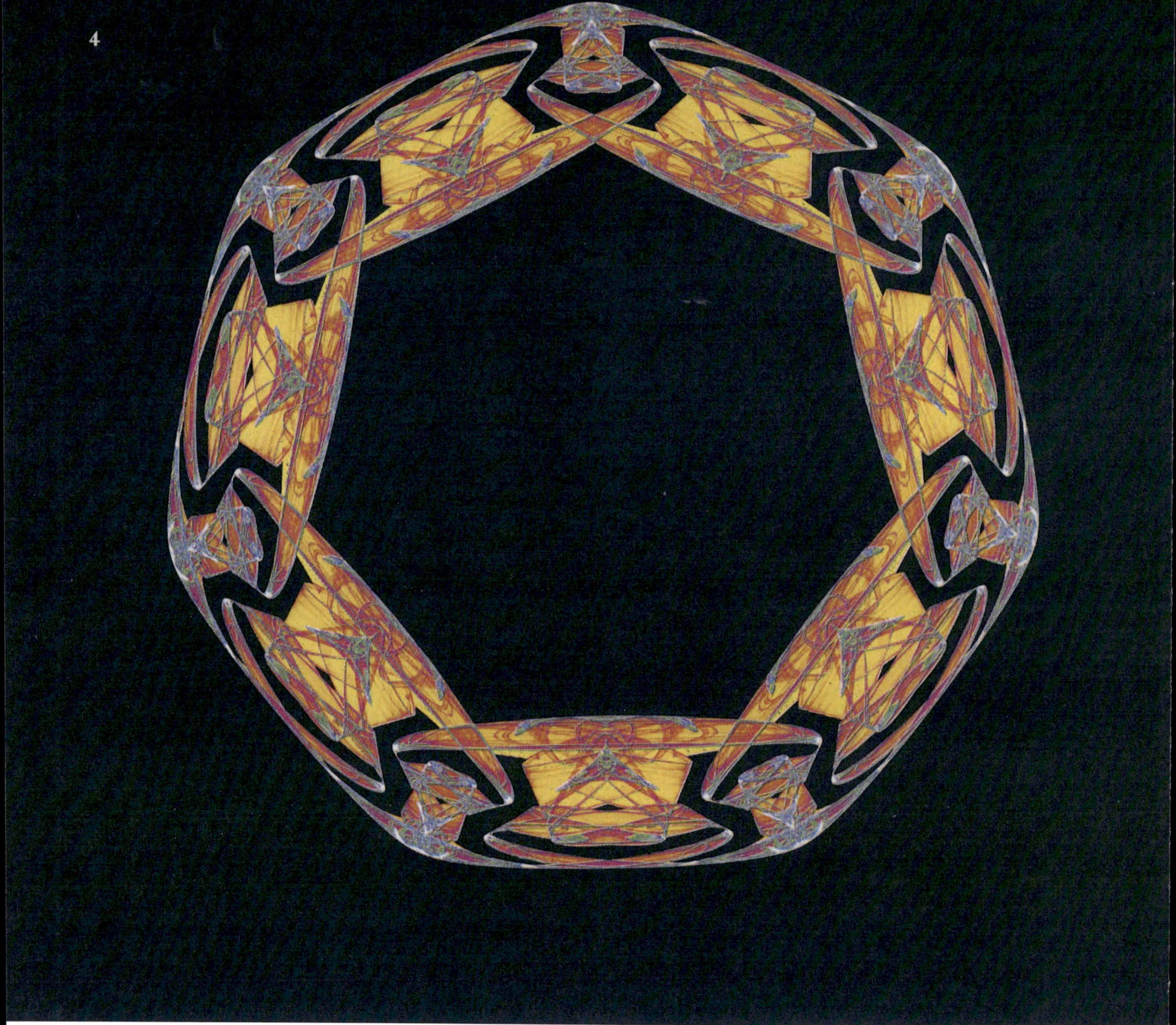

Abb. 1.2: Armband der Mayas.

erklären. Naiverweise wird eine geometrische Figur für symmetrisch gehalten, wenn sie entlang einer Geraden oder einer Ebene auseinandergeschnitten werden kann und hierdurch zwei identische Teile entstehen. Dies ist jedoch zu ungenau, um als Arbeitsdefinition zu dienen. Betrachtet man das Mosaikmuster in Abbildung 1.3, wird klar, was gemeint ist. Es ist sicherlich symmetrisch, aber es kann nicht entlang einer beliebigen Geraden auseinandergeschnitten werden, um zwei identische Teile zu erhalten. Vielleicht kann

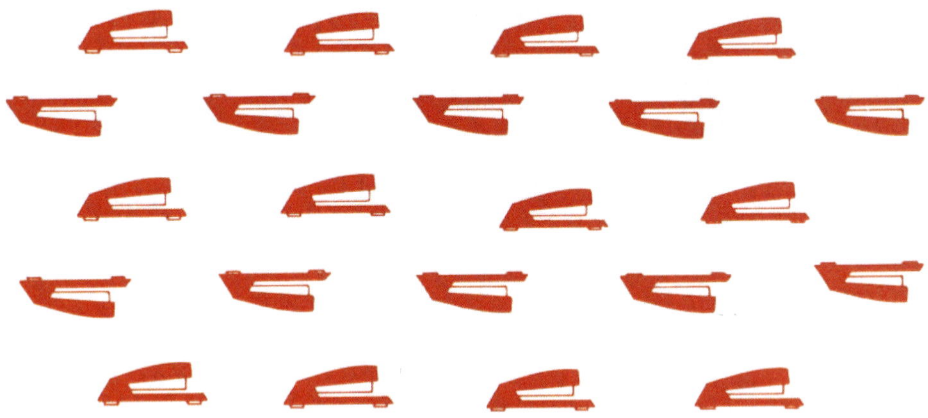

Abb. 1.3: Mosaik aus Heftmaschinen. Es besitzt keine Symmetrieachse.

Symmetrie am einfachsten erklärt werden, indem der technische Ansatz der Mathematiker verwendet wird: Symmetrie ist eine *Bewegung*. Dies bedeutet folgendes: Stellen Sie sich vor, Sie heben einen Gegenstand auf, bewegen ihn und setzen ihn wieder ab. Wenn es unmöglich ist, hinterher zu sehen, ob der Gegenstand nun bewegt wurde oder nicht, sagen wir, daß er eine Symmetrie besitzt. Wenn wir uns Symmetrie auf diese Art und Weise vorstellen, stellen wir fest, daß jeder Gegenstand mindestens eine *triviale* Symmetrie besitzt. Sie besteht darin, den Gegenstand aufzuheben und wieder in der ursprünglichen Position abzusetzen. Doch auch dann erscheint es auf den ersten Blick bizarr, daß jedes Ding mindestens eine Symmetrie besitzen soll. Diese Übereinkunft ist jedoch sehr nützlich. Tatsächlich entspricht sie einer bedeutenden Entdeckung der indischen Mathematik: der Zahl Null.

Lassen Sie uns nun einen Gegenstand betrachten, der neben der trivialen Symmetrie noch andere besitzt. Wir suchen nach den Symmetrien des dreizackigen Sterns aus Abbildung 1.4. Wir haben die Zacken des Sterns mit A, B und C bezeichnet. Wenn wir den Stern im Uhrzeigersinn um ein Drittel einer ganzen Drehung um seinen Mittelpunkt O drehen, bewegen wir ihn in eine Position, die geometrisch nicht von seiner ursprünglichen Position unterschieden werden kann. Jedoch ist nun die Zacke A dort, wo vorher die Zacke C war, C dort, wo B war, und B dort, wo vorher A war (Abb. 1.5a). Diese Bewegung ist eine *nichttriviale* Symmetrie des Sterns. Wir können diesen Prozeß wiederholen und den Stern nochmals um ein Drittel im Uhrzeigersinn drehen. Der Stern wird somit gegenüber seiner Ausgangslage um zwei Drittel gedreht. Hierbei bewegt sich A nach B, B nach C und C nach A (Abb. 1.5b). Wenn wir den Stern ein weiteres Mal um ein Drittel

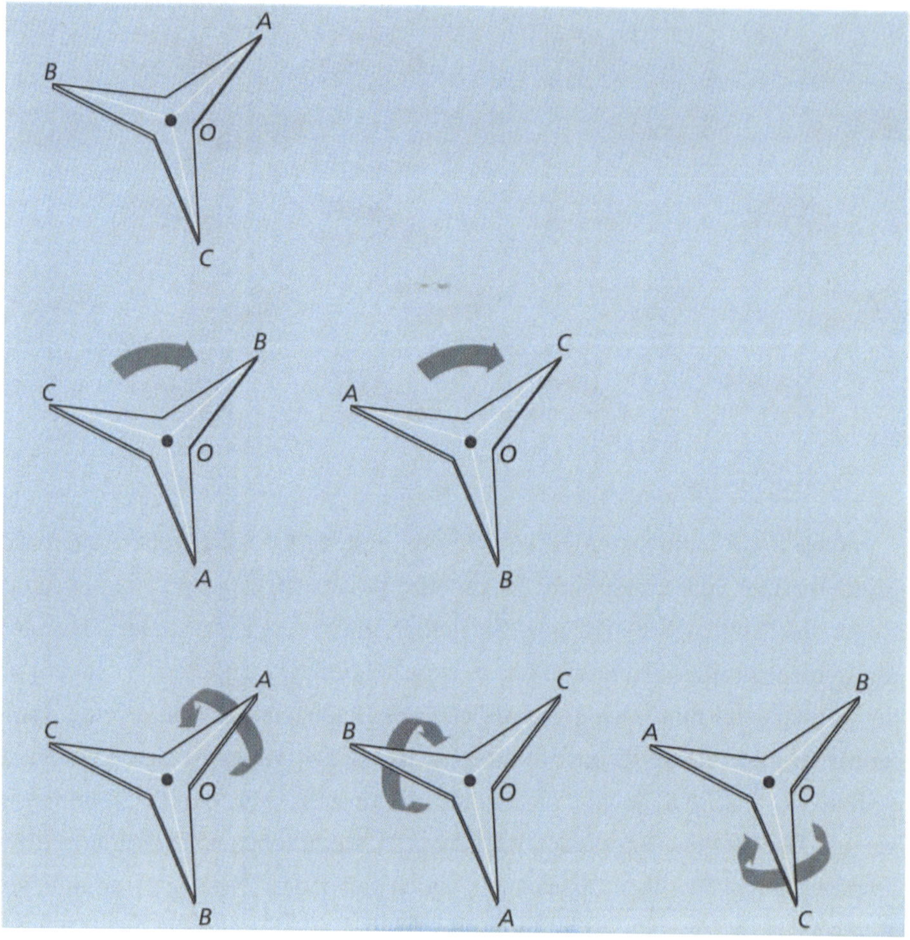

Abb. 1.4: Ein dreizackiger Stern (oben).

Abb. 1.5: Der dreizackige Stern wird um 120° (a) und um 240° (b) gedreht (Mitte).

Abb. 1.6: Der dreizackige Stern wird an der AO-Achse (a), BO-Achse (b) und CO-Achse (c) gespiegelt (unten).

drehen, erreicht er wieder seine ursprüngliche Position. Bis jetzt haben wir drei Symmetrien gefunden: die Ruhestellung, Drehen um ein Drittel und um zwei Drittel. Dies sind jedoch nicht die einzigen Symmetrien des Sterns. Wenn wir Abbildung 1.4 betrachten, stellen wir fest, daß wir den Stern an der Geraden AO *spiegeln* können. Mit anderen Worten: Wir halten den Stern an der Geraden oder *Achse* AO fest und machen eine halbe Drehung durch den Raum, um B und C auszutauschen, wobei A fest bleibt (Abb. 1.6a). Wir klappen also den Stern um und lassen dabei die Gerade AO in ihrer Position. Offensichtlich gibt es noch zwei weitere Spiegelungssymmetrien des Sterns: die Spiegelungen an den Geraden BO und CO (Abb. 1.6b,c). Es stellt sich heraus, daß die sechs Symmetrien, die wir gefunden haben, alle Symmetrien des Sterns sind.

Abb. 1.7 (Seite 7): Wildes Chaos.

Natürlich sind diese sechs Symmetrien des Sterns genau die Symmetrien eines gleichseitigen Dreiecks. Viele Figuren besitzen diese Symmetrien.

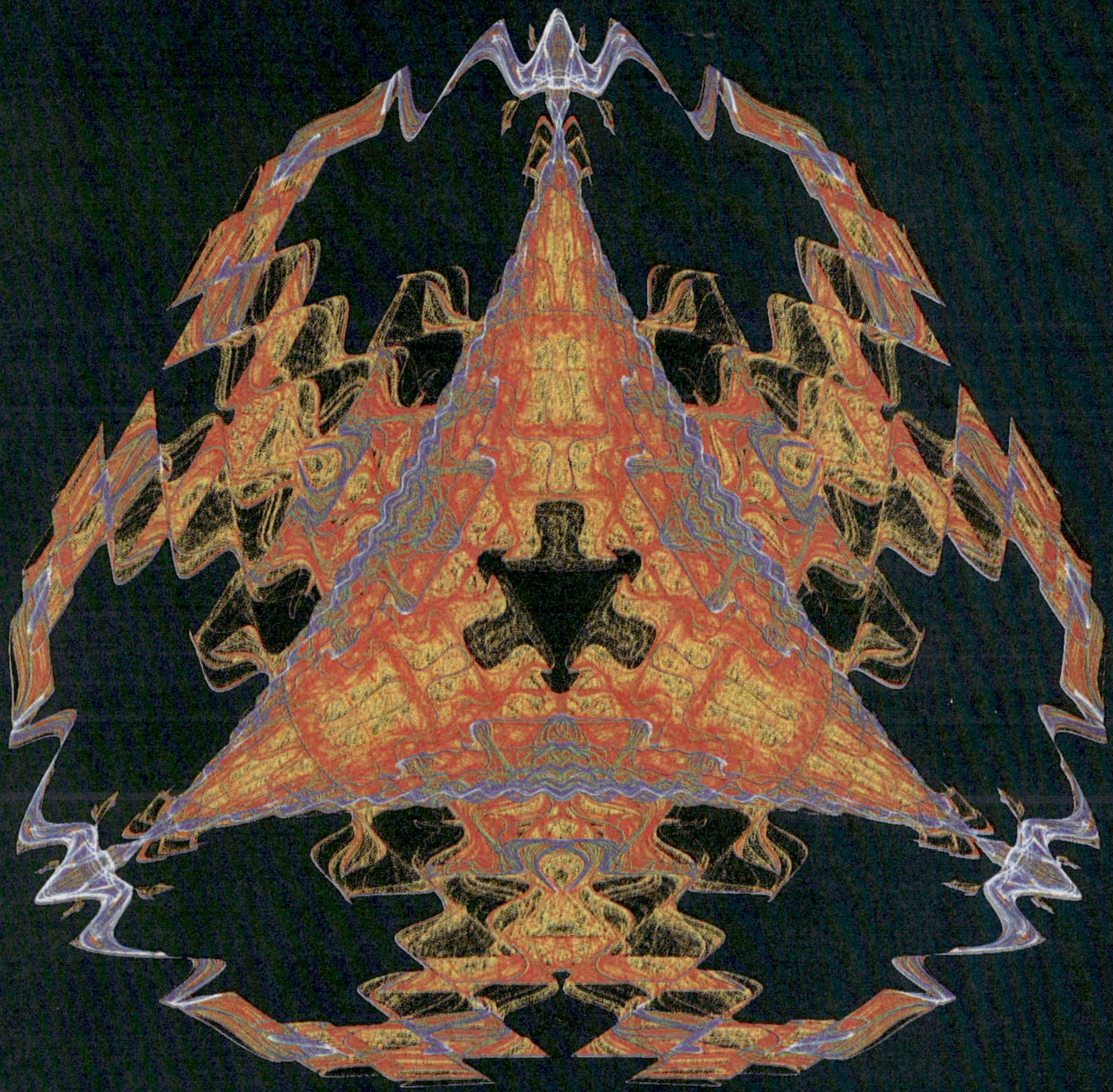

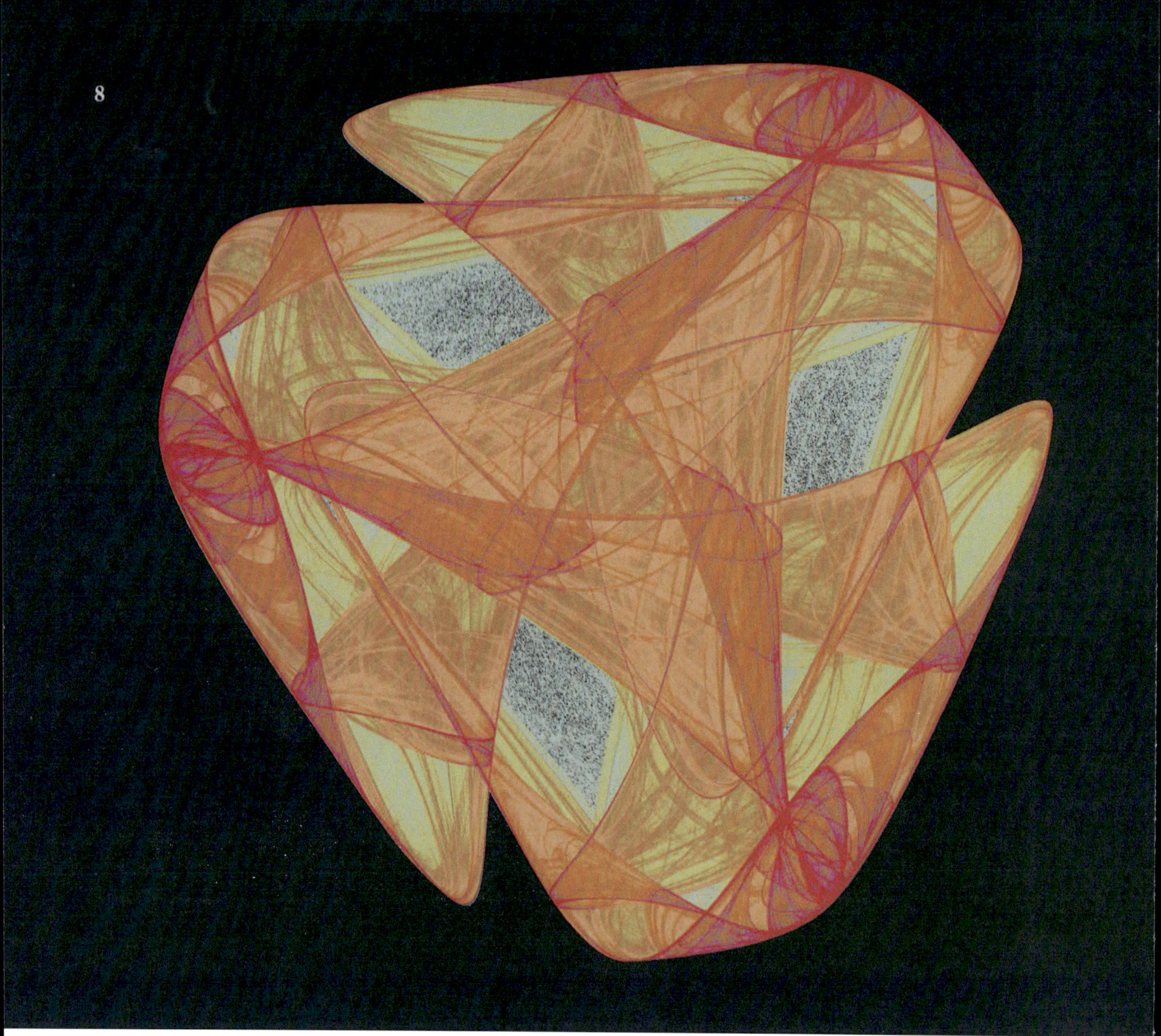

Abb. 1.8: Dreifachmuschel. Chaos ohne Spiegelungssymmetrie.

Insbesondere weist die Figur der Farbtafel 1.7 genau die gleichen Symmetrien auf wie der Stern. Auf die Figur aus Farbtafel 1.8 trifft dies dagegen nicht zu. Sie besitzt zwar die Drehungssymmetrien des Sterns, nicht aber seine Spiegelungssymmetrien. Wenn wir die Figur an einer beliebigen Geraden spiegeln, erhalten wir stets eine von ihr verschiedene Figur. Es mag hilfreich sein zu bemerken, daß die Figur sich gegen den Uhrzeigersinn zu drehen scheint. Wenn sie gespiegelt wird, scheint sie sich im Uhrzeigersinn zu drehen.

Im folgenden werden wir Figuren mit unterschiedlichen Symmetrien, z.B. den Symmetrien eines Quadrats, näher betrachten. Symmetrien des einen oder anderen Typs finden sich in vielen Kunstwerken, die von Menschen geschaffen wurden. Sogar die allgegenwärtigen Verkehrsschilder besitzen ausnahmslos einige Symmetrie. Auf den ersten Blick scheint die Symmetrie in der Natur nicht unmittelbar vorzukommen. Zum Beispiel sind geographische Gebilde wie Landschaften, Bergketten oder Meere weit davon entfernt, symmetrisch zu sein. Lebende Organismen besitzen oft näherungsweise Symmetrie – gewöhnlich ähneln sie ihrem Spiegelbild –, aber das Bild ist selten exakt. Die Farbtafel 1.9 zeigt eines der schönsten Beispiele für Symmetrie

Abb. 1.9: Eine Schneeflocke mit hexagonaler Symmetrie.

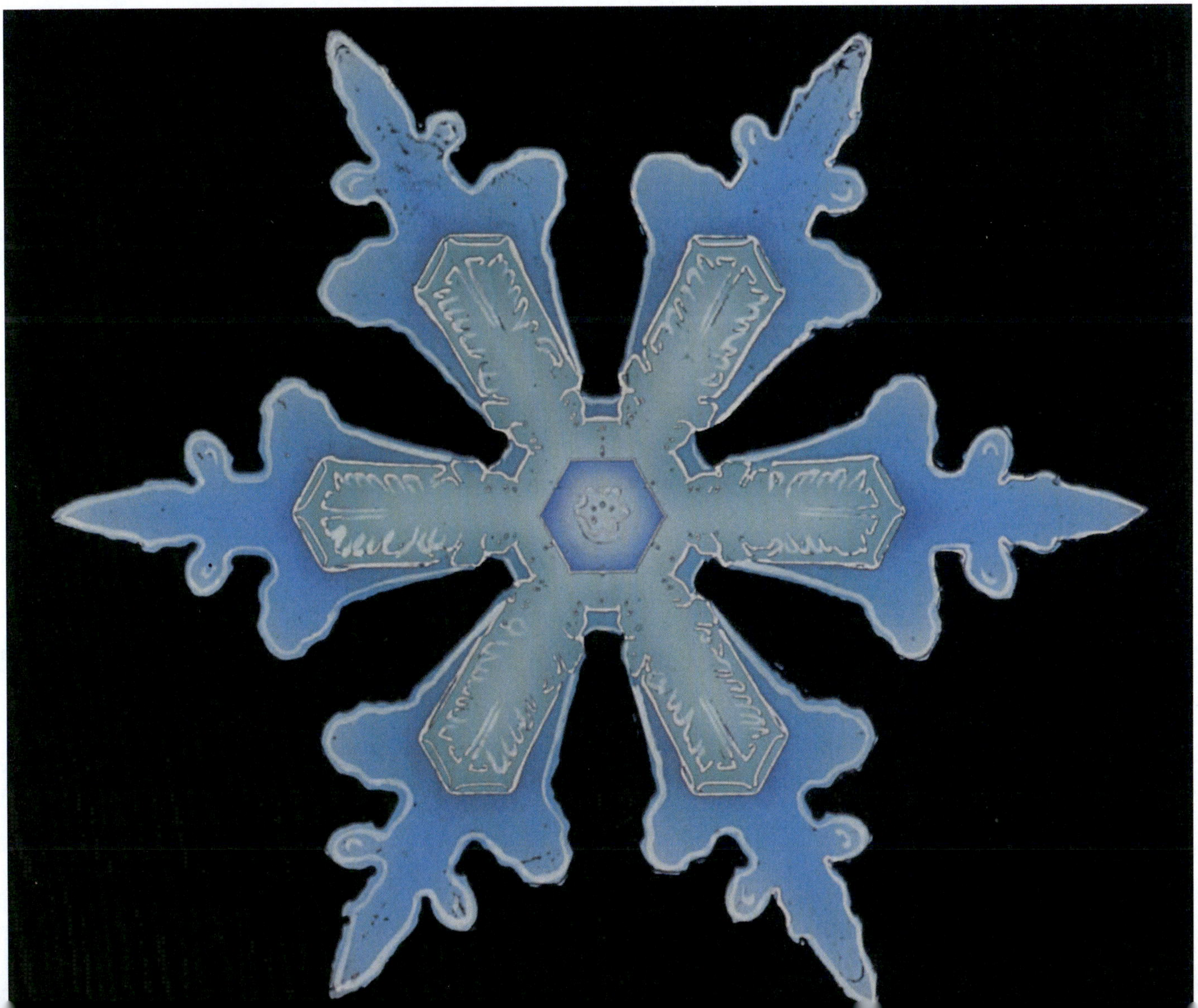

in der Natur: die fantastische Symmetrie von Schneeflocken. Es ist vielleicht nicht so überraschend, daß in der physikalischen Welt Symmetrien gefunden werden können, denn in die physikalischen Gesetze, die das Universum regieren, sind Symmetrien gewoben. Wenn wir diese Gesetze ausarbeiten, wird viel von dieser Symmetrie für uns unsichtbar. Vielleicht ist unsere Reaktion auf und unser Gefühl für die Symmetrie in gewisser Weise ein Abbild der diesen physikalischen Gesetzen zugrundeliegenden Symmetrie.

Chaos

Als nächstes beschreiben wir das, was auf den ersten Blick der Gegensatz zur Symmetrie ist: Chaos. Wir beginnen wieder mit einer Definition aus dem Lexikon (*Brockhaus-Enzyklopädie*):

> **Chaos das, allg.:** *Auflösung aller Ordnung, völliges Durcheinander.*

Das Chaos scheint vor allem eigenschaftslos und ohne Form oder Struktur zu sein. Im letzten Jahrzehnt wurde der Begriff *Chaos* immer häufiger in der Naturwissenschaft und speziell in der Mathematik verwendet. Es wurde behauptet, daß eine Vielzahl von Naturphänomenen, von der Bahn des Pluto über das Wetter bis zur Umpolung des Magnetfeldes der Erde, chaotisch sind. Die Verwendung des Wortes *Chaos* ist in diesem Zusammenhang ein wenig irreführend. Das Wort *Chaos* an sich beinhaltet das Fehlen von Form oder Eigenschaft; dagegen meinen wir, die wissenschaftliche Forschung beschränke sich auf die Phänomene, die definierbare Strukturen und Eigenschaften besitzen. Grob gesprochen: Wenn etwas in einem Zustand der totalen Unordnung ist und weder Struktur noch Form besitzt, können wir nicht viel darüber aussagen.

In diesem Buch werden wir den Begriff *Chaos* so verwenden, wie er in der gegenwärtigen Wissenschaft benutzt wird. Das Chaos wird grob gesprochen für uns dadurch charakterisiert, daß es unvorhersagbar und komplex ist. Um tiefer zu gehen und unsere Beschreibung zu präzisieren, müssen wir in die Zeit von Isaac Newton und die von ihm entworfene moderne Beschreibung von *Dynamik*, d.h. von der Entwicklung eines Systems in der Zeit, zurückgehen.

Determinismus

Newton hat nicht nur seine berühmte Gravitationstheorie und drei Bewegungsgesetze formuliert, sondern er hat auch die Mathematik erfunden, die ihn befähigte, die Folgerungen aus diesen Gesetzen zu entwickeln. Zum Beispiel lieferte er ein genaues mathematisches Modell für die Bewegung der Planeten um die Sonne. Vielleicht ist die bedeutendste Eigenschaft von Newtons Modell seine Fähigkeit, die zukünftigen Bahnen der Planeten exakt vorherzusagen. Mit anderen Worten: Wenn wir die Position und die Geschwindigkeit eines Planeten zu einem bestimmten Zeitpunkt kennen, können wir theoretisch die Position dieses Planeten zu einem beliebigen späteren Zeitpunkt vorherbestimmen. Deshalb ist Newtons Modell für das Sonnensystem *deterministisch*: Wenn wir die Anfangspositionen und -geschwindigkeiten der Planeten kennen, sind ihre nachfolgenden Bewegungen eindeutig bestimmbar.

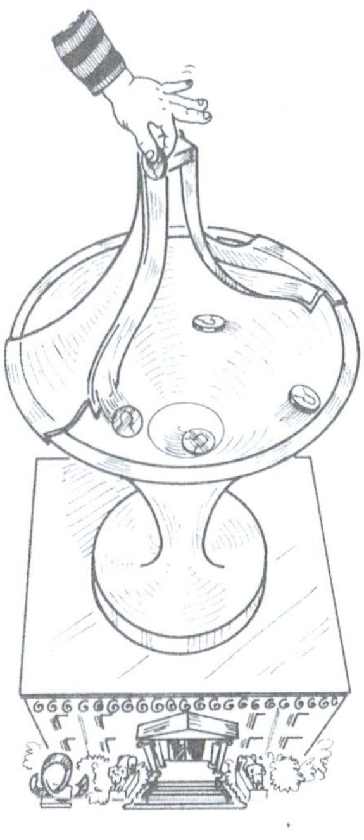

Abb. 1.10: Eine Gravitationsquelle.

Dieser Punkt wird klarer, wenn wir ein Modell betrachten, das nicht deterministisch ist. Zum Beispiel ist eine Konsequenz aus der Drehung der Erde, daß die Sonne stets im Osten aufgeht. Nehmen Sie statt dessen an, der Wurf einer Münze bestimme, wo die Sonne aufgeht. Stellen Sie sich also vor, daß Gott jede Nacht eine Münze wirft. Zeigt sie Kopf, geht die Sonne im Osten auf, zeigt sie Zahl, im Westen. Dieses Modell für den Sonnenaufgang ist nicht deterministisch. Ob die Sonne heute im Osten oder im Westen aufgeht, hat keinen Einfluß darauf, ob sie morgen im Osten oder im Westen aufgehen wird.

Basierend auf dem Determinismus wird allgemein geglaubt, daß eine ungefähre Kenntnis der gegenwärtigen Position zu guten Vorhersagen der zukünftigen Position führt. Mit anderen Worten: Das Ergebnis sollte gleich sein, wenn ungefähr die gleichen Anfangsdaten gegeben sind. Zum Beispiel ist die in Abbildung 1.10 dargestellte Gravitationsquelle ein Spielzeug, das in den letzten Jahren in Museen in ganz Amerika auftauchte, um den Akt des Spendens unterhaltsam zu gestalten. Typischerweise wird die Gravitationsquelle dadurch in Aktion gesetzt, daß die Eltern ihrem Kind eine Münze geben, die dieses dann über die Rampe schleudert, die oben am Brunnen angebracht ist. Nach dem Start windet sich die Münze zu Boden und rotiert dabei zur Freude von Kind und Eltern immer schneller. Am Boden angekommen, fällt die Münze, klingeling, in einen Kasten. Verschiedene Anfangsgeschwindigkeiten der Münze führen zu leicht unterschiedlichen Bahnen, aber am Schluß immer zum gleichen Klang. Der Zweck, Münzen aus ihrer Tasche in die Truhen der Museen zu bewegen, wäre auch nicht gut erfüllt, wenn der Endzustand nicht unabhängig von den Anfangsbedingungen wäre.

Die Farbtafeln in Abbildung 1.1 und 1.2 wurden durch ein deterministisches Modell erzeugt, durch eine präzise mathematische Formel. Allerdings verhält sich dieses Modell trotz des Determinismus in einer nicht deterministischen oder zufälligen Weise. Das ist charakteristisch für chaotische Systeme: Sie sind deterministisch, aber sie verhalten sich so, als wären sie es nicht. Wie kann der Determinismus etwas erzeugen, dem offensichtlich Determinismus fehlt? Die Antwort hängt teilweise von der Tatsache ab, daß wir in der Praxis unsere Anfangsposition oder unseren Anfangszustand niemals exakt kennen. Eine winzige Ungenauigkeit in unserer Bestimmung der Ausgangsposition kann sich vergrößern und sehr ungenaue Vorhersagen der zukünftigen Position hervorbringen. Sogar wenn wir unsere gegenwärtige Position exakt kennen und unsere Endposition mit einem Computer berechnen wollen, können sich kleine Fehler in die Arithmetik schleichen. In einem chaotischen System werden diese Fehler rasch vergrößert und führen zu ungenauen Vorhersagen. Die Feststellung, daß sich ein deterministisches System in jeder Hinsicht so verhalten kann, als sei es nicht deterministisch, ist relativ neu. Im neunzehnten Jahrhundert war der Glaube an ein deterministisches Universum so stark, daß der französische Mathematiker und Physiker Pierre Simon Laplace sagen konnte:

> *... so würde ein solcher (Verstand) die Bewegungen der größten Weltkörper und des kleinsten Atoms durch eine und dieselbe Formel ausdrücken; für ihn wäre nichts ungewiß; vor seinen Augen ständen Zukunft und Vergangenheit.*

Die Entwicklung der Quantentheorie am Anfang des zwanzigsten Jahrhunderts zeigte, daß den physikalischen Gesetzen im atomaren Bereich der Determinismus fehlt. In neuerer Zeit wurde klar, daß die optimistische Sicht von Laplace, die Zukunft könne auf der Grundlage von genügend Informationen über die Gegenwart vorhergesagt werden, sehr fraglich ist, selbst wenn wir die Quanteneffekte außer acht lassen. Das Problem ist von praktischer Natur. Sogar der kleinste Fehler in unseren Daten kann mit der Zeit so vergrößert werden, daß ein Ergebnis produziert wird, das von dem mit richtigen Daten erhaltenen sehr weit entfernt ist.

Empfindliche Abhängigkeit

Die empfindliche Abhängigkeit von den Anfangsbedingungen ist das Kennzeichen der chaotischen Dynamik und kann für das alltägliche Leben bedeutende Folgen haben. Betrachten Sie zum Beispiel das Wetter. Wir wissen, daß die Temperaturen innerhalb weiter Grenzen, die durch die Jahreszeiten bestimmt werden, steigen und fallen und daß sich Sonne und Regen abwechseln. Aber aus mehreren Gründen wollen wir genauere Kenntnisse besitzen. "Wird es Donnerstag nachmittag regnen?", "Wieviel Schnee wird am Sonntag fallen?" und "Wie heiß wird es am Dienstag?" sind typische Fragen. Die Antworten auf diese Fragen hängen entscheidend davon ab, exakte Kenntnisse der gegenwärtigen Wetterbedingungen zu besitzen. Dies ist bei der gegebenen Komplexität solcher Daten tatsächlich unmöglich.

Nehmen Sie an, das Wettersystem sei chaotisch, woran viele Wissenschaftler glauben. Dann sind genaue und detaillierte langfristige Wettervorhersagen unmöglich. Wir sehen uns der Möglichkeit gegenübergestellt, daß die empfindliche Abhängigkeit von den Anfangsdaten eine Wettervorhersage für die nächsten fünf oder sechs Tage praktisch unmöglich macht.

Eine unbestrittene Eigenschaft des Wetters ist seine Komplexität, und dies ist auch eine charakteristische Eigenschaft der chaotischen Dynamik. Komplexität ist darüber hinaus auch eine Eigenschaft der Farbtafeln, die Sie in diesem Buch finden. Schauen wir genauer hin, so sehen wir, daß jedes Bild eine höchst komplizierte und verwickelte Struktur besitzt. Diese Komplexität und diese Struktur zeigen uns, daß die Bilder *Informationen* enthalten. Das

Problem besteht genau wie beim Wetter darin, diese Informationen zu nutzen und zu interpretieren. Im Gegensatz zur allgemeinen Ansicht ist die Unbestimmtheit oftmals *proportional* zum Umfang der erhältlichen Daten und nicht umgekehrt proportional! Überdies bildet häufig unsere Antwort auf komplizierte Phänomene die Schwierigkeit.

Ein gutes Beispiel liefern Informationen, die die Wirtschaft betreffen. Jeden Tag werden wir von den Medien mit einer Fülle von Daten bombardiert – Daten über die Börse, über Arbeitslosenraten, über das Bruttosozialprodukt, den Außenhandel, die Inflation, die Steuern, die Arbeitsproduktivität, Bankpraktiken und so fort. Für die meisten von uns besteht die Wirkung dieser Datenflut darin, daß wir noch unsicherer über die Vorgänge in der Wirtschaft werden. Um diesen Datenbergen Herr zu werden, neigen wir wie auch unsere Politiker dazu, einfache Indikatoren zu betrachten, die die Richtung der Wirtschaftsentwicklung aufzeigen werden. Kurz gesagt, unsere Lösung für die genannte Unbestimmtheit besteht oftmals in der Begründung aller Argumente oder Vorhersagen mit nur einer oder zwei Eigenschaften, etwa der "Geldmenge" oder der "Inflation". Natürlich ist ein solcher Ansatz wissenschaftlich nicht korrekt. Er hat jedoch den Vorteil, ermutigend und sehr flexibel zu sein.

Es sei nochmals betont, daß wir eine klare Trennlinie zwischen der Definition des Begriffes Chaos im Lexikon und der Bedeutung, in der wir den Begriff verwenden, gezogen haben. Die Lexikondefinition impliziert, daß es innerhalb des Chaos keine Information gibt: Es besitzt weder Ordnung noch Struktur. Für uns mag das Chaos komplex sein und nicht deterministisch scheinen, aber in ihm ist eine Fülle von Informationen versteckt.

Vorschriften

Bevor wir erläutern können, warum unsere Bilder chaotische Dynamik darstellen, müssen wir erklären, wie die Bilder geschaffen wurden. Die Computer sind eigensinnige Tiere. Es gibt einen alten Witz über einen Professor, der sich bei einem Kollegen beklagt: "Mein Student ist unglaublich dumm. Ich habe ihn alles gelehrt, was ich weiß, und er weiß noch immer nichts."

Abb. 1.11: Pixel auf einem quadratischen Gitter der Kantenlänge 10.

Computer sind genauso. Jeder, der mit einem gearbeitet hat, weiß, daß der Kasten unglaublich dumm ist. Er tut genau das, was ihm gesagt wird, nicht mehr und nicht weniger. Um unsere Bilder zu erzeugen, müssen wir dem Computer genau sagen, was er tun soll und zwischendurch unsere eigenen Fehler korrigieren.

Was also soll der Computer tun? Im Prinzip muß er nur wissen, welche Lichtpunkte auf dem Bildschirm er anknipsen soll und in welcher Farbe. Jeder Lichtpunkt auf dem Bildschirm heißt ein *Pixel*, und ein moderner Monitor mit hoher Auflösung besitzt ungefähr eine Million Pixel, von denen man sich jedes als Quadrat von 0,4 mm Kantenlänge vorstellen kann. Weil die Pixel so klein sind, ist es von Vorteil, sie sich als Punkte auf dem Bildschirm vorzustellen. In Abbildung 1.11 ist zu sehen, wie die Pixel auf einem Bildschirm angeordnet sind, der aus 100 Pixeln in einem quadratischen Gitter der Kantenlänge 10 besteht.

Die Sprache, in der wir dem Computer mitteilen, wie er Bilder machen soll, besteht aus mathematischen Formeln. Diese Formeln bestimmen die Bilder, die gezeichnet werden. Eine *symmetrische* Formel kann symmetrische Bilder hervorbringen. Die Formeln bilden eine Abkürzung für die Vorschriften der Arithmetik, und diese Vorschriften der Arithmetik befähigen uns, auf mechanische Art und Weise Punkte in der Ebene oder Pixel auf einem Bildschirm auszuwählen.

Das Wort *Vorschrift* hat mehrere Bedeutungskomponenten, die bekannteste heißt Einschränkung. Betrachten Sie als Beispiel eine Verhaltensregel, die in vielen Haushalten besteht: die Füße vom Tisch! (In diesem Sinn sind Vorschriften meistens unfair.) Die Art von Vorschrift dagegen, die wir im Sinn haben, besteht aus einer Menge von Instruktionen. Zum Beispiel setzt sich unsere Vorschrift "Gehe zu Bett" zusammen aus: gehe nach oben, nehme ein Bad, putze die Zähne, lese nicht, mache das Licht aus und schlafe ein. Sie ist also sehr kompliziert. Um dies alles zu lernen, benötigt man mindestens zwölf Jahre lang Unterstützung.

Die Vorschrift "Gehe zu Bett" ist allerdings in einer Hinsicht sehr einfach. Einmal angewendet, gibt es nur ein mögliches Ergebnis, den Schlaf. Arithmetische Vorschriften sind komplizierter: Die Antworten hängen von den Eingaben ab. Ein Taschenrechner mit einer Taste für die Wurzel ist ein gutes Beispiel für eine arithmetische Vorschrift. Sie lautet: Gebe eine Zahl ein und drücke die Wurzel-Taste. Geben wir 4 ein, kommt 2 heraus, geben wir 2 ein, kommt 1,4142135 heraus (oder je nach Rechner etwas nahe dabei Liegendes). Natürlich können wir die Wurzel-Vorschrift viele Male anwenden, indem wir wiederholt die Wurzel-Taste betätigen. Wenn wir dies tun, ziehen wir einfach die Wurzel aus dem Ergebnis der vorhergehenden Rechnung. Schließlich führen die Wiederholungen dazu, daß der Rechner die Zahl 1 anzeigt, es sei denn, Sie haben mit einer Zahl begonnen, die kleiner oder gleich null ist. Im folgenden werden wir den Begriff *Vorschrift* immer nur im Sinn einer mathematischen Vorschrift verwenden. Insbesondere wird eine Vorschrift immer eine Eingabe (charakteristischerweise eine Zahl) und ein Ergebnis (charakteristischerweise eine Zahl) besitzen.

Folgende Geschichte liefert ein gutes Beispiel für eine arithmetische Vorschrift. Ein weiser Mann konnte mit Hilfe seiner Intelligenz einen (begriffsstutzigen) indischen König vor großem Schaden bewahren (Sie können wählen, von was und wie). Als Dank bot ihm der König die Hälfte seines Reiches im Wert von 5 Milliarden Rupien an. Der weise (und pfiffige) Mann fragte den König bescheiden: "Oh, ehrwürdiger König, ich bin nur ein armer Mann. Vielleicht könnten Sie statt dessen für mich die Felder eines Schachbrettes mit Reiskörnern füllen. Legen Sie ein Korn auf das erste Feld, zwei Körner auf das zweite, vier Körner auf das dritte usw." Würden Sie an des Königs Stelle dem weisen Mann seinen Wunsch erfüllen, ihm die Verantwortung über die Staatsschuld übertragen oder ihn köpfen lassen? Die Schwierigkeit liegt in dem "usw." Nach dem zehnten Feld würde der König dem weisen Mann bescheidene 2047 Reiskörner geben. Nach dem zwanzigsten Feld wären es jedoch 2 097 151 Reiskörner. Nach dem letzten Feld wäre es genug Reis, um damit das gesamte Indien fünfzig Fuß hoch zu bedecken. Oder anders gesagt, wenn die Reiskörner aneinandergereiht würden, würde sich die Reiskette von der Erde zur Sonne und zurück und dann noch zweimal zum nächstgelegenen Stern Alpha Centauri und zurück erstrecken, und es wäre noch genug Reis übrig, um den König und seine Höflinge bis an ihr Lebensende zu ernähren.

Formal ausgedrückt bat der weise Mann den König, mit einem Reiskorn zu beginnen und die Anzahl der Körner 63mal jeweils zu verdoppeln. Solange man mit einer Zahl, die nicht gleich Null ist, beginnt, läßt diese Verdoppelungsregel die Anzahl immer größer werden. Wie der weise und scharfsinnige Mann wußte, wird die Anzahl sehr rasch unvorstellbar groß.

Vorschriften für Pixel

Wenn wir die Pixel auf dem Bildschirm absichtlich mit Punkten in der Ebene verwechseln, sind die Vorschriften, nach denen unsere Bilder entstehen, ähnlich den arithmetischen Vorschriften, die wir oben beschrieben haben. Jedoch möchten wir im Gegensatz zur Verdoppelungsregel nicht, daß die Werte bei wiederholter Anwendung unserer Vorschriften unbeschränkt wachsen. Denn dann würden die Punkte den Computerbildschirm verlassen. Für uns ist eine Pixelvorschrift eine Vorschrift, die Pixel als Eingabe und Pixel als Ausgabe besitzt. Eine Pixelvorschrift kann von einer komplizierten mathematischen Formel abhängen, aber im Moment möchten wir diese Arithmetik nicht darlegen. Um ein schwarzweißes Bild herzustellen, nehmen wir an, der Bildschirm sei schwarz. Wir wählen ein Pixel aus und knipsen es an.

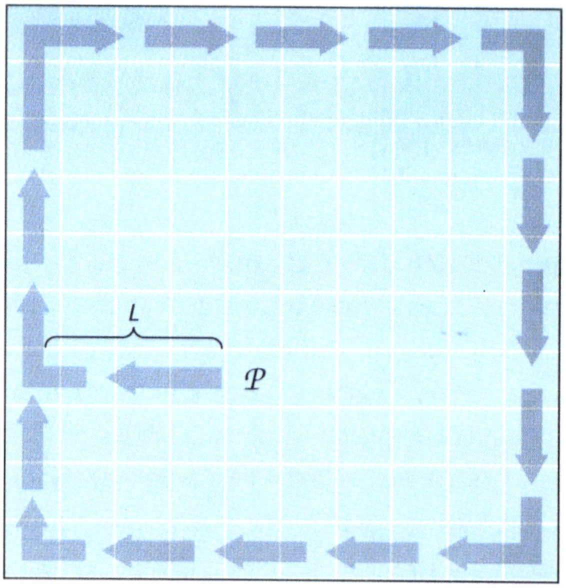

Abb. 1.12: Dynamik auf dem Pixelgitter.

Der entsprechende Punkt auf dem Bildschirm ist dann weiß. Auf dieses erste Pixel wenden wir unsere Vorschrift an und erhalten ein neues Pixel, das wir anknipsen. Schließlich wiederholen wir diese Vorschrift so lange, bis wir aufhören möchten. Der ganze Prozeß heißt *Iteration*. Bei dieser Prozedur kann ein Pixel mehr als einmal angeschaltet werden.

Als Beispiel für eine sehr einfache Pixelvorschrift wählen wir ein Pixel auf dem Bildschirm aus, sagen wir das oben links. Wir definieren eine Pixelvorschrift, indem wir immer das Pixel oben links als Ausgabe erhalten, egal welches Pixel des Bildschirms wir als Eingabe wählen. Wie oft wir die Vorschrift auch anwenden, wir sehen niemals mehr als zwei Pixel auf dem Bildschirm beleuchtet: das Eingabepixel und das Pixel oben links.

Als nächstes betrachten wir eine etwas kompliziertere Pixelvorschrift. Wir nehmen an, daß der Bildschirm aus hundert Pixeln besteht, die in einem Quadrat der Kantenlänge zehn angeordnet sind (Abb. 1.11). Dann wählen wir ein Pixel P sowie die Richtung "links". Die Pixelvorschrift besteht aus zwei Teilen: Falls es möglich ist, gehe ein Pixel geradeaus weiter, falls nicht, biege nach rechts ab. Das Bild, das aus dieser Pixelvorschrift entsteht, ist einfach zu beschreiben. Es gibt einen Anfangsabschnitt, der vom Anfangspunkt P nach links zum Rand reicht, und danach folgt eine nicht endene Umkreisung des Randes im Uhrzeigersinn (Abb. 1.12).

Obwohl die Vorschriften, die wir hier beschrieben haben, äußerst einfach sind, besitzen sie ein oder zwei interessante Eigenschaften, auf die wir Ihr Augenmerk lenken wollen.

Beachten Sie zunächst, daß der erste Teil der Pixelfolge anders ist als ihr Langzeitverhalten. Insbesondere werden die Pixel auf der Anfangsstrecke, die in Abb. 1.12 mit L bezeichnet ist, nicht wieder erreicht. Wir sagen, daß dieser Teil der Pixelfolge ihr Anfangsverhalten repräsentiert. Wir benutzen des öfteren den Begriff *vorübergehend*, um das Anfangsverhalten zu beschreiben. Das vorübergehende Verhalten kann am Anfang beobachtet werden, aber nicht nach einiger Zeit. Der Teil der Pixelfolge, der am Bildschirmrand beginnt, repräsentiert das *Langzeitverhalten*.

Eine weitere wichtige Eigenschaft dieses Beispiels ist, daß sich das Langzeitverhalten unendlich oft wiederholt. Diese Eigenschaft nennen wir *periodisch*. Da es auf dem Rand 36 Pixel gibt, wiederholt sich diese Pixelvorschrift bei jeder 36ten Iteration.

Tatsächlich ist es so, daß mindestens ein Pixel mehr als einmal angeknipst werden muß, wenn wir eine beliebige Pixelvorschrift oft genug anwenden. Um zu verstehen, warum dies so ist, nehmen wir an, daß der Bildschirm aus 100 Pixeln besteht. (Jede andere große Zahl wäre auch möglich.) Nach hundert Iterationen haben wir 101 Pixel angeknipst, daher muß mindestens ein Pixel zweimal aufgeleuchtet haben. Dieses Argument ist ein Beispiel für das *Schubladenprinzip*: Wenn 101 Briefe in 100 Schubladen gelegt werden sollen, muß mindestens eine Schublade mindestens zwei Briefe enthalten. Wenn also die Vorschrift, die wir zur Erzeugung unserer Bilder verwenden, tatsächlich eine Pixelvorschrift ist, muß das Langzeitverhalten periodisch sein. Im allgemeinen führen unsere Pixelvorschriften nicht zu dieser einfachen Art von periodischem Verhalten. Um diesen Punkt zu verstehen, kann man Farbe verwenden.

Einfärben durch Zahlen

Der zugrundeliegende Gedanke bei der farbigen Bildgestaltung ist sehr einfach. Man beginnt mit einer mathematischen Formel, die eine Figur wie in Abbildung 1.13 erzeugt. Dann wählt man einen Anfangspunkt und wendet

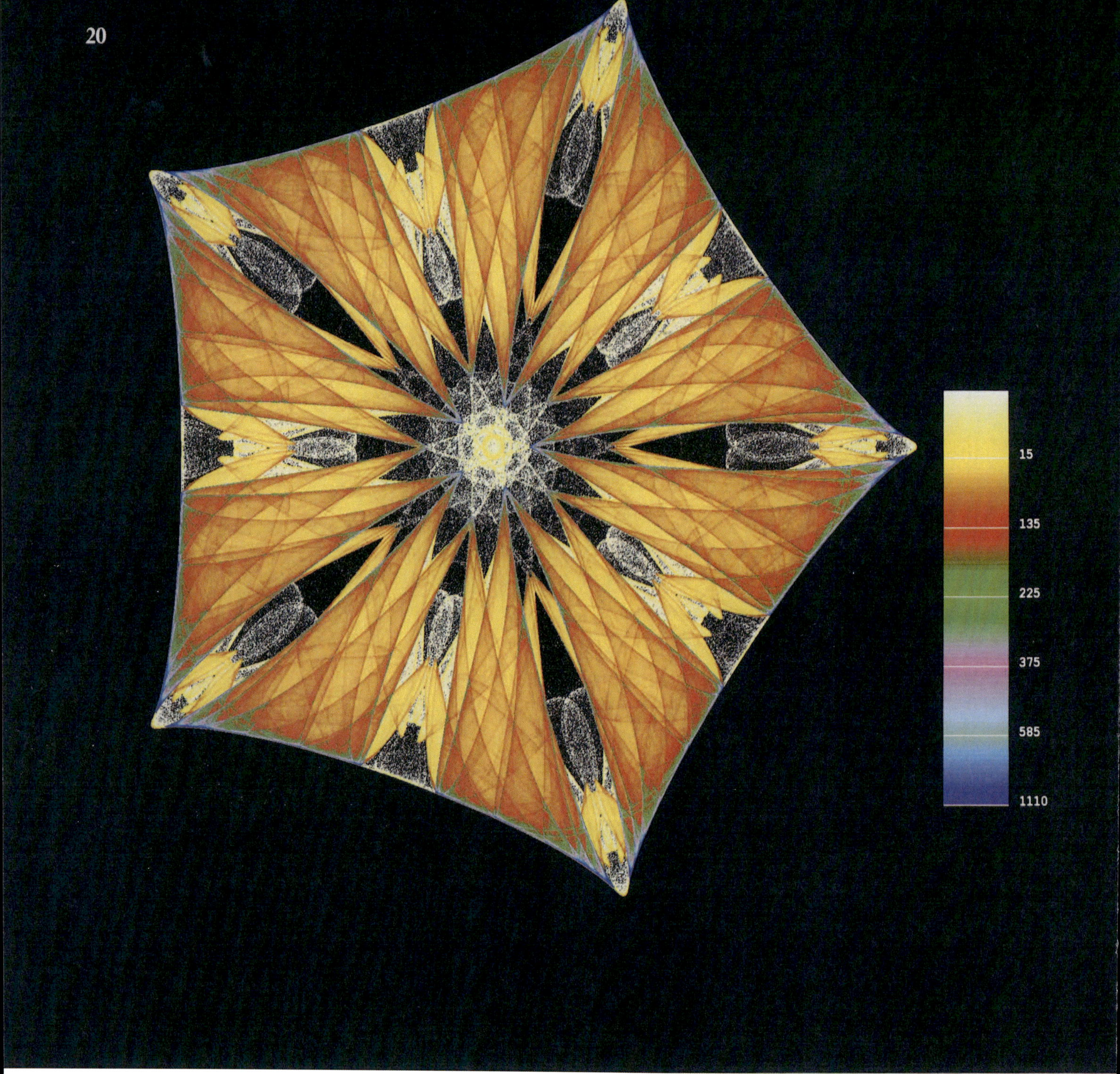

Abb. 1.13: Krönungsmantel. Fünffache Symmetrie und ein Farbband.

die Vorschrift sehr oft an, zwischen zwanzig- und einhundertmillionenmal. Ignorieren Sie das vorübergehende Verhalten der so produzierten Pixelfolge. In der Praxis zählen wir nur die Pixel, die nach der tausendsten Anwendung der Vorschrift involviert werden. Zählen Sie, wie oft ein Pixel getroffen wurde, und färben Sie ihn gemäß dem Wert dieser Zahl ein. Dieser Prozeß ist nichts anderes als *Einfärben durch Zahlen*. Die tatsächlichen Farben werden so gewählt, daß sie die zugrundeliegende Struktur am besten zur Geltung bringen. In Abbildung 1.13 zeigen wir eine Figur mit Fünfeckssymmetrie, die nach dreißig Millionen Iterationen eingefärbt wurde. Da es in diesem Fall weniger als eine Million Pixel gibt, folgt aus dem Schubladenprinzip, daß einige Pixel mehr als einmal getroffen wurden. In der Praxis werden viele Pixel mehr als einmal getroffen. Im Farbband in Abbildung 1.13 zeigen wir die Farben, die den Pixeln entsprechend der "Trefferquote" zugeordnet wurden. Wie immer lassen wir die Pixel, die nicht getroffen werden, schwarz. Wir beginnen mit Weiß und schattieren 1 bis 15 Treffer von Weiß zu Gelb, 16 bis 135 Treffer von Gelb zu Rot usw. Bei mehr als 585 Treffern wird die Farbe schließlich dunkelblau. In diesem Bild wurden einige Pixel 7637mal getroffen.

Bis hierhin haben wir Pixel für Punkte auf dem Bildschirm gehalten und unsere mathematischen Formeln als Pixelvorschriften betrachtet. Wenn wir jedoch unsere Vorschrift sehr oft anwenden, müssen wir die zugrundeliegende arithmetische Vorschrift von einer Pixelvorschrift unterscheiden. Um zu verstehen, warum dies so ist, vergegenwärtigen Sie sich, daß eine Pixelvorschrift mit einem vorübergehenden Verhalten beginnt und danach periodisch verläuft. Eine Folge davon ist, daß die einzige Möglichkeit, die Pixel einzufärben, darin besteht, eine Farbe für die Pixel aus dem vorübergehenden Teil, die nur einmal getroffen werden, zu wählen, und eine weitere Farbe für die Pixel, die periodisch getroffen werden. Wenn wir die Farben in Abbildung 1.13 betrachten, sehen wir, daß das Bild einen Prozeß darstellt, der alles andere als periodisch ist.

Arithmetische Vorschriften

Um zu verstehen, wie wir Bilder mit solch verschlungenen Färbungen erzeugen können, müssen wir darlegen, wie unsere versteckte arithmetische Vorschrift zu einer Pixelvorschrift in Beziehung gebracht werden kann. In einer arithmetischen Vorschrift gibt es eine Formel, die uns sagt, wie Punkte in der Ebene zu Punkten in der Ebene bewegt werden. Nehmen Sie an, wir wählen einen Anfangspunkt, auf den wir eine arithmetische Vorschrift anwenden wollen. Da ein Pixel in Wirklichkeit ein kleiner quadratischer Bereich

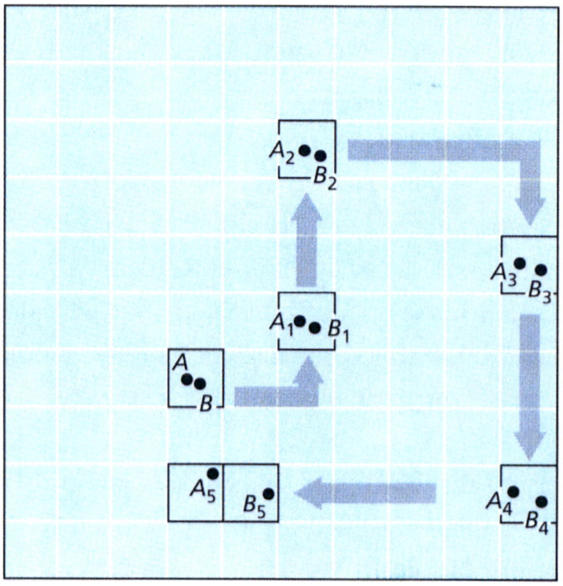

Abb. 1.14: Die Divergenz der Punkte innerhalb eines Pixels bei der Iteration.

auf einem Computerbildschirm ist, liegt dieser Punkt innerhalb eines Pixels. Es gibt eine kleine Schwierigkeit, wenn der Punkt auf dem gemeinsamen Rand zweier Pixel liegt, aber wir gehen an dieser Stelle nicht näher darauf ein. Wenn wir die arithmetische Vorschrift anwenden, erhalten wir einen neuen Punkt auf dem Bildschirm, der innerhalb eines einzigen Pixels liegt. Dieses Pixel knipsen wir an. Wenn wir diesen Vorgang viele Male wiederholen, gibt es schließlich ein Pixel, das zweimal getroffen wird. Wenn wir mit einer Pixelvorschrift arbeiten würden, würde folgen, daß das nachfolgende Verhalten periodisch ist, wie wir oben erklärt haben. Es ist jedoch wichtig zu verstehen, daß beim Iterationsprozeß dagegen kein Punkt innerhalb eines Pixels mehr als einmal getroffen werden muß, obwohl ein einzelnes Pixel viele Male involviert sein kann.

Obwohl wir nicht möchten, daß sich unsere arithmetische Vorschrift wie die Verdoppelungsvorschrift verhält (die Punkte sollten nicht unbeschränkt groß werden und den Bildschirm verlassen), stellt sich heraus, daß die Vorschriften, die wir zur Erzeugung unserer Bilder verwenden, viele Gemeinsamkeiten mit der Verdoppelungsvorschrift besitzen. Dies mag vielleicht überraschend sein. In Abbildung 1.14 zeigen wir zwei Punkte A und B, die innerhalb eines Pixels liegen. Um ein einfaches Beispiel zu geben, bestimmen wir, daß das Pixel eine Kantenlänge von 0,4 mm besitzt. Nehmen Sie an, der Abstand zwischen A und B betrage 0,2 mm. Nun wenden wir unsere arithmetische Vorschrift an und erhalten zwei weitere Punkte A_1 und B_1, die A bzw. B entsprechen. Da A und B nahe beieinanderliegen, würden wir erwarten, daß A_1 und B_1 mit großer Wahrscheinlichkeit innerhalb des gleichen Pixels liegen. Der Abstand zwischen A_1 und B_1 kann jedoch wachsen (Abb. 1.14). Bei den arithmetischen Vorschriften, die zur Erzeugung unserer Bilder verwendet wurden, werden die Abstände oft vergrößert. Zum Beispiel kann der Abstand zwischen A_1 und B_1 mindestens zweimal so groß sein wie der zwischen A und B. Diese Eigenschaft, Abstände zu verdoppeln, sei vorhanden, falls die Abstände zwischen den Punkten nicht zu groß sind, sagen wir nicht größer als ein Zehntel des Durchmessers des Bildschirms. Wenn wir unsere arithmetische Vorschrift fünfmal auf A und B anwenden und die so erhaltenen Punkte mit A_5 und B_5 bezeichnen, dann muß der Abstand zwischen A_5 und B_5 mindestens $32(=2^5)$mal so groß sein wie der zwischen A und B. Eine kleine Rechnung zeigt, daß dies mindestens 0,64 mm ergibt. Somit müssen A_5 und B_5 in verschiedenen Pixeln liegen.

Diese Argumentation zeigt, daß das Ergebnis bei sogar relativ wenigen Iterationen sehr stark von den Anfangspunkten abhängt, wenn unsere arithmetische Vorschrift Abstände zwischen Punkten vergrößert, die nahe beieinanderliegen. Es ist jedoch eine bemerkenswerte Tatsache, daß das resultierende Bild gewöhnlich nicht empfindlich vom gewählten Anfangspunkt abhängt, wenn wir eine sehr große Anzahl von Iterationen durchführen und unsere Pixel gemäß der Zahl der Punkte, die sie treffen, einfärben. Um zu verstehen, warum dies so sein kann, müssen wir zwei Themen diskutieren: Seltsame Attraktoren und Statistik.

Seltsame Attraktoren

Es ist tatsächlich nicht leicht, eine einfache Erklärung dafür zu geben, wie sich Symmetrie und Dynamik vermischen, um gleichzeitig sowohl Chaos als auch Struktur zu erzeugen. Mathematiker und Physiker versuchen immer noch, die Methoden zu verstehen, durch die chaotische Dynamik wiederholbare und beobachtbare Muster erzeugt. Obwohl die chaotische Dynamik erst im letzten Jahrzehnt allgemein bekannt wurde, hat sogar diese begrenzte Vertrautheit zu einigem Verständnis geführt, und viel von diesem Verständnis begründet sich auf Bildern.

Teilweise ist die Lage jedoch ein bißchen wie beim alten Onkel Jake, der etwas exzentrisch ist. Man ist nie wirklich überrascht von dem, was Onkel Jake macht, aber es ist immer schwierig zu verstehen, was er macht und warum er es macht. Aber indem man ihn exzentrisch nennt, hat man ein gutes Gefühl bei seinen Taten. Wir geben oft bestimmten Bereichen oder Situationen, die zu komplex sind, um verstanden zu werden, einen Namen und glauben verstanden zu haben, wenn diese Namen wiederholt werden. Nun, die Mathematiker sind manchmal nicht schlechter als andere im Benennen ihres Mangels an Verstehen. In diesem Fall nennen wir die geometrisch komplizierten Gebilde, die bei der Iteration auftreten, *seltsame Attraktoren*. Das Wort "seltsam" wird einfach deshalb verwendet, weil sie nicht erwartet wurden! Warum "Attraktoren"? Nun, das können wir erklären.

In gewisser Weise ist das Verhalten, das uns bei Attraktoren begegnet, das Gegenteil von der Unbegrenztheit bei der Verdoppelungsvorschrift des weisen Mannes. Die Verdoppelungsvorschrift nimmt eine Zahl und verdoppelt sie. Wenn wir mit der Zahl Null anfangen, ist das Ergebnis wieder null. Wir nennen Null einen *Fixpunkt* für diese Vorschrift: Sie bleibt fest oder unverändert, wenn wir die Vorschrift anwenden. Wenn wir dagegen mit einer sehr kleinen Zahl, z.B. 0,00000001 anfangen und die Verdoppelungsvorschrift immer wieder anwenden, sagen wir 32mal, dann erhalten wir eine relativ große Zahl, in diesem Fall ungefähr 43. Obwohl also die Zahl Null festbleibt, bewegen sich nahegelegene Zahlen von Null weg, wenn wir die Verdoppelungsvorschrift wiederholt anwenden. Dieser Vorgang des Wegbewegens von Null beginnt zunächst langsam, schreitet aber ziemlich rasch voran. Wir können die Zahl Null daher einen *abstoßenden* Fixpunkt nennen.

Ein Attraktor besitzt ein entgegengesetztes Verhalten. Wenn wir die Vorschrift anwenden, bewegen wir uns auf den Attraktor zu oder werden von ihm angezogen. Als Beispiel können wir die Halbierungsvorschrift betrachten, bei der jede Zahl halbiert wird. Da die Hälfte von null wieder null ist, ist null ein Fixpunkt für die Halbierungsvorschrift. Im Gegensatz zur Verdoppelungsvorschrift bewegen sich jedoch alle Zahlen bei der wiederholten Anwendung der Halbierungsvorschrift näher zu null hin. In diesem Fall nennen wir null einen *anziehenden* Fixpunkt: Bei wiederholter Anwendung der Halbierungsvorschrift werden nahegelegene Zahlen zu null hingezogen.

Die Haupteigenschaft dieses anziehenden Fixpunktes besteht darin, daß die Iteration jeden wie auch immer gewählten Anfangspunkt immer näher an die Null bringt. Das Langzeitverhalten besteht nur aus dem Fixpunkt. Auf ähnliche Art können auch kompliziertere geometrische Gebilde anziehend sein. Wenn wir unsere Bilder gestalten, beginnen wir mit einem Anfangspunkt und iterieren. Dabei beachten wir den Teil nicht, den wir für das vorübergehende Verhalten halten. Woher wissen wir, daß dieser Teil vorübergehend ist? Nun, wenn wir mit einem anderen Anfangspunkt beginnen und den vorübergehenden Teil außer acht lassen, erhalten wir das *gleiche* Bild. Die Gesamtheit der Punkte, aus denen das Bild besteht, nennt man den *Attraktor*.

Wir können nun teilweise den Grund dafür verstehen, warum wir das gleiche Bild erhalten, wenn wir für den Beginn des Iterationsprozesses zwei verschiedene Anfangspunkte wählen. Nehmen Sie an, wir benutzten für die Iteration eine Vorschrift, die einen Attraktor besitzt. Vorausgesetzt, daß unser gewählter Anfangspunkt nicht zu weit vom Attraktor entfernt ist, erreichen die Punkte den Attraktor und scheinen dann chaotisch auf dem Attraktor umherzuschwirren. Die Quote, mit der wir die Pixel, aus denen der Attraktor besteht, treffen, kann von der Wahl des Anfangspunktes abhängen. Das chaotische Verhalten der Pixel auf dem Attraktor führt jedoch dazu, daß schließlich bei der Iteration alle Pixel des Attraktors getroffen werden.

Nehmen Sie an, wir benutzen ein Schwarzweißbild, um den Attraktor darzustellen, und wir färben ein Pixel weiß, wenn es getroffen wird. Wenn wir das vorübergehende Verhalten der Iteration auslassen, d.h. den Teil, bei dem wir uns dem Attraktor nähern, knipsen wir schlußendlich außer dem Anfangspunkt genau die Pixel an, die den Attraktor bilden.

Aufgrund dieser Argumentation können wir in etwa verstehen, warum wir die gleichen Schwarzweißbilder erhalten. Aber warum erhalten wir die gleichen Farbbilder? Um diesen Sachverhalt zu verstehen, müssen wir einige *statistische* Eigenschaften der Attraktoren erläutern.

Statistik

Lassen Sie uns damit beginnen, Ihnen die Methode, mit der wir unsere Bilder einfärben, in Erinnerung zu rufen. Wir nehmen eine große Zahl von Iterationen und fragen, wie oft jedes Pixel während des Iterationsprozesses getroffen wurde: anschließend färben wir es mit Hilfe dieser Zahl. Wie wir früher bemerkt haben, repräsentiert jedes Pixel in Wirklichkeit ein kleines Quadrat in der Ebene. Nehmen Sie an, wir führen eine Million Iterationen durch und stellen fest, daß ein besonderes Pixel P 500mal getroffen wurde. Dies bedeutet, daß 0,2 Prozent der Punkte, die beim Iterationsprozeß getroffen wurden, in diesem speziellen Pixel liegen. Wir können 0,2 Prozent auf die folgende Art als Wahrscheinlichkeit interpretieren: Nehmen Sie an, wir führen mit Hilfe unseres Computers ein Experiment durch. Wir wählen einen Anfangspunkt, lassen den Computer iterieren und stoppen den Iterationsprozeß zu einem "zufälligen" Zeitpunkt. Der hierdurch erhaltene Punkt liegt dann mit der Wahrscheinlichkeit 0,002 innerhalb des Pixels P. Nehmen Sie zum Beispiel an, daß wir alle Pixel, die 500mal getroffen wurden, gelb einfärben. Das Einfärben liefert uns folglich die Information, daß für jedes der gelb eingefärbten Pixel die Wahrscheinlichkeit, daß der letzte Punkt in ihm zu liegen kommt, gleich groß ist.

Einer der grundlegenden Sachverhalte im Zusammenhang mit der chaotischen Dynamik ist, daß seltsame Attraktoren genau definierte statistische Eigenschaften besitzen. Es ist tatsächlich möglich, diese wahrscheinlichkeitstheoretische Notation präzise auszudrücken. Allerdings ist es ein sehr komplizierter Bereich, und wir können hier nicht weiter darauf eingehen; wir können aber festhalten, daß es einen guten *mathematischen* Grund für die Art gibt, auf die wir unsere Bilder eingefärbt haben. Wir messen *näherungsweise* die Wahrscheinlichkeit, mit der ein gegebenes Pixel während der Iteration getroffen wird, und drücken diese Information durch Farben aus.

Eine Folge dieses statistischen Aspekts der seltsamen Attraktoren ist, daß wir mit großer Wahrscheinlichkeit erwarten können, daß unser Bild unabhängig von dem von uns gewählten Anfangspunkt ist, solange dieser gegen den Attraktor konvergiert. Wir erhalten identische Bilder, weil die Wahrscheinlichkeit, mit der ein gegebenes Pixel des Attraktors während der Iteration getroffen wird, unabhängig von der Wahl des Anfangspunktes ist. Die Anzahl der Treffer ist dagegen sehr wohl abhängig von dieser Wahl.

Symmetrie im Durchschnitt

An dieser Stelle müssen wir erklären, wie sich die statistische Natur der seltsamen Attraktoren auf die grundlegende Eigenschaft unserer Bilder, auf ihre Symmetrie, auswirkt. Wie wir gesehen haben, kann man einen seltsamen Attraktor als Ergebnis der Mittelbildung ansehen. Anstatt eine große Anzahl von Iterierten zu betrachten, lassen Sie uns die Bilder untersuchen, die wir erhalten, wenn wir den Iterationsprozeß nur kurze Zeit durchführen, also nur wenige Iterationen vornehmen. In Abbildung 1.15 zeigen wir das Ergebnis einer kleinen Anzahl von Iterationen einer Vorschrift mit dreifacher Symmetrie. In Abbildung 1.15a haben wir 200 Iterationen durchgeführt. Es erscheint keine Struktur, und auf den ersten Blick scheint die Verteilung der Punkte zufällig zu sein. In Abbildung 1.15b,c haben wir das Ergebnis nach 600 bzw. 1500 Iterationen aufgezeichnet. Wir sehen, daß im letzten Bild definitiv Symmetrie erscheint, obwohl das Bild nicht vollständig symmetrisch ist. In Abbildung 1.16 zeigen wir das Resultat nach 20 000 000 Iterationen. Diese Figur besitzt nun eine definitive Struktur und die Symmetrien eines Dreiecks. Zum Schluß führen wir 60 000 000 Iterationen durch und färben die so erhaltene Figur ein (Abb. 1.17). Die Verwendung

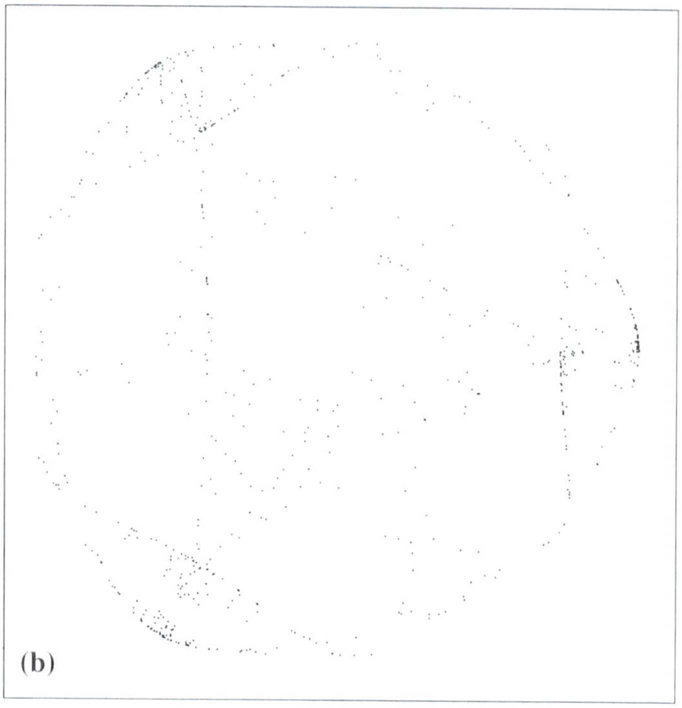

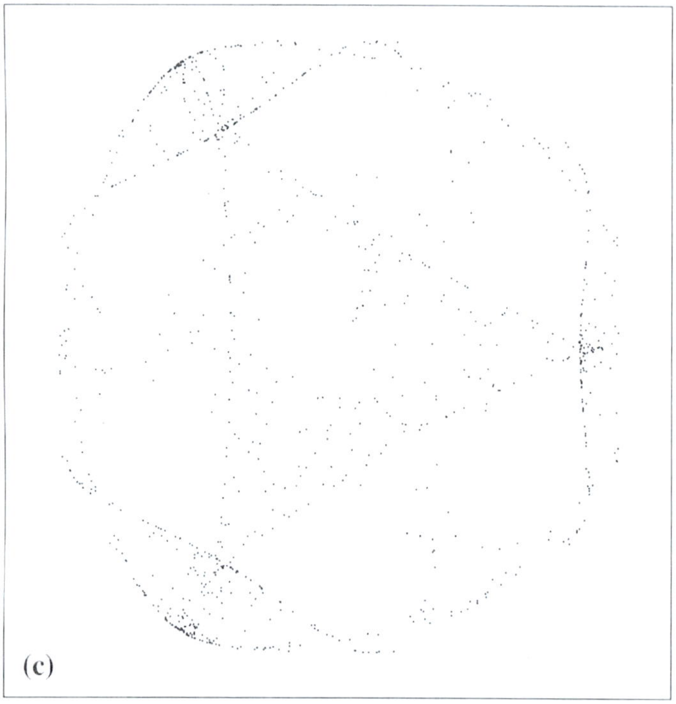

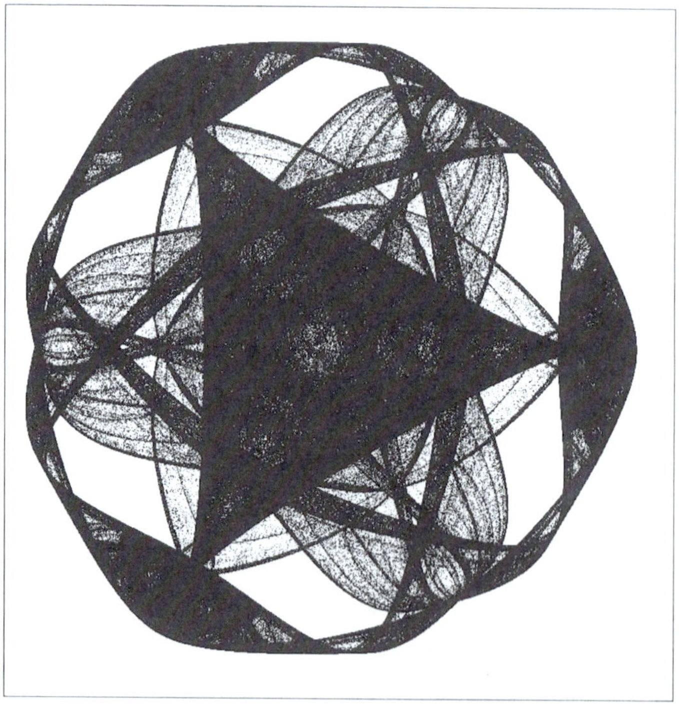

Abb. 1.15: Eine Folge von Figuren, die die Wirkung der Erhöhung der Anzahl der Iterationen zeigt (oben und unten links).

Abb. 1.16: Ein Schwarzweißbild mit zwanzig Millionen Iterationen (unten rechts).

Abb. 1.17 (Seite 29): Das Trampolin. Ein Farbbild, für das sechzig Millionen Iterationen verwendet wurden.

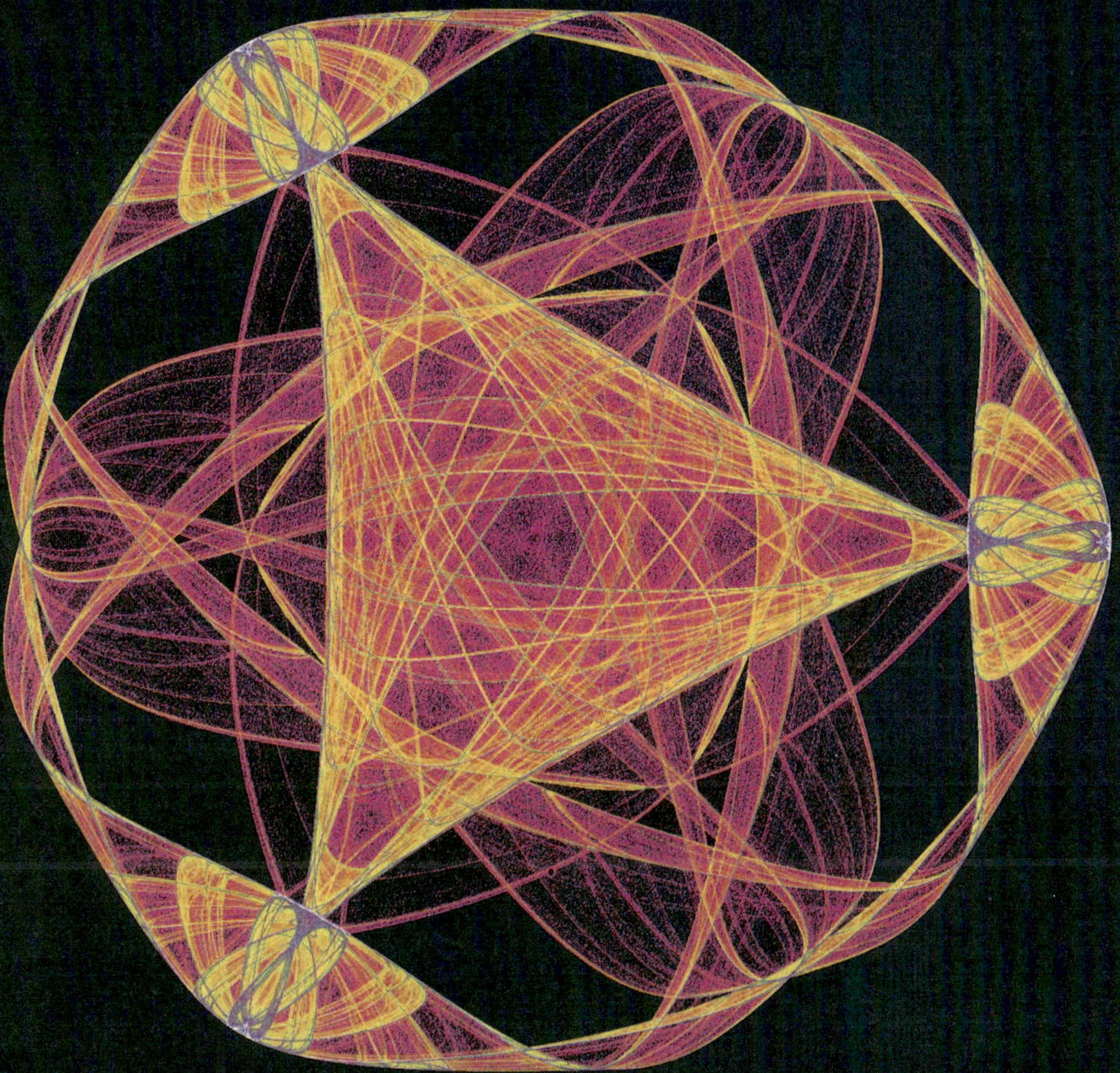

von Farbe macht viele kleine Details deutlich, die in Abbildung 1.16 nicht zu sehen sind. Die Farbe zeigt uns auch, welche der Punkte auf dem Attraktor während des Iterationsprozesses mit großer Wahrscheinlichkeit getroffen werden und welche nicht.

Einer der Gründe, warum Chaos und seltsame Attraktoren erst vor verhältnismäßig kurzer Zeit entdeckt wurden, war die Tatsache, daß die Struktur erst dann erscheint, wenn eine Art von Mittelbildung durchgeführt wird. Hätten wir nur 50 oder 100 Iterationen durchgeführt und das so erhaltene Bild betrachtet, wären wir versucht, das Ergebnis als ein Zufallsprodukt abzutun. Erst mit dem Aufkommen der modernen Hochleistungscomputer war es möglich, viele Iterationen durchzuführen und das Ergebnis in zufriedenstellender Weise zu zeichnen. Denn nur 100 Iterationen der Vorschrift, die in diesen Bildern verwendet wurde, benötigen mehr als 5000 arithmetische Rechenschritte wie Addition, Subtraktion und Multiplikation. Falls wir per Hand auf sieben Stellen genau gerechnet hätten und 60 Sekunden für eine Multiplikation und 10 Sekunden für eine Addition oder Subtraktion benötigt hätten, hätte es länger als drei Tage gedauert (Fehler nicht eingerechnet)! Und dabei ist die Zeit, die man zum genauen Zeichnen dieser 100 Punkte benötigt, nicht enthalten.

Die Bilder und die Ausführungen zeigen, daß die Symmetrie der Attraktoren in unseren Bildern erst nach einer verhältnismäßig großen Zahl von Iterationen beobachtet werden kann. Wir sehen also kurz gesagt, daß die Symmetrie dieser Attraktoren nur eine *Symmetrie im Durchschnitt* darstellt.

Was, wie und warum?

Bis jetzt haben wir versucht, Ihnen zu erklären, aus *was* unsere Bilder bestehen und *wie* sie gemacht wurden. Weiter hinten in diesem Buch werden wir auf diese Fragen noch einmal detaillierter eingehen. Insbesondere werden wir die Formeln liefern, die wir zum Herstellen der Bilder verwendet haben, und Ihnen, was noch wichtiger ist, zeigen, woher sie stammen. In Anhang B werden wir auch die Computerprogramme beschreiben, die eine einfache Version dieser Bilder auf einem PC produzieren. Im folgenden wollen wir

(a)

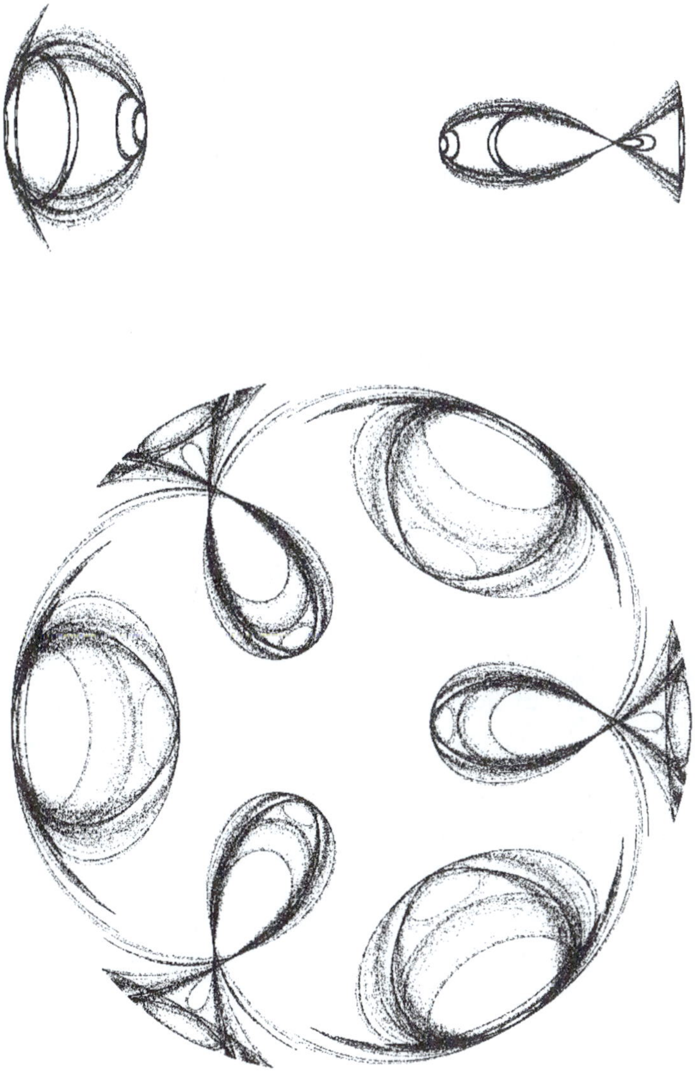

(b)

Abb. 1.18a: Fisch und Auge. Es entstand durch eine Vorschrift mit dreifacher Symmetrie. **1.18b:** Symmetrieerzeugung im Fisch.

versuchen, die Bedeutung der Bilder zu beschreiben und Gründe für das wissenschaftliche Interesse zu nennen, das sie erwecken (von dem man noch nicht genau weiß, wie lange es anhalten wird).

Wir beginnen mit der Beobachtung, daß Attraktoren, die aus einer Symmetrie aufweisenden Vorschrift entstehen, nicht unbedingt auch diese

Symmetrie haben müssen. In Abbildung 1.18a wird ein Attraktor dargestellt, der nur bilaterale Symmetrie besitzt. Er ist aus einer Vorschrift mit Dreieckssymmetrie entstanden. Wenn wir diese Vorschrift nur ein wenig abändern, erhalten wir den Attraktor aus Abbildung 1.18b. Dieser besitzt zumindest im Mittel die Symmetrien eines Dreiecks.

Die Tatsache, daß das Langzeitverhalten von symmetrischen Gleichungen nicht symmetrisch sein muß, sowie ihre grundlegende Bedeutung für die Physik ist schon lange bekannt. In dem Buch *Denkt Gott symmetrisch?* von Ian Stewart und Martin Golubitsky werden viele Bereiche beschrieben, in denen diese Beobachtung ihre Wichtigkeit bewiesen hat. Alle Menschen sind in einem sehr großen Näherungsgrad bilateral symmetrisch. Und doch trägt jeder von uns ein Beispiel der *Symmetriebrechung* mit sich, wenn er spazierengeht. Stellen Sie sich einen Menschen vor, der eine Straße entlanggeht. Wie würde er wohl aussehen, wenn unsere Bewegungen diese bilaterale Symmetrie erhalten würden? Wie würde er aussehen, wenn er beide Beine im Gleichklang bewegt und die Straße hinunterhüpft, anstatt sich *normal* fortzubewegen? Unser normaler Gang bricht die bilaterale Symmetrie. Nehmen Sie als ein weiteres Beispiel kochendes Wasser. Wir wissen, daß Wasser niemals kocht, wenn man hinschaut. Sehen Sie also nicht hin, denken Sie nur daran. Für gewöhnlich ist ein Topf, in dem man Wasser kocht, rund. Aber wenn das Wasser anfängt, sich zu bewegen, wenn es kocht, geschieht dies nicht in kreisförmigen Wellen. Ein drittes Beispiel: Ein Seestern wächst aus kugelförmig symmetrischen Zellen – warum? Es gibt viele dieser Fragen, und es ist bekannt, daß in Lösungen von Gleichungen grundlegende Veränderungen vorkommen, wenn diese Lösungen ihre Symmetrie verändern. Gewöhnlich sind solche Veränderungen mit einem *Verlust* an Symmetrie, dem Wachstum von Mustern und der starken Vermehrung von komplizierter Dynamik verbunden.

Die Frage, die diese Beispiele nahelegen, ist: Kann der Symmetrie der seltsamen Attraktoren eine entsprechende Bedeutung verliehen werden? In gewissem Sinn repräsentieren seltsame Attraktoren das Langzeitverhalten von Gleichungen, und deshalb ist es vorstellbar, daß die Symmetrie dieser Attraktoren von Bedeutung ist. Man kann sich jedoch denken, daß die Antwort auf diese Frage ausgesprochen komplex ist. Denn schließlich ist auch die Symmetrie der seltsamen Attraktoren nicht exakt: Sie existiert nur im Mittel. Um also die Frage anzuschneiden, ob die Symmetrie von seltsamen Attraktoren von Bedeutung ist, müssen wir Beispiele in der Natur betrachten, in denen die Symmetrie nur im *Mittel* erscheint.

Muster und Turbulenz

Ein Gebiet, in dem gemittelte Eigenschaften bekanntermaßen wichtig sind, ist die Strömungsmechanik: die *Turbulenz*. Lassen Sie uns mit einem Gedankenexperiment beginnen, um das Thema zu illustrieren. Stellen Sie sich vor, Sie sitzen auf einer Bank am Ufer eines strömenden Flusses. Wenn Sie die Oberfläche des Flusses betrachten, sehen Sie eine offenbar unzusammenhängende Folge von Wirbeln, Strudeln, Gegenströmungen und anderen Gebilden. Auf den ersten Blick kann man nicht viel mehr darüber aussagen, als daß diese Erscheinungen mehr oder weniger zufällig aufzutreten scheinen. Nun stellen Sie sich vor, Sie nehmen eine Kamera und fotografieren immer wieder den gleichen Ausschnitt eines Flusses, wobei Sie ein Bild pro Sekunde aufnehmen. Dann formen Sie aus dem resultierenden Stapel Dias das Durchschnittsbild: Sie legen alle Dias übereinander und leuchten mit einer starken Lampe hindurch. Was Sie dann sehen, ist das "gemittelte" Bild der Turbulenz.

Es ist vorstellbar, daß das Bild nicht einheitlich sein wird. Indem Sie dieses mittlere Bild herstellen, könnten Sie erwarten, daß Sie eine der Turbulenz zugrundeliegende Struktur entdecken. Falls zum Beispiel unter der Wasseroberfläche ein großer Felsen gewesen ist oder falls der Fluß eine Biegung gemacht hat, könnte sich dies als Mangel an Einförmigkeit in dem gemittelten Bild manifestieren. Mit anderen Worten: Selbst wenn die Bewegung des Flusses zufällig und turbulent scheinen mag, kann sich eine Struktur zeigen, wenn Sie das Mittel über die Zeit bilden. Natürlich ist diese Art von Struktur für gewöhnlich nicht direkt für uns sichtbar, denn wenn wir

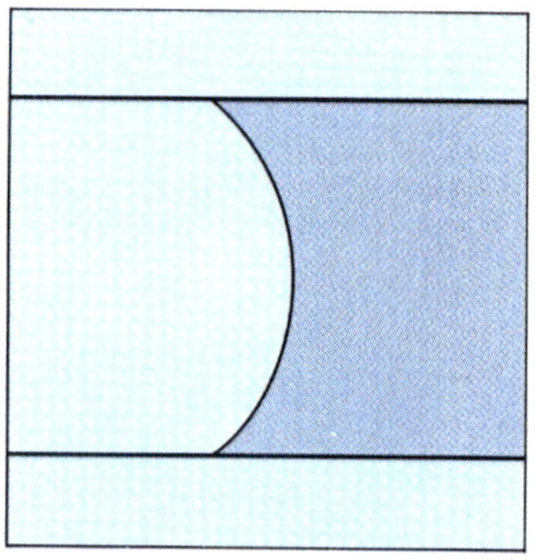

Abb. 1.19: Geschwindigkeitsprofil für eine laminare Strömung.

Dinge sehen, sehen wir sie in jedem Zeitpunkt getrennt, und unser Gehirn ist meistens nicht dazu in der Lage, ein "zeitgemitteltes" Bild zu produzieren.

Von unserem Gedankenexperiment geleitet, betrachten wir nun ein Problem, das wir auf wissenschaftlichere Art behandeln können: die Strömung von Wasser durch eine zylindrische Röhre. Das Wasser wird mittels Druck durch die Röhre gebracht, wobei der Druck und somit auch die Strömungsrate zunächst gering sind. Was wir bei einer solcherart geringen Strömungsrate sehen, nennt man *laminare* Strömung: Die Wassermoleküle bewegen sich in der Röhre auf Geraden, die parallel zu den Wänden verlaufen. Die Moleküle nahe der Mitte bewegen sich am schnellsten, während die am Rand der Röhre stationär sind. In Abbildung 1.19 stellen wir die Abhängigkeit der Geschwindigkeit der Wassermoleküle von ihrem Abstand zur Röhrenwand graphisch dar.

Wenn der Druck und damit auch die Strömungsrate groß ist, ist das Muster der Strömung in der Röhre wesentlich schwieriger zu beschreiben und heißt *turbulent*. Bei relativ niedrigen Strömungsraten bilden sich Flecken von Turbulenz; bei hohem Druck kann man offenbar eigenschaftslose Turbulenz beobachten. Wenn wir einen ähnlichen Mittelbildungsprozeß durchführen würden wie im oben beschriebenen Gedankenexperiment, könnte man insbesondere die Geschwindigkeit der Strömung messen, während sie einen Abschnitt der Röhre passiert und die Durchschnittsgeschwindigkeit berechnen. Welche Beobachtung können wir erwarten, wenn wir das Mittel über einen langen Zeitraum bilden? Die Antwort ist in Abbildung 1.20 dargestellt, wie wir im folgenden erklären werden.

Abb. 1.20: Ein gemitteltes Geschwindigkeitsprofil für eine turbulente Strömung.

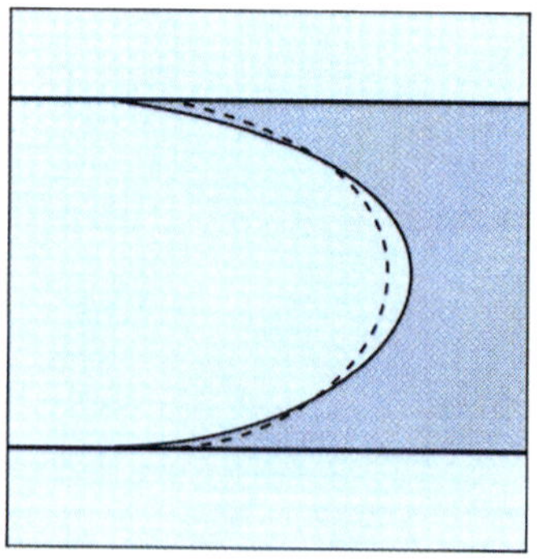

Wenn die Strömung bei der höheren Strömungsrate laminar wäre, hätten wir als Ergebnis erhalten, daß das Profil in Abbildung 1.19 länglicher würde, d.h. die Moleküle im Zentrum der Röhre würden sich schneller bewegen. Dieses hypothetische Profil wird in Abbildung 1.20 durch eine durchgezogene Linie dargestellt. Das Profil für die tatsächliche turbulente Strömung wird durch die gestrichelte Linie beschrieben. Wir können beobachten, daß gleich zum Geschwindigkeitsprofil der laminaren Strömung in der Mitte abgeflacht ist. Dies bedeutet, daß der Bereich höherer Geschwindigkeit sich von der Mitte in Bereiche nahe der Wand ausbreitet, was wiederum ein Zeichen für die Anwesenheit von Turbulenz und den Zusammenbruch der laminaren Strömung ist. Ohne die Turbulenz würde in einem gegebenen Zeitraum mehr Wasser durch die Röhre fliessen. Obwohl wir das Problem, eine Röhre zu konstruieren, die das Auftreten von Turbulenz verhindert, nicht gelöst haben, können wir doch beobachten, daß uns das Herstellen des gemittelten Bildes einige Informationen über die Turbulenz geliefert hat.

Was würde passieren, wenn wir dieses Experiment der Mittelbildung für eine turbulente Strömung in einer Röhre mit quadratischem Durchschnitt durchgeführt hätten? Es ist vorstellbar, daß wir ein gemitteltes Bild gefunden hätten, das viel Struktur besitzt, und daß dieses Bild die Symmetrien eines Quadrats besitzen würde. Es ist jedoch auch denkbar, daß wir bei niedrigen Strömungsraten, wenn die Strömung gerade am Beginn der Turbulenz steht, ein Bild gefunden hätten, das *nicht* die Symmetrien eines Quadrats besitzt. Es könnte tatsächlich etwas sehr Merkwürdiges vor sich gehen, wenn dieser hypothetische Übergang von Asymmetrie zu Symmetrie stattfindet. Zur Zeit ist nicht bekannt, ob eine asymmetrische turbulente Strömung in einer quadratischen Röhre auftreten kann – es ist jedoch eine interessante Frage.

Das Couette-Taylor-Experiment

Sie können zu Recht sagen: "Das ist zwar interessant, aber gibt es wirklich ein Anzeichen dafür, daß sich eine turbulente Strömung asymmetrisch verhalten kann?" Die Antwort auf diese Frage ist ein entschiedenes "Ja". Es gibt ein berühmtes Experiment in der Strömungsdynamik: das Couette-Taylor-Experiment. In diesem Experiment ist eine Flüssigkeit, für gewöhnlich Wasser, zwischen zwei konzentrischen Zylindern enthalten, wobei sich der innere Zylinder in der einfachsten Form des Experiments frei drehen kann. Es gibt eine interessante Veränderung im Muster der Strömung, wenn die Geschwindigkeit des inneren Zylinders vergrößert wird. Wenn diese Geschwindigkeit gering ist, ist die Strömung laminar, und die Bewegung heißt

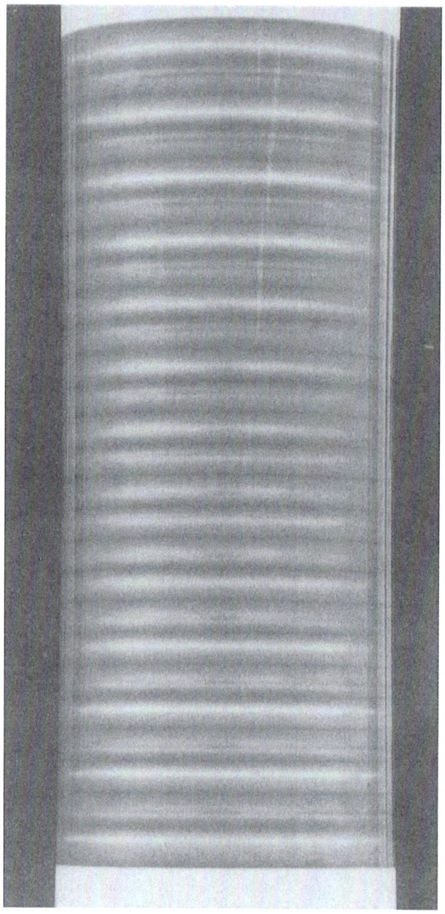

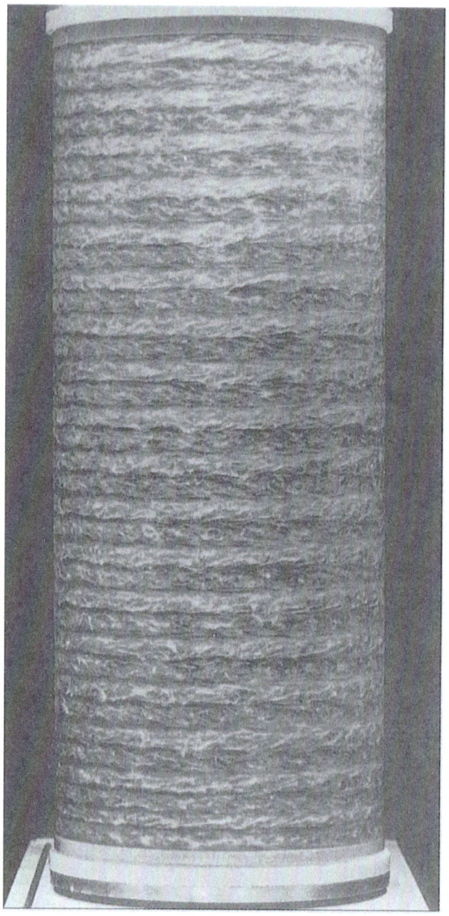

Abb. 1.21: Eine Taylorsche Wirbelströmung. Mit freundlicher Genehmigung von Randy Tagg und Harry L. Swinney (links).

Abb. 1.22: Turbulente Taylorwirbel. Mit freundlicher Genehmigung von Anke Brandstater und Harry L. Swinney (rechts).

Couette-Strömung. Die Couette-Strömung sieht gleich aus, wenn man den Zylinder um seine Achse dreht und wenn man die Strömung (im Prinzip) entlang ihrer zylindrischen Achse verschiebt. Wird die Geschwindigkeit des inneren Zylinders vergrößert, verliert die Couette-Strömung an Stabilität und wird durch eine Strömung ersetzt, die ein höchst interessantes Muster besitzt: die *Taylor-Wirbelströmung* (Abb. 1.21). Es war ein gewaltiger Kraftakt, als G. I. Taylor 1923 sowohl experimentell als auch theoretisch bewiesen hat, daß diese Strömung existiert und daß mit Hilfe seiner Theorie die Höhe der Geschwindigkeit, bei der der Übergang von der Couette-Strömung zur Taylor-Wirbelströmung stattfindet, genau bestimmt werden kann. Heute weiß man, daß dieser Übergang ein weiteres Beispiel für die Symmetriebrechung darstellt: Die Taylor-Wirbelströmung ist weniger symmetrisch als die laminare Couette-Strömung. Denn die Taylor-Wirbelströmung ist immer noch invariant unter der Drehung um die Achse des Zylinders, aber sie ist nicht die gleiche bei Verschiebungen entlang der Achse des Zylinders.

Während der vergangenen sechzig Jahre wurde experimentell die Komplexität dieses relativ einfachen Versuchs der Strömungsdynamik aufgezeigt. Dieses Experiment bildete die Bühne für die so wichtigen Verifikationen der Existenz der chaotischen Dynamik. Wird die Geschwindigkeit des inneren Zylinders vergrößert, wird die Strömung immer komplizierter. Zunächst beobachtet man das Auftreten von Wellen, die Periodizitäten in der Zeit entsprechen, dann entwickelt sich eine komplexere Bewegung, und schließlich, wenn der Zylinder schnell genug gedreht wird, wird die Strömung turbulent. Die Experimentalphysiker Jerry Gollub und Harry Swinney waren die ersten, die diesen Übergang zur Turbulenz sorgfältig beobachtet haben. Zur gleichen Zeit haben die Theoretiker David Ruelle und Floris Takens einen mathematischen Weg zum Chaos entwickelt, der genau diese Arten des Übergangs beinhaltet.

Von unserem Blickwinkel aus ist jedoch das Interesse an der Taylor-Couette-Vorrichtung nicht an dieser Stelle zu Ende. Denn wenn man fortfährt, die Geschwindigkeit des inneren Zylinders zu vergrößern, landet man bei einem Zustand der Strömung, der *turbulente Taylor-Wirbel* genannt wird. Wie in Abbildung 1.22 ersichtlich ist, hat diese Strömung das gleiche allgemeine Muster wie die Taylor-Wirbelströmung. Im Gegensatz zur Taylor-Wirbelströmung jedoch ist die Bewegung in dieser Strömung turbulent oder chaotisch. Wenn Sie genauer hinsehen, stellen Sie überdies fest, daß das Muster in den turbulenten Taylor-Wirbeln nur näherungsweise vorhanden ist, obwohl es *im Mittel* exakt zu sein scheint. Hier haben wir ein Beispiel aus der Strömungsmechanik, in dem Turbulenz sowohl mit als auch ohne Muster existiert. Überdies tritt die Symmetrie, die in den turbulenten Zuständen vorkommt, nur im Mittel auf.

Weitere Spekulationen

In unserer Abhandlung der Turbulenz haben wir Gedankenexperimente über die Strömung in einem Fluß oder in einer quadratischen Röhre vorgenommen, bei denen Muster und Symmetrie im Mittel entdeckt werden können. Wir haben ein reales Experiment der Strömungsdynamik beschrieben, von dem bekannt ist, daß zumindest im Mittel ein Muster in einer turbulenten Strömung existiert. Notwendigerweise müssen wir nun anschließend fragen, wo wir dieses Phänomen der Symmetrie im Mittel in der realen Welt beobachten können. Um auf diese Frage einzugehen, präsentieren wir ein weiteres Gedankenexperiment.

In einem zweidimensionalen rechteckigen Behälter ist eine flüssige Mixtur von mehreren Chemikalien, unter anderem eine Säure, enthalten. Stellen Sie sich vor, daß sich die Mixtur auf eine komplizierte und chaotische Weise bewegt. Die Säure kann den Boden des Behälters wegfressen oder wegätzen. Unter diesen Umständen können wir annehmen, daß die Rate, mit der der Boden des Behälters weggeätzt wird, proportional ist zur Konzentration der Säure. Natürlich kann diese Konzentration sowohl entlang dem Boden als auch über die Zeit variieren, und das Ätzmuster, das mit der Zeit erzeugt wird, kann sehr kompliziert werden.

In diesem Gedankenexperiment gibt es eine nichttriviale Symmetrie. Der Behälter kann von rechts nach links gespiegelt werden. Dies hat keinen Einfluß auf die Beschreibung. Mit dieser Symmetrie im Hinterkopf stellen wir die Frage: Wird das Ätzmuster am Boden des Behälters spiegelsymmetrisch sein oder nicht, wenn die Flüssigkeit über längere Zeit zirkuliert? Wir erwarten, daß es vom speziellen System, das betrachtet wird, abhängt, welche der beiden möglichen Antworten – ja oder nein – richtig ist. Überdies erwarten wir, daß es kritische Werte für die Parameter des Systems gibt, für die das Ätzmuster plötzlich von Asymmetrie im Mittel zu Symmetrie im Mittel wechselt, wenn diese Parameter verändert werden.

Wir behaupten nicht, daß die Dynamik des Konzentrationsprofils der Säure entlang dem Boden zu jedem Zeitpunkt symmetrisch ist – sie ist es nicht. Wenn man aber diese Konzentration über die Zeit während eines langen Zeitraumes mittelt, so behaupten wir, sieht man in einigen Systemen eine gemittelte Konzentration mit einem ausgeprägten rechts-links-symmetrischen Muster, obwohl sich die Konzentration während der Zeit auf chaotische Weise verändert. So gesehen tritt das Muster nur im Mittel auf.

Es ist eine sehr komplizierte Angelegenheit, eine detaillierte Studie über diese Art der Strömungsbewegung und den mit ihr einhergehenden chemischen Reaktionen durchzuführen. Anstatt ein solch komplexes Projekt direkt anzugehen, ist es sinnvoll, zuerst einfachere Probleme zu betrachten, um festzustellen, ob das Phänomen der Symmetrie der Muster im Mittel auftritt. Das einfachste mögliche Modell eines solchen Experiments besteht darin, nur die Konzentration der Säure auf dem Boden des Behälters aufzuzeichnen. Gleichungen dieser Art heißen partielle Differentialgleichungen. Sie beschreiben die Entwicklung einer Größe wie der Konzentration der Säure sowohl im Raum als auch in der Zeit. Das Problem bei einer derartigen Vereinfachung besteht darin, daß es schwierig ist, eine Gleichung zu finden, die im weitesten Sinn approximativ genannt werden kann.

Ein anderer Zugang besteht darin, eine partielle Differentialgleichung zu nehmen, die einen chemischen Prozeß modelliert, sie numerisch zu lösen, die Mittelwerte über die Zeit zu bilden und nachzusehen, ob diese Mittelwerte symmetrisch sind oder nicht. Dies wurde kürzlich für eine Modellgleichung getan, die Brüsselator heißt. (Sie wurde von einer Gruppe von Chemikern in Brüssel aufgestellt. Es gibt noch ein komplexeres Modell, den Oregonator. Wie Sie sich sicher schon gedacht haben, wurde dies von einer Gruppe in Oregon aufgestellt.) Dieses numerische Experiment wurde von Michael Dellnitz durchgeführt. Er fand einen Übergang von einem asymmetrischen Zeitmittel zu einem symmetrischen, als ein Parameter verändert wurde. In unserem Gedankenexperiment würde dieser Parameter der Länge des Bodens im Behälter entsprechen.

Diese Art von numerischen Experimenten gestattet es uns zu glauben, daß das Phänomen von symmetrischen Mustern im Mittel real ist. Wir können uns nun fragen, ob andere Phänomene, bei denen ausgeprägte (fast) symmetrische Muster auftreten, wie bei den Schalen von Seemuscheln, das Erzeugnis von chaotischem Wachstum sind, das gemittelt wurde und so ein regelmäßiges Muster bildet.

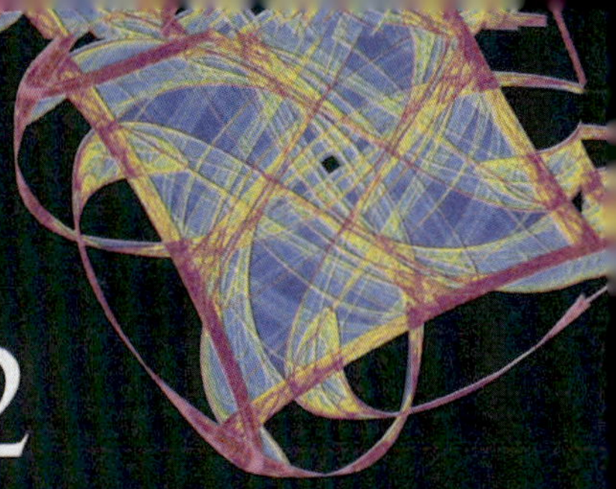

Kapitel 2

EBENE SYMMETRIEN

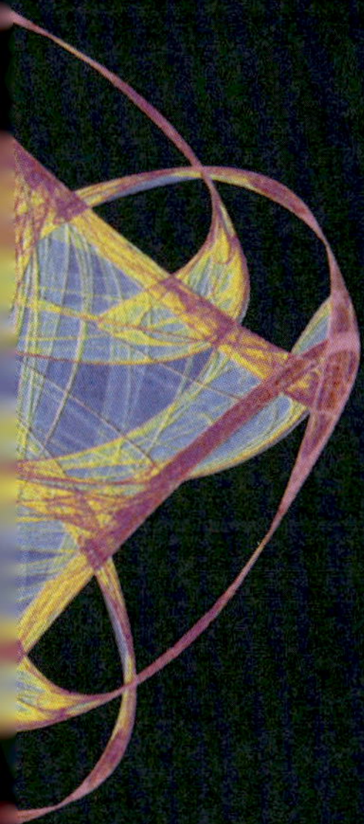

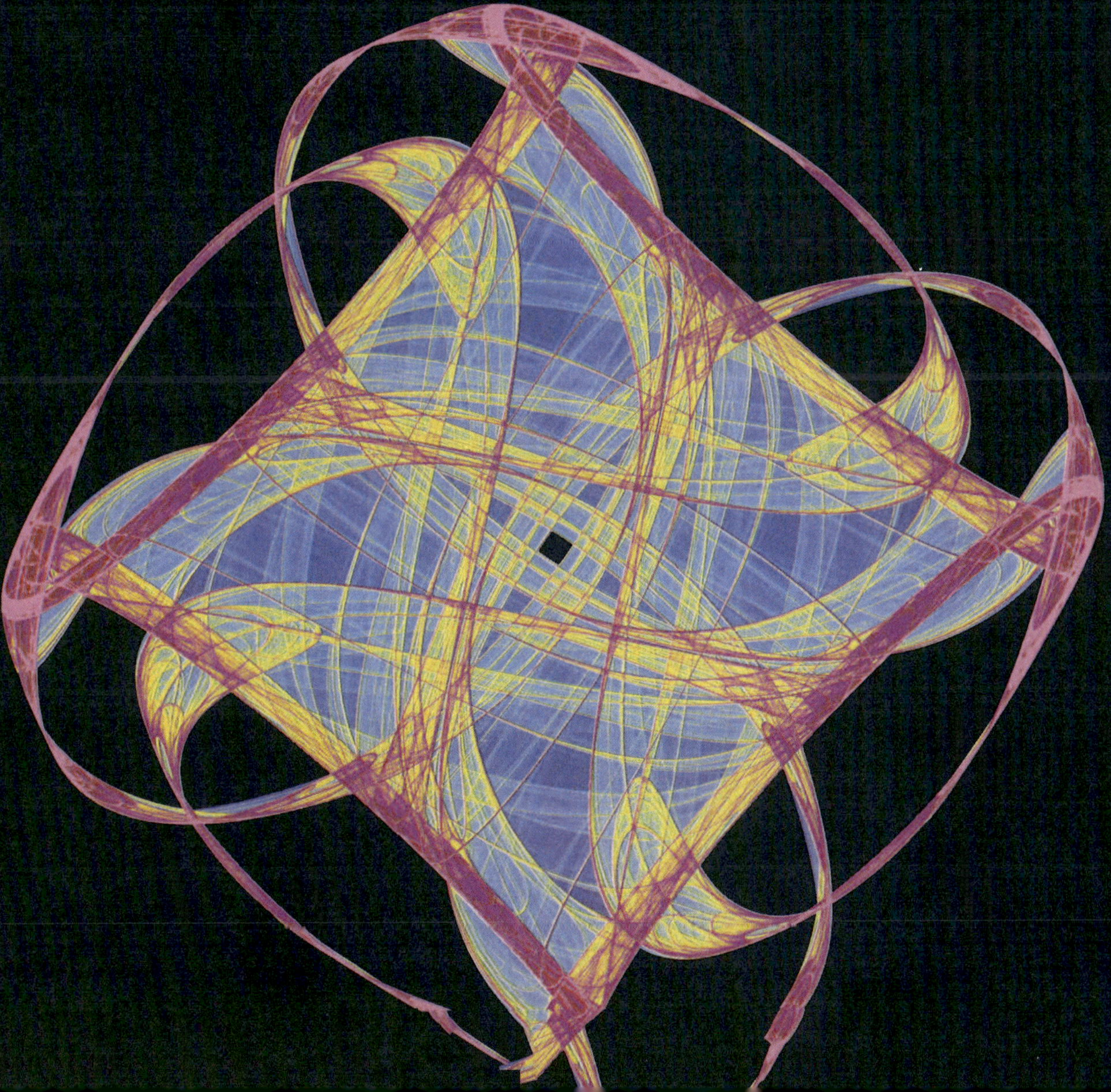

Führte auch die Konsultation eines allgemeinen Lexikons zu keinem befriedigenden Ergebnis, so glaubten wir doch anhand eines mathematischen Nachschlagewerkes eine brauchbare Definition des Begriffes Symmetrie erhalten zu können. Mit diesem Gedanken im Hinterkopf konsultierten wir das wohlbekannte, von James und James herausgegebene *Mathematics Dictionary*. Unter dem Stichwort *Symmetrie* fanden wir den folgenden, ziemlich verwirrenden Eintrag: "Siehe verschiedene Punkte unter *symmetrisch*." Und unter *symmetrisch*: "Symmetrie besitzen." Tatsächlich gibt es zwei Schwierigkeiten, die eine einfache und allgemeingültige Definition des Begriffes unmöglich machen und die zu dieser Selbstreferenz geführt haben.

Die erste Schwierigkeit liegt in der Abstraktion. In unserem einführenden Kapitel haben wir von der Symmetrie als individueller Bewegung gesprochen, die ein Bild unverändert läßt. In der Mathematik sind jedoch nicht die individuellen Symmetrien von Bedeutung, sondern die Menge aller Symmetrien des Bildes. Diese Menge heißt *Gruppe*, und in diesem Nachschlagewerk bezieht sich vieles auf Gruppentheorie. Die zweite Schwierigkeit betrifft den Anwendungsbereich. Es gibt so viele verschiedene Arten von Symmetrie, daß es praktisch ausgeschlossen ist, eine einfache und allumfassende Definition dieses Begriffes zu liefern. Zum Beispiel kann man die Symmetrien einer Gleichung oder eines physikalischen Gesetzes betrachten und nicht nur die Symmetrien eines Bildes. Obwohl die verschiedenen Formen von Symmetrie stets miteinander verwandt sind, muß man sorgfältig vorgehen, wenn man Symmetrie auf den Begriff bringen will.

In unserer Betrachtung der Symmetrie sind jedoch die Ziele wirklich sehr bescheiden. Wir möchten wissen, was die möglichen Symmetriegruppen für Bilder in der Ebene sind. Unter dem Aspekt einer allgemeinen Betrachtung von Symmetriegruppen haben wir eine sehr spezialisierte Frage gestellt. Die Gruppentheoretiker kennen die Antwort auf diese Frage, und wir versuchen, diese Antwort zu beschreiben.

Typen von symmetrischen Bildern

Wir beginnen mit einigen elementaren Vorschriften. In Kapitel 1 haben wir die Symmetrie eines (ebenen) Bildes als eine Bewegung definiert, die dieses Bild unverändert läßt. Wir haben festgestellt, daß ein dreizackiger Stern sechs Symmetrien besitzt: die Drehungen entgegen dem Uhrzeigersinn um 120° und 240°, die Spiegelungen an den drei Achsen des Sterns und die "triviale" Bewegung, die die Ebene festläßt. Für Figuren wie das gleichseitige Dreieck oder das Quadrat sind Symmetrien immer Drehungen oder Spiegelungen. Wenn wir dagegen sich wiederholende Muster z.B. auf Tapeten oder auf Quilts betrachten, sehen wir auch *Verschiebungssymmetrien*, bei denen alles verschoben wird, ohne es zu drehen.

Unsere Bilder sind alle auf den Computerbildschirm beschränkt, der nur einen kleinen Teil der unendlichen euklidischen Ebene repräsentiert. Aber auch hier gibt es zwei Arten von Bildern: die, die in dem Bildschirm enthalten zu sein scheinen, und die, die nicht enthalten sind. Wir nennen die erste Art von Bild ein *symmetrisches Objekt*. Diese Bilder besitzen als Symmetrien nur Drehungen und Spiegelungen. Diese Symmetrien gehören zu den regelmäßigen Vielecken, wie das gleichseitige Dreieck, das Quadrat oder das regelmäßige Fünfeck. Die zweite Art von Bildern scheint in unseren Gedanken die gesamte euklidische Ebene auszufüllen. Diese Bilder entstehen durch unendliche Wiederholungen des kleinen Teils der Ebene, den wir auf dem Computerbildschirm sehen. Wir nennen diese Bilder *Quiltmuster*; alle diese Bilder besitzen Translationssymmetrie. Wir können also festhalten, daß die beiden Bilderarten sich dadurch unterscheiden, daß sie eine echte

Verschiebung als Symmetrie besitzen oder nicht. Zunächst beschreiben wir die Symmetriegruppen der Objekte, also der Bilder, die nur Drehungen und Spiegelungen als Symmetrien besitzen.

Gruppen

Die Menge der Symmetrien eines Bildes besitzt drei grundlegende Eigenschaften, und diese Eigenschaften verwenden die Mathematiker, wenn sie Symmetriegruppen analysieren.

Die erste scheint so offensichtlich zu sein, daß es kaum lohnt, sie festzuhalten: Es gibt eine triviale Symmetrie, die wir mit I bezeichnen. Diese triviale Symmetrie fixiert das Bild und spielt für die Symmetrien die gleiche Rolle wie die Zahl Null für die ganzen Zahlen.

Die zweite Eigenschaft ist fast genauso offensichtlich. Jede Symmetrie besitzt eine gleiche, jedoch entgegengesetzte Symmetrie. Sie wird *inverse Symmetrie* genannt. Wenn die Drehung entgegen dem Uhrzeigersinn um einen bestimmten Winkel eine Symmetrie eines Bildes ist, so ist die Drehung um den gleichen Winkel, jedoch im Uhrzeigersinn, ebenso eine Symmetrie dieses Bildes. Wenn die Verschiebung in eine Richtung eine Symmetrie ist, ist es auch die Verschiebung in die entgegengesetzte Richtung.

Führt man zwei Bewegungen hintereinander aus, erhält man wieder eine Bewegung, die *Hintereinanderschaltung* dieser beiden Bewegungen. Die dritte Eigenschaft besteht darin, daß die Hintereinanderschaltung zweier Symmetrien eines Bildes wieder eine Symmetrie des Bildes ist.

Diese drei Eigenschaften definieren eine abstrakte *Gruppe*. Aus diesem Grund nennen wir die Menge aller Symmetrien eines Bildes eine Symmetriegruppe. Weiter unten führen wir diese Gedanken anhand der Symmetriegruppe eines Quadrats weiter aus.

Symmetrien von regelmäßigen Figuren

In seinem autobiographischen Buch *Sie belieben wohl zu scherzen, Mr. Feynman!* beschreibt der Physiker Richard Feynman das Verhalten von Mathematikern in Princeton mit folgenden Worten: Ein Mathematiker wollte einem seiner Kollegen eine neue Idee beschreiben. Nach einigen Diskussionen, verwirrten Blicken und vielen vollgeschriebenen Wandtafeln sagte der Kollege schließlich: "Oh, ich verstehe, das ist trivial!" Für Nichtmathematiker, die sich durch die Gymnasialmathematik gewurstelt haben, scheint dieser Kommentar reichlich seltsam zu sein. Aber es liegt einige Wahrheit in der Aussage, daß viel an der Mathematik dem Wesen nach trivial oder offensichtlich ist. Ein Grund hierfür ist, daß die Fragen in der Mathematik im allgemeinen mit Ja oder Nein beantwortet werden können. Wenn Sie eine mathematische Annahme treffen, ist sie entweder wahr oder falsch. Die Realität ist freilich sehr viel komplexer. Politische, philosophische oder religiöse Überzeugungen können nicht logisch zu einer einfachen Angelegenheit von wahr oder falsch reduziert werden. Sogar in der Wissenschaft gibt es keine absoluten Wahrheiten, sondern nur vernünftige Annäherungen an das, was stillschweigend für eine zugrundeliegende und somit unsichtbare Wahrheit gehalten wird. Jedoch bedeutet es nicht, daß eine mathematische Angelegenheit einfach zu verstehen ist, nur weil sie "offensichtlich" ist. Gerade die offensichtlichen Probleme sind oft die schwierigsten.

Zum besseren Verständnis unserer Abhandlung über die Symmetrie schlagen wir vor, daß Sie Bleistift, Papier und Schere zur Hand nehmen und versuchen nachzuvollziehen, was wir in diesem Abschnitt beschreiben. Wir hoffen, daß am Schluß für Sie tatsächlich alles offensichlich sein wird, was wir beschrieben haben! Wir beginnen unsere Abhandlung über die Symmetriegruppe eines regelmäßigen Vielecks mit der Symmetriegruppe eines Quadrats.

Die Symmetrien eines Quadrats

Jedes Quadrat besitzt genau acht Symmetrien. Zunächst gibt es die triviale Symmetrie, die *Identität*. Sie besteht darin, das Quadrat aufzuheben und genau so wieder abzulegen, wie es vorher war. Wir bezeichnen diese Symmetrie mit I. Ferner gibt es die drei Drehungen gegen den Uhrzeigersinn um 90°, 180° und 270°. Diese Symmetrien werden mit r_{90}, r_{180} und r_{270} bezeichnet. r_{180} und r_{270} können erhalten werden, indem man r_{90} zwei- bzw. dreimal anwendet. Wendet man r_{90} viermal an, erhält man erneut die Identität I. Schließlich können wir das Quadrat noch von rechts nach links klappen, wobei die vertikale Mittellinie des Quadrats fest bleibt. Diese Bewegung bezeichnen wir mit F. Die restlichen drei Symmetrien des Quadrats bestehen nun darin, daß man das Quadrat zunächst mit F klappt und dann eine der drei Drehungen ausführt.

Wir bezeichnen die Gruppe der acht Symmetrien des Quadrats mit $\mathbf{D}_4$. Das $\mathbf{D}$ steht für *Dieder* und die 4 für das regelmäßige Viereck, also für das Quadrat. Die Identität bildet zusammen mit den drei Drehungen ebenfalls eine Gruppe, die *zyklische Gruppe* $\mathbf{Z}_4$.

Es lohnt sich, etwas näher auf die gerade beschriebenen Bewegungen einzugehen. Schneiden Sie ein Quadrat aus Pappe aus und malen Sie die beiden Seiten mit unterschiedlichen Farben an, z.B. die eine Seite weiß und die andere schwarz. Legen Sie das Quadrat mit der weißen Seite nach oben auf den Tisch und bezeichnen Sie die vier Ecken entgegen dem Uhrzeigersinn mit A, B, C und D. Drehen Sie das Quadrat um und übertragen Sie diese Markierungen auf die andere Seite. Kennzeichnen Sie den Mittelpunkt des Quadrats auf beiden Seiten durch den Buchstaben O. In Abbildung 2.1 ist das markierte Quadrat mit der weißen Seite nach oben dargestellt. Legen Sie nun das Quadrat mit der weißen Seite nach oben auf ein Blatt Papier, und zeichnen Sie den Umriß des Quadrats auf das Papier. Markieren Sie die Ecken A, B, C und D sowie den Mittelpunkt O auf dem Papier.

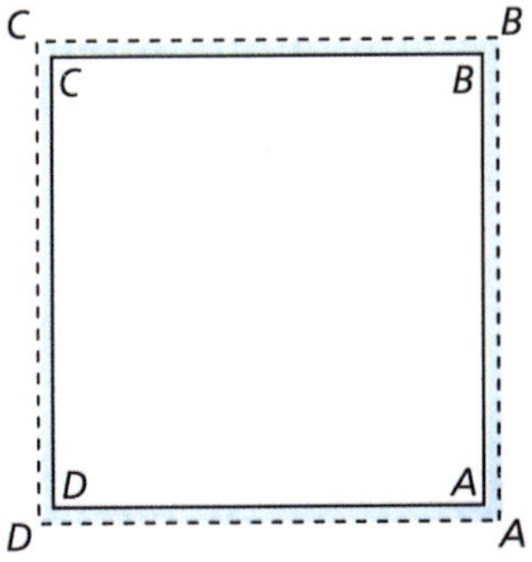

Abb. 2.1: Ein Kartonquadrat mit obenliegender weißer Seite.

Zunächst gibt es genau vier Möglichkeiten, das Kartonquadrat mit der weißen Seite nach oben auf das Quadrat auf dem Papier zu legen: Dies sind die oben erwähnten Symmetrien in der Gruppe $\mathbf{Z}_4$. Unter Verwendung der Bezeichnungen A, B, C und D für die Ecken können wir jede Symmetrie des Quadrats beschreiben. Zum Beispiel führt die Drehung r_{90} die Ecke A in die Ecke B über, die Ecke B in die Ecke C, die Ecke C in die Ecke D und die Ecke D in die Ecke A. Zur Beschreibung diese Bewegung können wir folgende Abkürzung verwenden:

$$(A, B, C, D) \to (B, C, D, A).$$

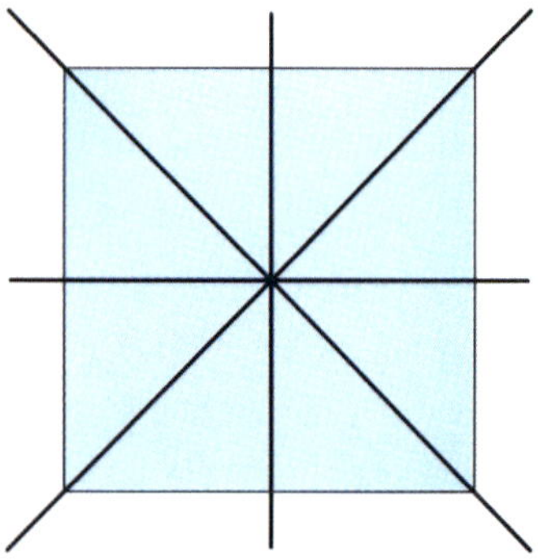

Abb. 2.2: Die Symmetrieachsen des Quadrats.

In dieser Notation wird das Klappen F durch

$$(A, B, C, D) \to (D, C, B, A)$$

dargestellt, denn F vertauscht die Ecken A und D sowie die Ecken B und C. Wenn Sie versuchen, diese Ecken durch eine Bewegung Ihres Kartonquadrats zu vertauschen, müssen Sie das Quadrat umdrehen und die schwarze Seite liegt oben.

Als Übungsaufgabe können Sie folgendes überprüfen: Die Bewegung $r_{90}F$, die entsteht, indem man das Quadrat zuerst mit F klappt und dann mit r_{90} dreht, wird beschrieben durch

$$(A, B, C, D) \to (A, D, C, B).$$

Sie vertauscht also gerade die Ecken B und D.

Wir können nun etwas näher auf die Geometrie eingehen, die mit diesen Symmetrien verbunden ist. Die vier Symmetrien, in denen F enthalten ist, nämlich F, $r_{90}F$, $r_{180}F$ und $r_{270}F$, besitzen sämtlich Symmetrieachsen. Z.B. läßt F die horizontale Mittellinie fest und $r_{90}F$ die Diagonale von der Ecke A zur Ecke C. Das Quadrat besitzt genau vier Symmetrieachsen (Abb. 2.2), und diese entsprechen diesen vier Symmetrien. Die reinen Drehungen dagegen besitzen keine Symmetrieachsen.

Wir können nun mit Hilfe dieser Diskussion über die Symmetrien eines Quadrats Eigenschaften von Mustern, die diese Symmetrien besitzen, hervorheben. Zum Beispiel können wir mit Hilfe der Tatsache, daß die acht Symmetrien des Quadrats aus nur zwei Symmetrien erhalten werden können, nämlich aus r_{90} und F, überprüfen, ob eine Figur die Symmetrien eines Quadrats besitzt. Wir müssen nur sehen, ob sie gleich bleibt, wenn wir sie um 90° drehen oder sie von links nach rechts klappen. Natürlich kann diese Figur dann mehr Symmetrien besitzen als das Quadrat. Ein regelmäßiges Achteck besitzt z.B. unter anderem die Symmetrien eines Quadrats. Aber die Figur besitzt als Symmetriegruppe zumindest $\mathbf{D}_4$.

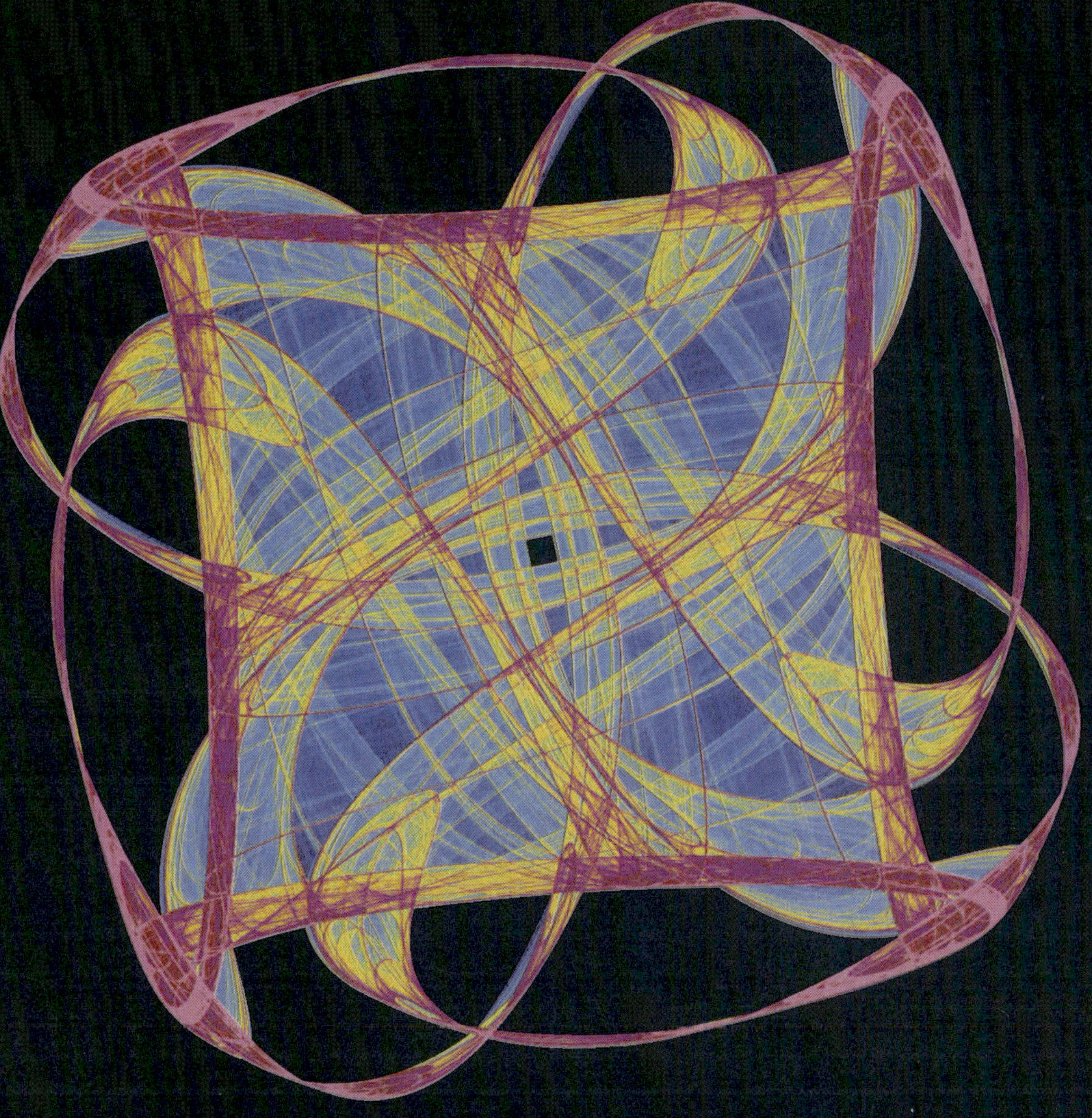

Nehmen Sie an, eine Figur besitzt die Drehungssymmetrie r_{90}, jedoch nicht die Klappsymmetrie F. Wir sagen, diese Figur besitzt $\mathbf{Z}_4$-Symmetrie, jedoch keine $\mathbf{D}_4$-Symmetrie. Wir können auch sagen, wie diese Figur aussehen wird: Sie wird keine Symmetrieachse haben. Betrachten Sie die Figur in Abbildung 2.3. Sie ist ein Beispiel für eine solche Figur.

Abb. 2.3: Wirbelnde Bänder. Ein Objekt mit $\mathbf{Z}_4$-Drehsymmetrie.

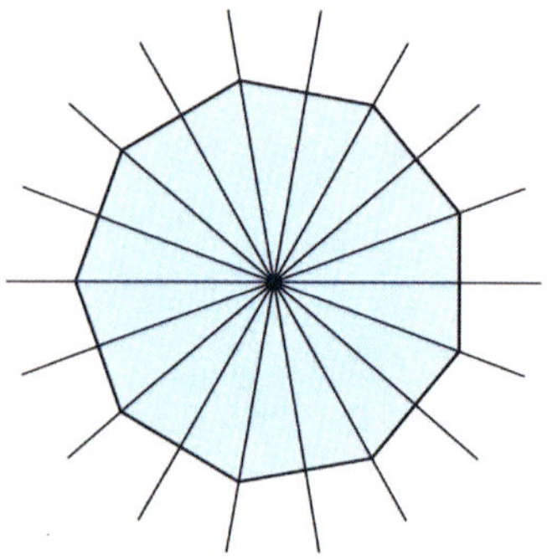

Abb. 2.4: Die Symmetrieachsen eines regelmäßigen Neunecks.

Die Symmetrien eines regelmäßigen Vielecks

Alles, was wir für das Quadrat festgestellt haben, läßt sich auf die Symmetrien der anderen regelmäßigen Figuren in der Ebene erweitern. Nehmen Sie zum Beispiel an, wir betrachten das regelmäßige Neuneck: das *Nonagon* (Abb. 2.4). Es gibt neun Drehungssymmetrien des regelmäßigen Neunecks. Sie bilden eine Gruppe, die die zyklische Gruppe der Ordnung 9 genannt und mit $\mathbf{Z}_9$ bezeichnet wird. Insgesamt besitzt das regelmäßige Neuneck 18 Symmetrien. Diese bilden eine Gruppe, die sogenannte Diedergruppe der Ordnung 18, die mit $\mathbf{D}_9$ bezeichnet wird. Die Gruppe $\mathbf{D}_9$ enthält neun Drehungssymmetrien und neun Spiegelungssymmetrien an den neun Symmetrieachsen des regelmäßigen Neunecks. Wir können hierbei die Zahl "9" durch eine beliebige Zahl n ersetzen, die größer oder gleich 2 ist. Das entsprechende regelmäßige n-Eck besitzt die Symmetriegruppe $\mathbf{D}_n$, die Diedergruppe der Ordnung $2n$. Diese hat $2n$ Symmetrien, von denen n Drehungssymmetrien sind. Die restlichen n Symmetrien sind die Spiegelungen an den n Symmetrieachsen des regelmäßigen n-Ecks.

Wir möchten betonen, daß wir für unsere Zwecke regelmäßige Figuren gewählt haben, weil diese die einfachsten Figuren sind, die eine gegebene Symmetrie besitzen und daher leichter zu zeichnen sind und man einfacher darüber reden kann. Natürlich läßt sich alles, was wir festgestellt haben, ebensogut auf die in diesem Buch dargestellten komplexeren Figuren anwenden, die das symmetrische Chaos illustrieren. Zum Beispiel besitzt die Figur in Abbildung 2.5 $\mathbf{D}_9$-Symmetrie.

Wir beenden diesen Abschnitt mit der Bemerkung, daß die Symmetriegruppen von symmetrischen Objekten entweder die Diedergruppen $\mathbf{D}_n$ oder die zyklischen Gruppen $\mathbf{Z}_n$ sind. Selbstverständlich ist die entsprechende Diskussion über die Symmetrien von symmetrischen Objekten in drei Dimensionen wesentlich komplizierter.

Abb. 2.5: (Seite 51): Neunerlei.

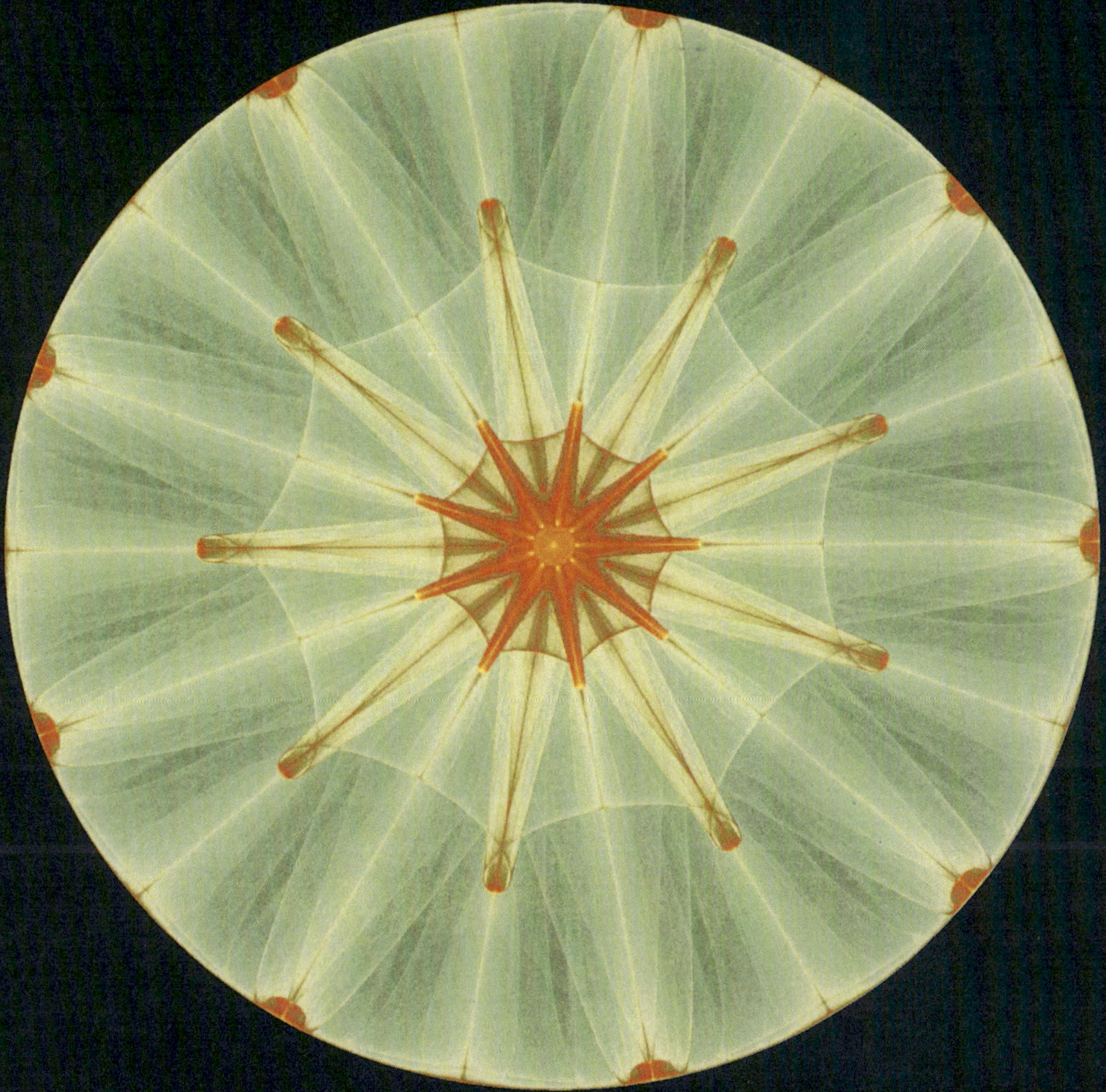

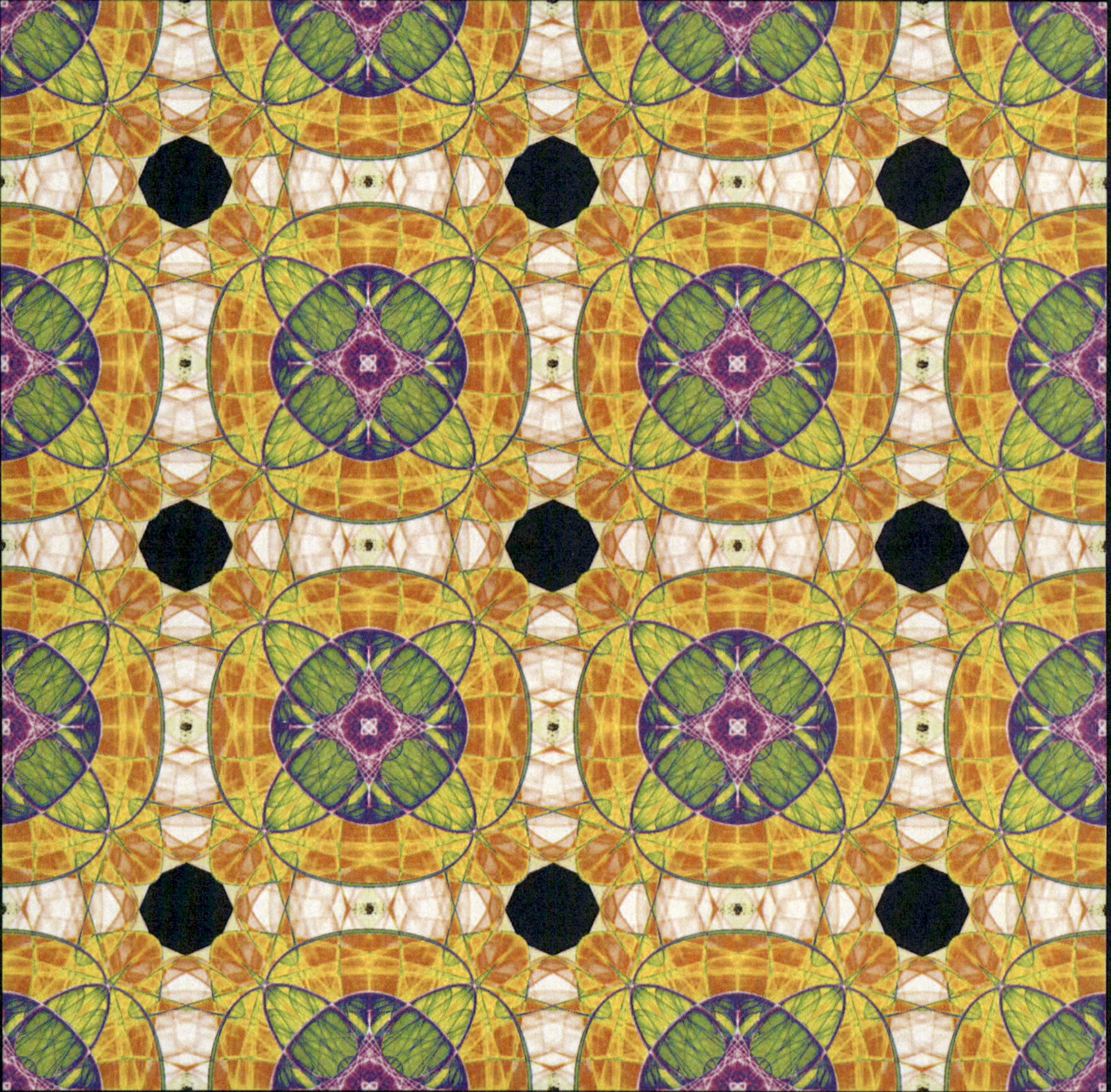

Pflasterungen und Ornamente

Obwohl viele Motive Figuren mit der Symmetrie von regelmäßigen Vielecken besitzen, liegt unsere unmittelbarste Erfahrung von Symmetrie in der Betrachtung von Tapeten- und Kachelmustern. In diesem Abschnitt werden wir unsere Diskussion über die Symmetrie um diesen Typ von sich wiederholenden Mustern erweitern.

Abb. 2.6 (Seite 52): Smaragdmosaik. Eine chaotische Pflasterung mit den Symmetrien eines Quadrats.

Wir beginnen mit einem einfachen Kachelmuster, das auf dem Quadrat basiert (Abb. 2.7). Dieses Muster wird gebildet, indem man einfach das Schema eines zugrundeliegenden Quadrats wiederholt. Dieses Quadrat nennt man eine *Zelle*. Unter dem Gesichtspunkt der Symmetrie ist die wichtigste Eigenschaft dieses Musters seine Verschiebungssymmetrie. Das Muster verändert sich nicht, wenn wir es horizontal oder vertikal um eine Zelle verschieben. Wegen der Existenz dieser Verschiebungssymmetrie können wir uns dieses Muster auf die gesamte Ebene ausgedehnt vorstellen, wenn wir nur einige Wiederholungen der zugrundeliegenden Zelle, auf der das Muster basiert, gesehen haben. Die zweite, feinere Eigenschaft dieses Musters ist die $\mathbf{D}_4$-Symmetrie der zugrundeliegenden Zellen.

Abb. 2.7: Die Pflasterung der Ebene mit Quadraten.

Tatsächlich werden bei der Beschreibung dieses "einfachen" Kachelmusters zwei verschiedene Eigenschaften des Quadrats verwendet. Erstens füllen die horizontalen und vertikalen Verschiebungen des Quadrats die gesamte Ebene sehr gut aus, wie in Abbildung 2.7 angedeutet wird. Auf diese Art und Weise ist es für Translationen möglich, Symmetrien für das gesamte Muster zu sein. Zweitens besitzt ein Quadrat die Symmetrien eines Quadrats, und deshalb können wir von der $\mathbf{D}_4$-Symmetrie des Musters innerhalb der zugrundeliegenden Zelle reden.

Unter diesem Gesichtspunkt ist es einfach, sich ein Kachelmuster aus Sechsecken vorzustellen, das ebenso die gesamte Ebene ausfüllt oder *pflastert*, wie jede Honigbiene, die etwas von sich hält, weiß (Abb. 2.8). Überdies können wir die Angelegenheit so anordnen, daß das Muster innerhalb jeder Zelle die Symmetrien eines Sechsecks besitzt (Abb. 2.9). Diese Pflasterung der Ebene nennen wir *hexagonale Pflasterung*. Es stellt sich heraus, daß es

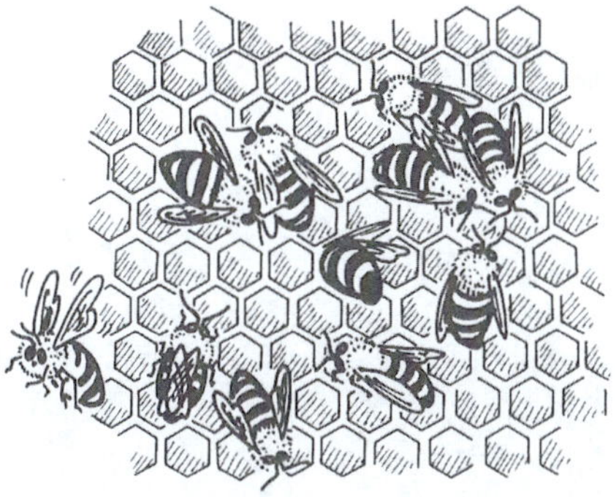

Abb. 2.8: Die hexagonale Pflasterung einer Honigwabe.

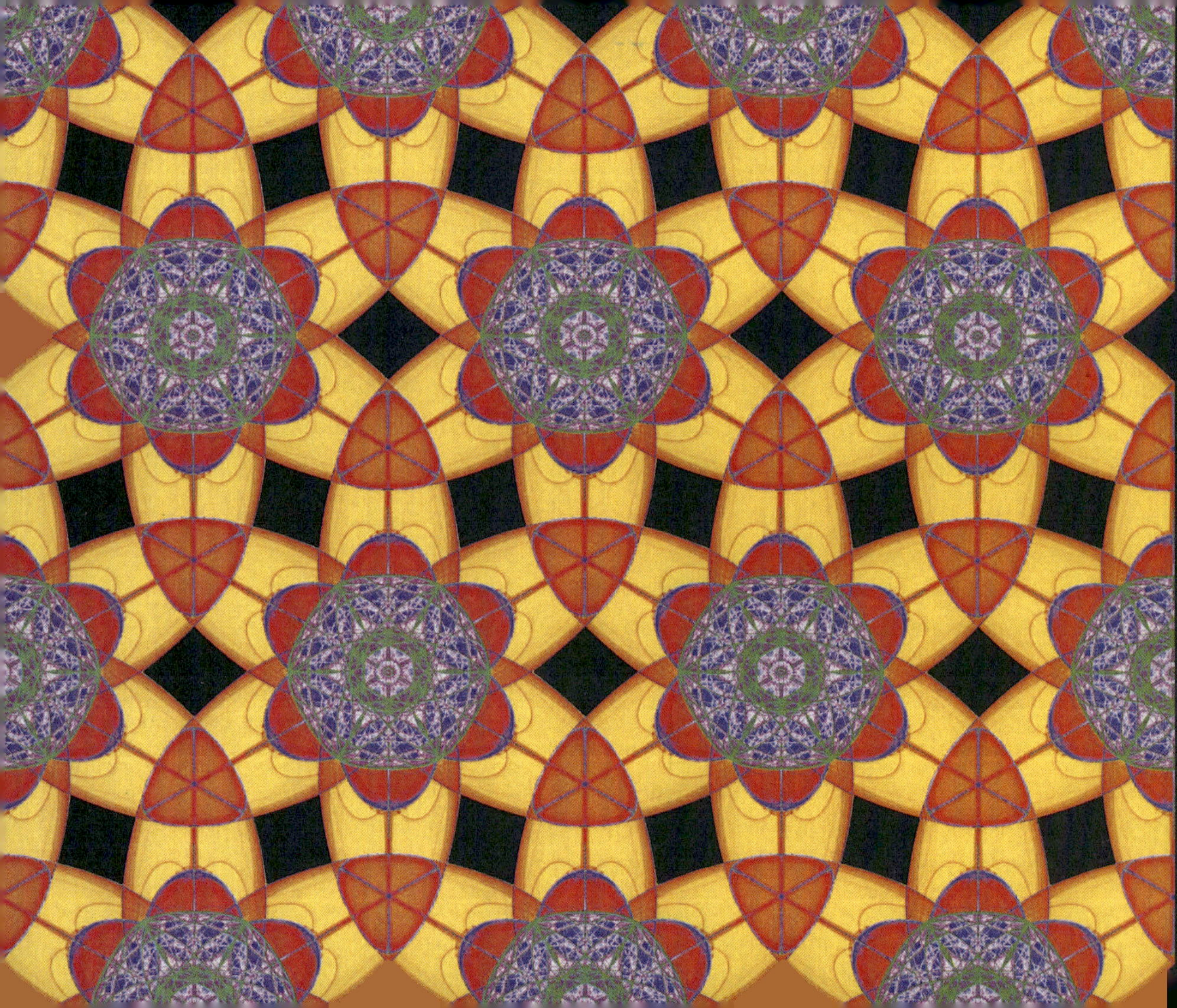

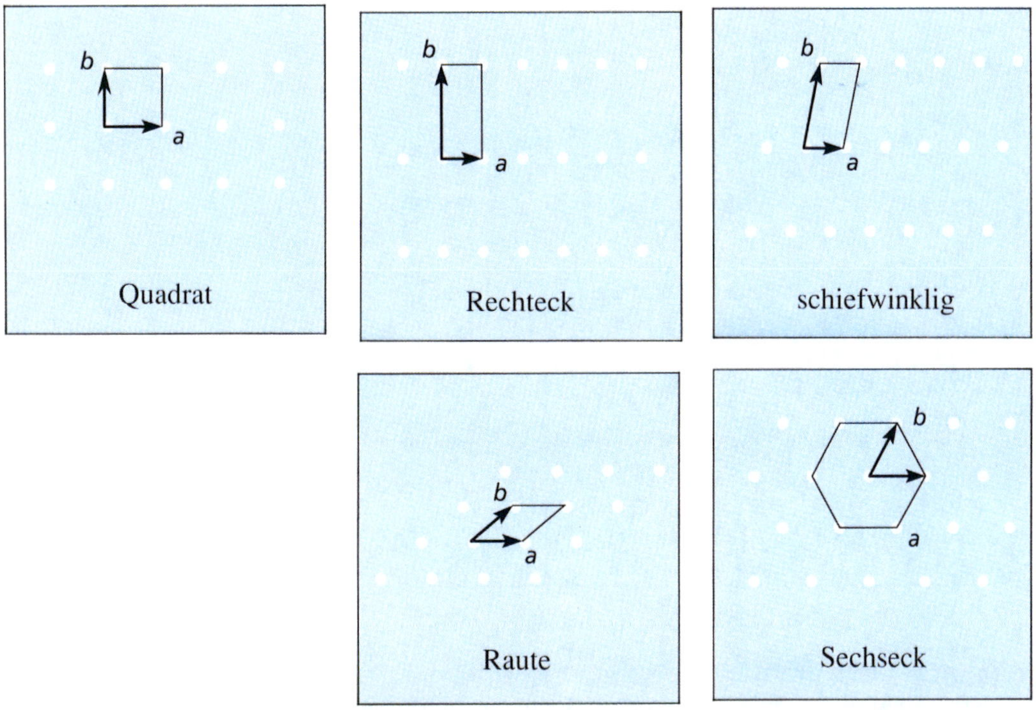

Abb. 2.9 (Seite 54): Holländischer Quilt.

Abb. 2.10: Regelmäßige Pflasterungen der Ebene.

nur fünf verschiedene Möglichkeiten gibt, die gesamte Ebene durch Verschiebung einer regelmäßigen Kachel auszufüllen. Neben der quadratischen und der hexagonalen Pflasterung gibt es noch rechteckige, rhombische und schiefwinklige Pflasterungen (Abb. 2.10). In der Praxis basieren die sich wiederholenden Muster, die am häufigsten in der Natur oder der Kunst vorkommen, entweder auf quadratischen oder auf hexagonalen Kacheln.

Die Ornamentgruppen

Obwohl wir in diesem Buch vor allem Muster betrachten, die mit quadratischer Symmetrie aus quadratischen Kacheln und mit hexagonaler Symmetrie aus sechseckigen Kacheln entstanden sind, ist es interessant, andere Arten von sich wiederholenden Mustern zu betrachten. Zum Beispiel kann man sich sehr gut ein Muster vorstellen, das auf einer quadratischen Kachel basiert, nicht die Symmetrien eines Quadrats besitzt und sich dennoch unendlich

Abb. 2.11: Gedrehte A's auf einer quadratischen Pflasterung.

oft wiederholt. Wir können das Muster wiederholen, indem wir es jedesmal, wenn wir es nach oben oder nach links verschieben, um 90° gegen den Uhrzeigersinn drehen; wenn wir es nach unten oder rechts verschieben, wird es um 90° im Uhrzeigersinn gedreht (Abb. 2.11). In dieser Figur wiederholt sich ein quadratisches Gitter aus sechzehn Zellen unendlich oft; dieses Gitter besitzt jedoch zusätzliche Struktur. Wollen Sie mehr über das Auftreten und die Verwendung solcher Muster in verschiedenen Kulturen wissen, schlagen wir Ihnen vor, das Buch *Symmetries of Culture* von Dorothy Washburn und Donald Crowe zu lesen.

Alle diese symmetrischen Muster, die auf Pflasterungen der Ebene beruhen, wurden durch ihre Symmetrien klassifiziert. Diese Symmetrien bezeichnet man entweder als *Ornamentgruppen* oder als zweidimensionale *kristallographische Gruppen*. Es gibt siebzehn verschiedene Ornamentgruppen und somit siebzehn verschiedene Arten von Ornamenten. Es ist eine interessante Aufgabe, diese siebzehn verschiedenen Muster herauszufinden, denn es ist wirklich sehr knifflig zu zeigen, daß diese Muster tatsächlich verschieden

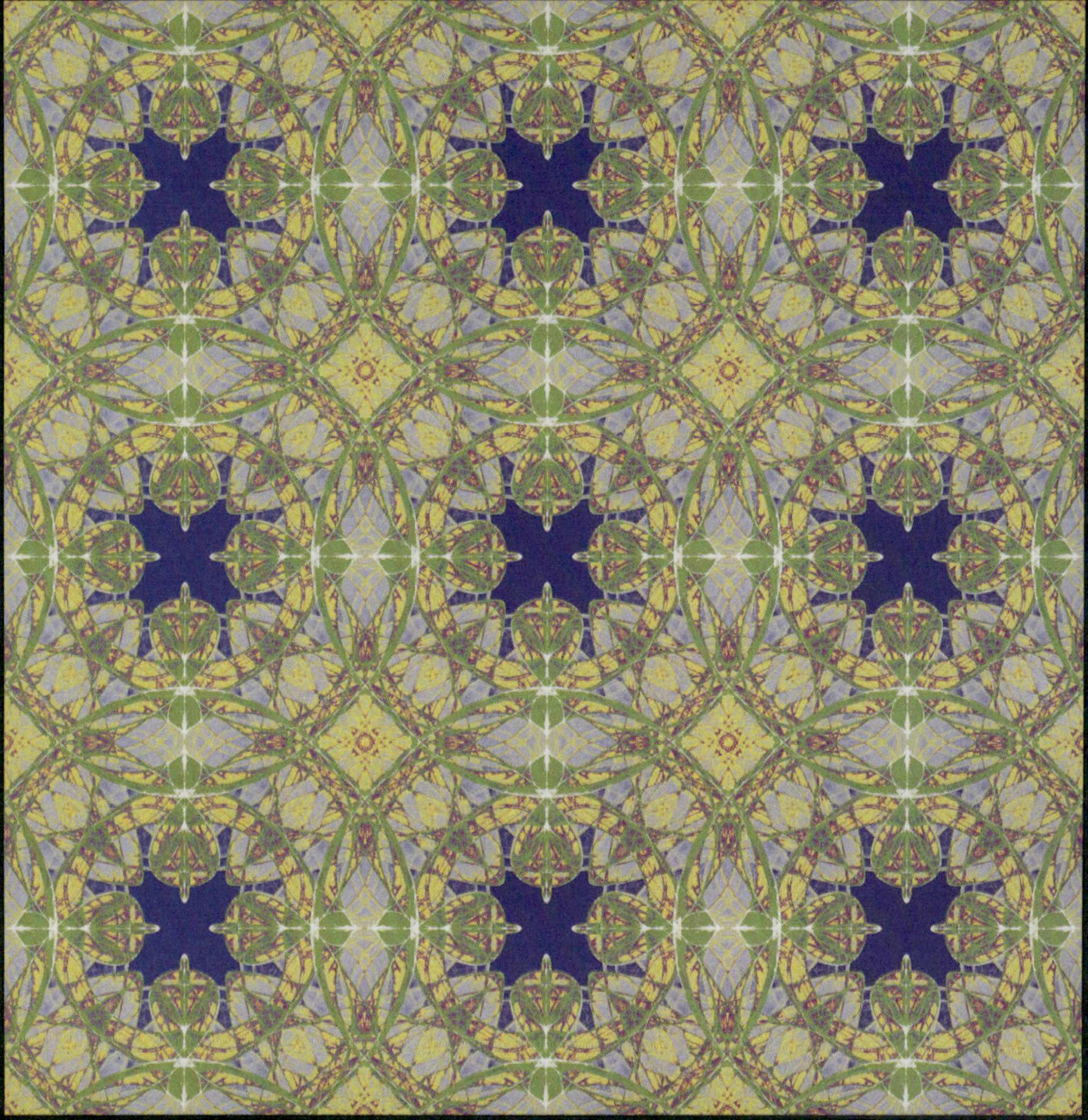

Abb. 2.12: Pfeffer und Salz.

sind und es keine anderen gibt.

Am Schluß dieses Abschnitts stellen wir zwei Bilder von Ornamenten vor (Abb. 2.12 und 2.13), die mit mathematischen Vorschriften berechnet wurden, welche die Symmetrien von quadratischen und sechseckigen Pflasterungen besitzen. Diese Bilder lassen die Reichhaltigkeit der Muster erahnen, die durch chaotische Pflasterungen erhalten werden können.

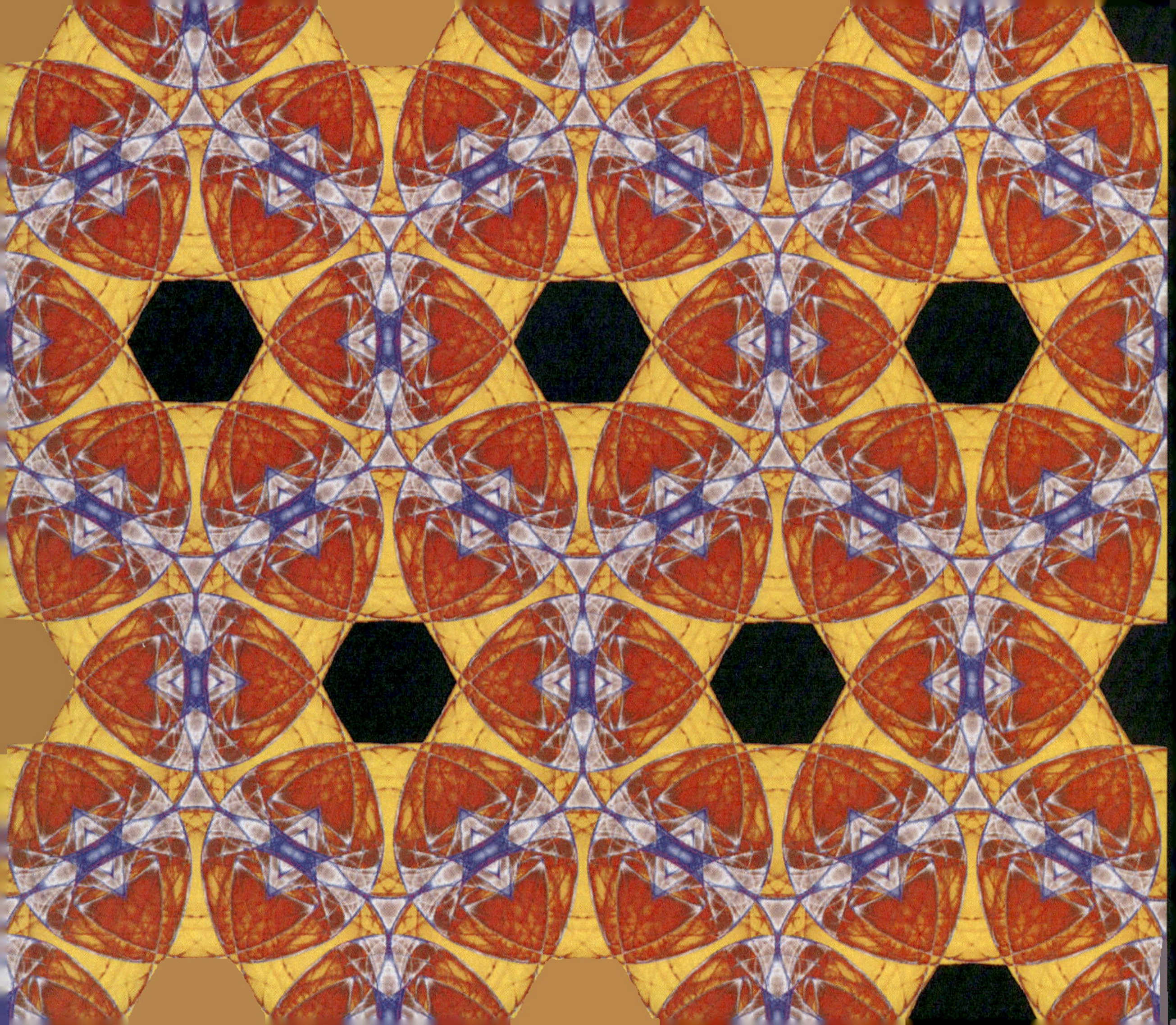

Färben und verflechten

Abb. 2.13 (Seite 58): Dornenkrone. Ein hexagonaler Quilt.

In der Praxis muß man beim Färben von Mustern natürlich mindestens zwei Farben verwenden. Viele Ornamente bestehen andererseits aus einem komplizierten Gefüge von Geraden und Kurven. Diese beiden Bemerkungen führen uns zu einer verbesserten Klassifikation von Mustern:

Wir beginnen mit der Farbe. Der Einfachheit halber verwenden wir zwei Farben, sagen wir Schwarz und Weiß. Wir nennen das Muster *positiv*, falls es schwarz auf weiß gezeichnet ist, und *negativ*, falls es weiß auf schwarz gezeichnet ist. Wir wollen nun (zumindest in Gedanken) ein Mu-

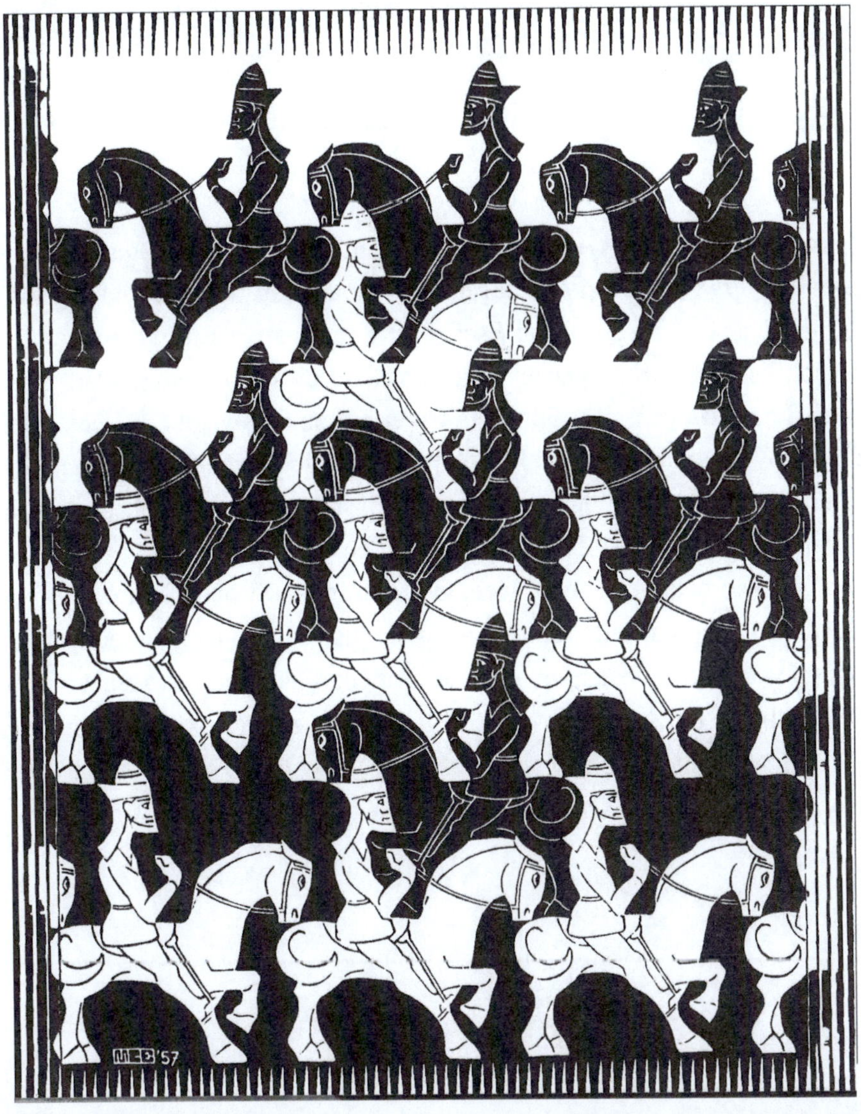

Abb. 2.14: Ein Holzschnitt von Maurits Escher aus *The Graphic Work of M. C. Escher*.

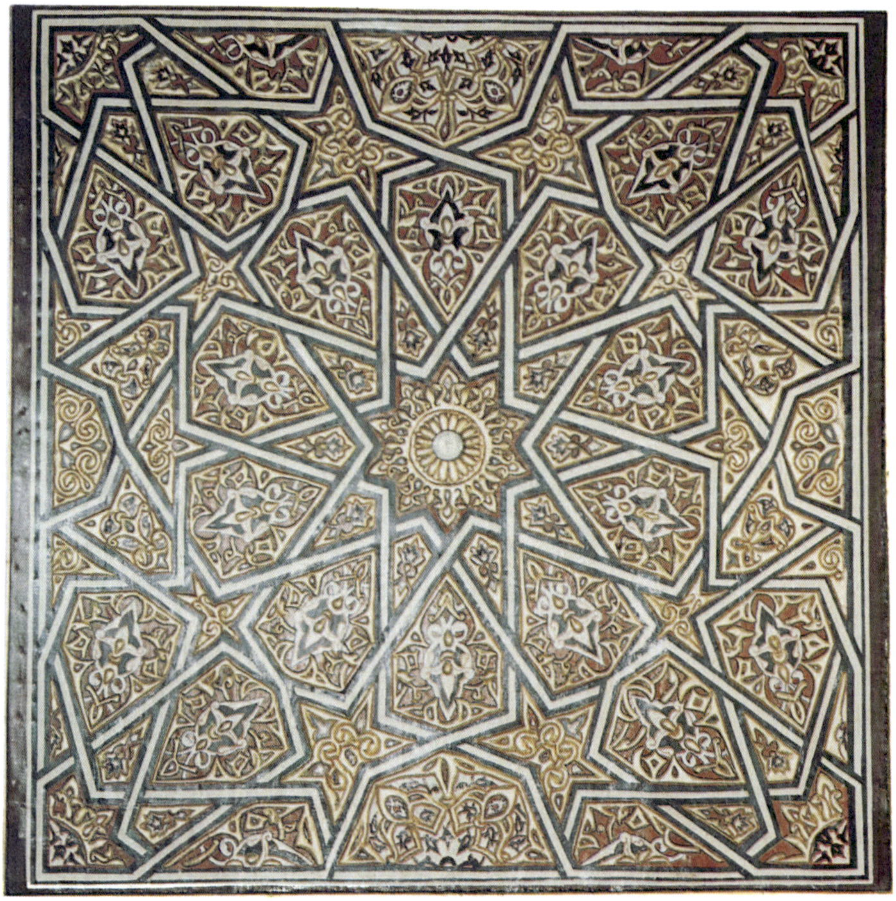

Abb. 2.15: Überlagertes Muster aus dem Felsendom in Jerusalem.

ster von Maurits Escher (Abb. 2.14) herstellen, indem wir eine quadratische Pflasterung verwenden und wie auf einem Schachbrett positive und negative Bilder abwechseln. Im Bild von Escher ist das negative Bild gespiegelt. Es stellt sich heraus, daß es genau vierundsechzig dieser alternierenden zweifarbigen Pflasterungen gibt. Für Details verweisen wir wieder auf das Buch von Dorothy Washburn und Donald Crowe. Wir widerstehen der Versuchung, auch auf die Symmetrien der dreifarbigen Pflasterungen einzugehen, obwohl auch deren Klassifikation durchgeführt worden ist!

Wie wir bemerkt haben, werden Ornamente oft aus Komplexen von Geraden und Kurven konstruiert. In Abbildung 2.15 schneiden sich einige Geraden, während sich andere wie bei einem Flechtmuster kreuzen. Die Wirkung ähnelt einer Straßenkarte, auf der Kreuzungen sowie Über- und Unterführungen eingezeichnet sind. Hermann Weyl hat in seinem Buch *Symmetrie* ein Kapitel den Ornamenten gewidmet.

Kapitel 3

ÜBERALL MUSTER

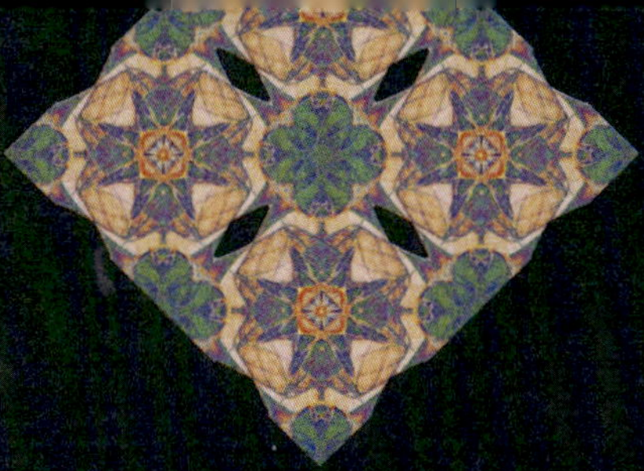

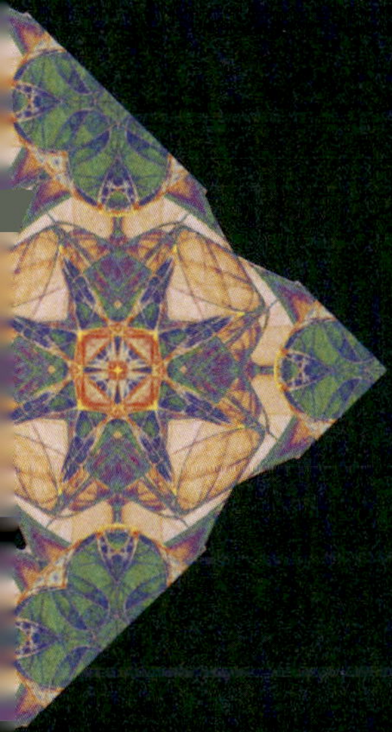

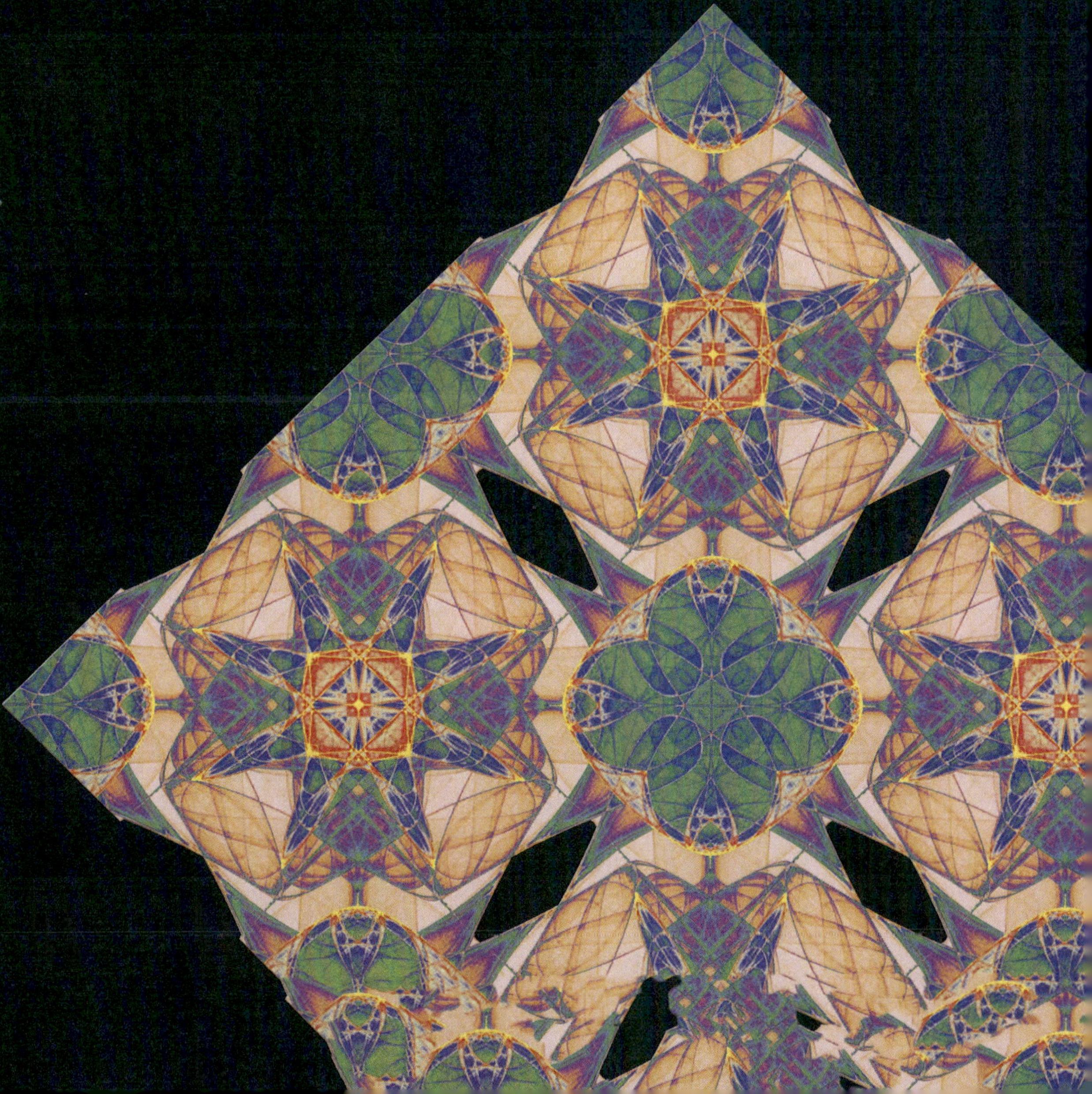

Symmetrie ist eine hervorstechende Eigenschaft, sie fordert unsere ganze Aufmerksamkeit. Unter diesem Aspekt ist es nicht überraschend, daß die Symmetrie in einem weiten Bereich menschlicher Aktivitäten, vom Entwurf von Dekors, dem Design auf Textilien, der Architektur bis hin zu Firmenemblemen eine entscheidende Rolle spielt. Aber die Symmetrie bedeutet für uns viel mehr als nur eine das Auge ansprechende Eigenschaft. Zum Beispiel hat die Symmetrie sowohl in der Philosophie als auch in der Theologie einen besonderen Platz inne. In diesem Zusammenhang bedeutet die Symmetrie Harmonie und Einheit. Oftmals verwenden wir die Symmetrie so als Symbol. Bekannte Beispiele hierfür können in der griechischen Naturphilosophie ("Harmonie der Sphären"), in den religiösen Bildern und Glasmalereien der Christenheit und besonders in den ausgezeichneten Mosaiken und Mustern der islamischen Kunst gefunden werden. Die Verwendung von Symmetrie als Ausdruck von Harmonie und Einheit kann auch in der modernen Wissenschaft beobachtet werden. Viele unserer Theorien über das Universum begründen sich wie die der Griechen auf der Symmetrie.

Unsere Beziehung zur Symmetrie ist komplexer, als sie auf den ersten Blick scheinen mag. Die symmetrischste Figur in der Ebene außer der Ebene selbst ist der Kreis. Obwohl sogar die Griechen den Kreis als symmetrisches Objekt für vollkommen hielten, halten wir im allgemeinen Gegenstände mit der Symmetrie eines Kreises nicht für besonders attraktiv. In diesem Buch haben wir kein einziges symmetrisches Objekt mit der vollen Symmetrie eines Kreises dargestellt, weil so ein Objekt, verglichen mit den Figuren, die diedrische oder zyklische Symmetrie besitzen, ziemlich langweilig aussieht. Unser Interesse wird eher geweckt, wenn die Symmetrie von der vollkommenen Symmetrie des Kreises oder der Ebene zu einer geringeren, aber noch wahrnehmbaren Symmetrie gebrochen wird. Wenn wir die Symmetrie des Kreises zu der eines Quadrats brechen, verlieren wir die Gleichheit oder Homogenität des Kreises und finden die Struktur des Quadrats.

Diese Struktur ist sogar dann faßbar, wenn sie durch ein symmetrisches chaotisches Objekt mit den Symmetrien eines Quadrats repräsentiert wird. Dessen quadratische Natur ermöglicht es uns, es mit unseren geistigen Fähigkeiten zu erfassen und innerhalb unseres Vorstellungsvermögens unterzubringen.

Wenn die Symmetrie einmal verloren ist, verlieren wir oft die Kontrolle. Worte und Metaphern sind dann nicht mehr adäquat, um das zu beschreiben, was wir sehen. Wie sehr wir es auch versuchen, es ist schwierig, Ordnung und Rationalität in die uns umgebende unsymmetrische Welt zu bringen, sei dies in der Natur, an der Börse, beim Wetter oder im alltäglichen Leben selbst.

In Kapitel 1 haben wir hervorgehoben, daß das Wort *Chaos* zwei unterschiedliche Bedeutungen besitzt. Wir haben uns darauf geeinigt, es in der gegenwärtigen wissenschaftlichen Verwendung zu benutzen, die "komplex und unvorhersagbar" meint. Die ursprüngliche Bedeutung von Chaos ist jedoch "ohne Eigenschaft und Form". Diesen Zustand werden wir das *totale Chaos* nennen.

Vollkommene Symmetrie und totales Chaos besitzen eine gemeinsame Eigenschaft: Beide sehen in jedem Punkt und aus jeder Richtung gleich aus. In diesem Sinn kann das totale Chaos als vollkommen symmetrisch angesehen werden. Die Symmetrie dagegen ist gewöhnlich einen Schritt von der vollkommenen Symmetrie entfernt, sofern sie in Kunst, Design oder Architektur verwendet wird. Analog können unsere Bilder als Brechung der vollkommenen Symmetrie des totalen Chaos gesehen werden. Indem diese Symmetrie gebrochen wird, entsteht eine (symmetrische) Struktur. Wenn wir uns das Chaos als Repräsentant der "Schattenseite" vorstellen, dann besteht eine Möglichkeit, Licht auf die ansonsten unsichtbare Symmetrie und die Struktur des Chaos zu werfen, indem wir Mittel über die Zeit bilden.

Wir haben festgestellt, daß unsere Computergraphiken mit verschiedenen Symmetrien bei vielen Leuten Erinnerungen an Bilder wachrufen, die sich auf viele Bereiche der menschlichen Erfahrung erstrecken. Natürlich sind die Ähnlichkeiten selten genau, aber sie sind oft ausgesprochen suggestiv. In gewissem Sinn scheinen die Bilder wie ein Rohrschachtest zu wirken, und die Interpretationen reichen von Krieg der Sterne bis Seestern. Es ist schwierig, genau zu erklären, warum dies so ist.

Als einen der Gründe hierfür würden wir gerne die Tatsache ansehen, daß die symmetrischen Schöpfungen der Menschheit, die durch das Brechen der vollkommenen Symmetrie entstehen, dem Wesen nach denen ähnlich sind, die wir durch das Brechen der Symmetrie des totalen Chaos erhalten.

In diesem Kapitel haben wir verschiedene Bilder aus der Natur und der Kunst zusammengetragen und sie mit ähnlichen, vom Computer erzeugten Graphiken verglichen. Wir möchten keinesfalls unterstellen, daß die Mathematik, die zum Zeichnen dieser Graphiken verwendet wurde, eine Erklärung für das Aussehen der Bilder liefert. Besondere Ähnlichkeiten zwischen Computergraphiken und den Bildern aus Natur und Kunst sind auf jeden Fall zufällig. Es ist überraschend, daß der Charakter der Bilder, die unter Verwendung von symmetrischem Chaos konstruiert wurden, dem Charakter von symmetrischen Bildern aus Natur und Kunst so naheliegt. Folglich scheint es möglich zu sein, daß Computergraphiken, die auf den Begriffen des symmetrischen Chaos basieren, Bilder hervorbringen können, die für das Design nützlich sind. Auf jeden Fall glauben wir, daß in diesen Bildern des symmetrischen Chaos eine Schönheit liegt, die es wert ist, gezeigt zu werden.

Objekte mit Fünfeckssymmetrie

Lassen Sie uns zunächst die Klassifikation von Bildern mit Hilfe ihrer Symmetrie etwas näher untersuchen. Wir wissen, daß es viele verschiedene Arten von Bildern gibt, die die gleiche Symmetrie besitzen. Um diesen Punkt näher zu beleuchten, betrachten wir Bilder mit Fünfecks- oder $\mathbf{D}_5$-Symmetrie. Es

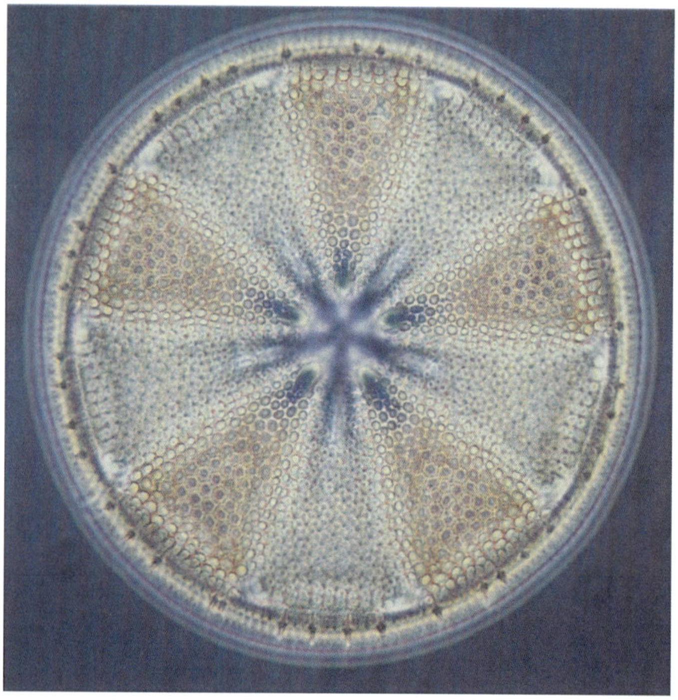

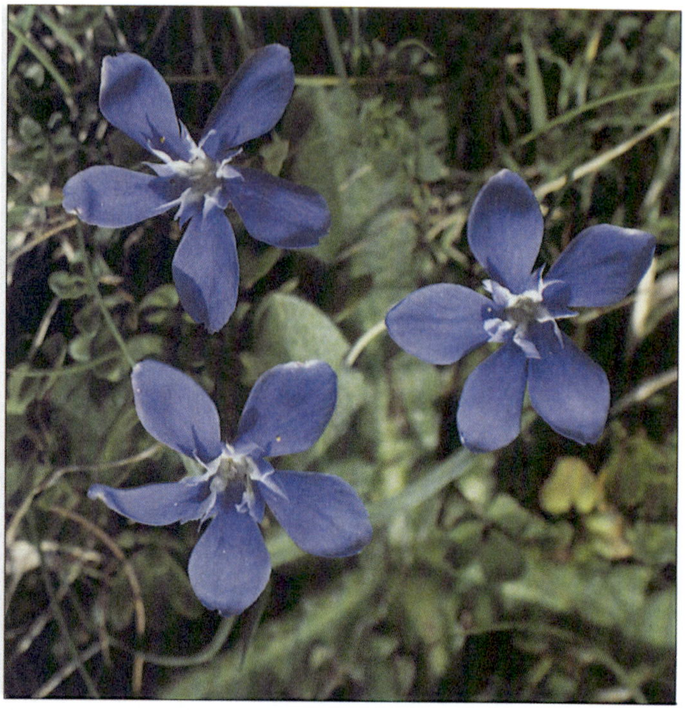

Abb. 3.1: Eine einzellige Diatomee mit Fünfeckssymmetrie (oben links).

gibt Bilder von Diatomeen (Abb. 3.1), Blumen (Abb. 3.2), Firmenemblemen (Abb. 3.3), aus der Architektur (Abb. 3.4) und von Seetierchen (Abb. 3.5). Einigen dieser Bilder haben wir Computergraphiken gegenübergestellt, die diese realen Bilder nachzuahmen scheinen. Natürlich sollten wir an dieser Stelle auch nicht das Bild eines Gebäudes vergessen, das Fünfeckssymmetrie mit einiger Vollendung darstellt: das Pentagon in Washington (Abb. 3.6).

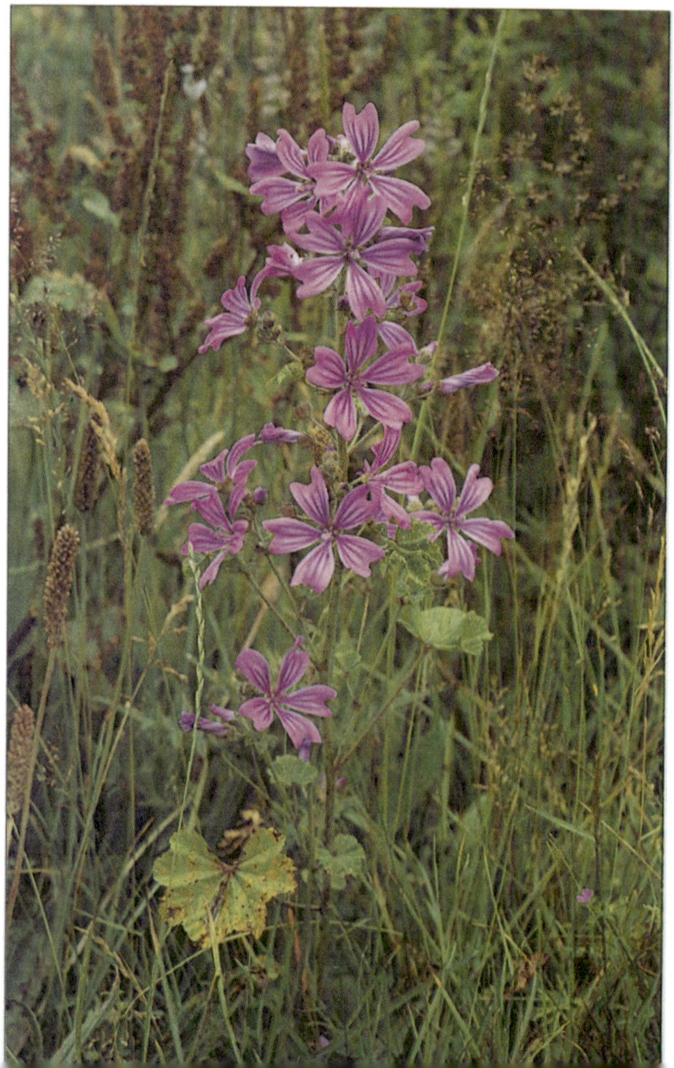

Abb. 3.2: Der Frühlingsenzian (oben rechts) und die gemeine Malve (unten rechts).

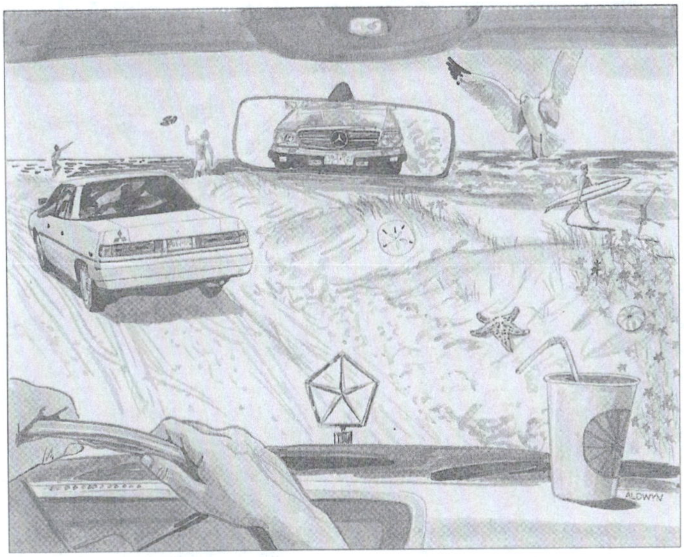

Abb. 3.3: Firmenembleme am Strand von Texas. Ein Aquarell von Wendy Aldwyn.

Sie mögen sich fragen, was einige von diesen Bildern tatsächlich darstellen, weshalb wir sie ein wenig erläutern wollen. Unsere Beispiele vom Seeleben beinhalten einen Typus der Diatomee *Actinoptychus heliopelta*, die in See- und Süßwasserplankton vorkommt. Die meisten Blumen besitzen diedrische Symmetrie, und es gibt viele Beispiele von Blumen mit fünf Blütenblättern und Fünfeckssymmetrie. Dies ist ein Beispiel, in dem der Zweck der Symmetrie darin besteht, Aufmerksamkeit zu erregen – in diesem Fall bei den Bienen. Wir haben die gemeine Malve (*Malva silvestris*) und den Frühlingsenzian (*Gentiana verna*) gewählt, um dies zu illustrieren.

Als Firmenemblem haben wir das Chrysler-Logo gewählt, da wir zufällig seit einigen Jahren Chrysler fahren und auf vielen langen Autofahrten die Welt durch das Emblem gesehen haben. Deshalb fühlen wir uns dazu berechtigt, es zu verwenden. Unser Beispiel aus der Architektur stammt vom gotischen Maßwerk am Kreuzgang von Hauterive. Unsere Behandlung der Fünfeckssymmetrie beenden wir mit Bildern von Seesternen und Sanddollars, die an der texanischen Küste in großer Vielfalt gefunden werden können. Der mit dem Computer gezeichnete Sanddollar besitzt eine unheimliche Ähnlichkeit mit dem realen Seeigel.

Abb. 3.4 (Seite 68): Gotisches Medaillon (oben) und gotisches Maßwerkfenster des Kreuzgangs von Hauterive (unten).

Abb. 3.5 (Seite 69): Der Sanddollar (oben) und Seestern sowie Sanddollars (unten).

Abb. 3.6 (Seite 70): Der Pentagon-Attraktor (oben) und das Pentagon (unten).

Abb. 3.7 (Seite 71): Chaotische Blume (oben) und Johanniskraut (unten).

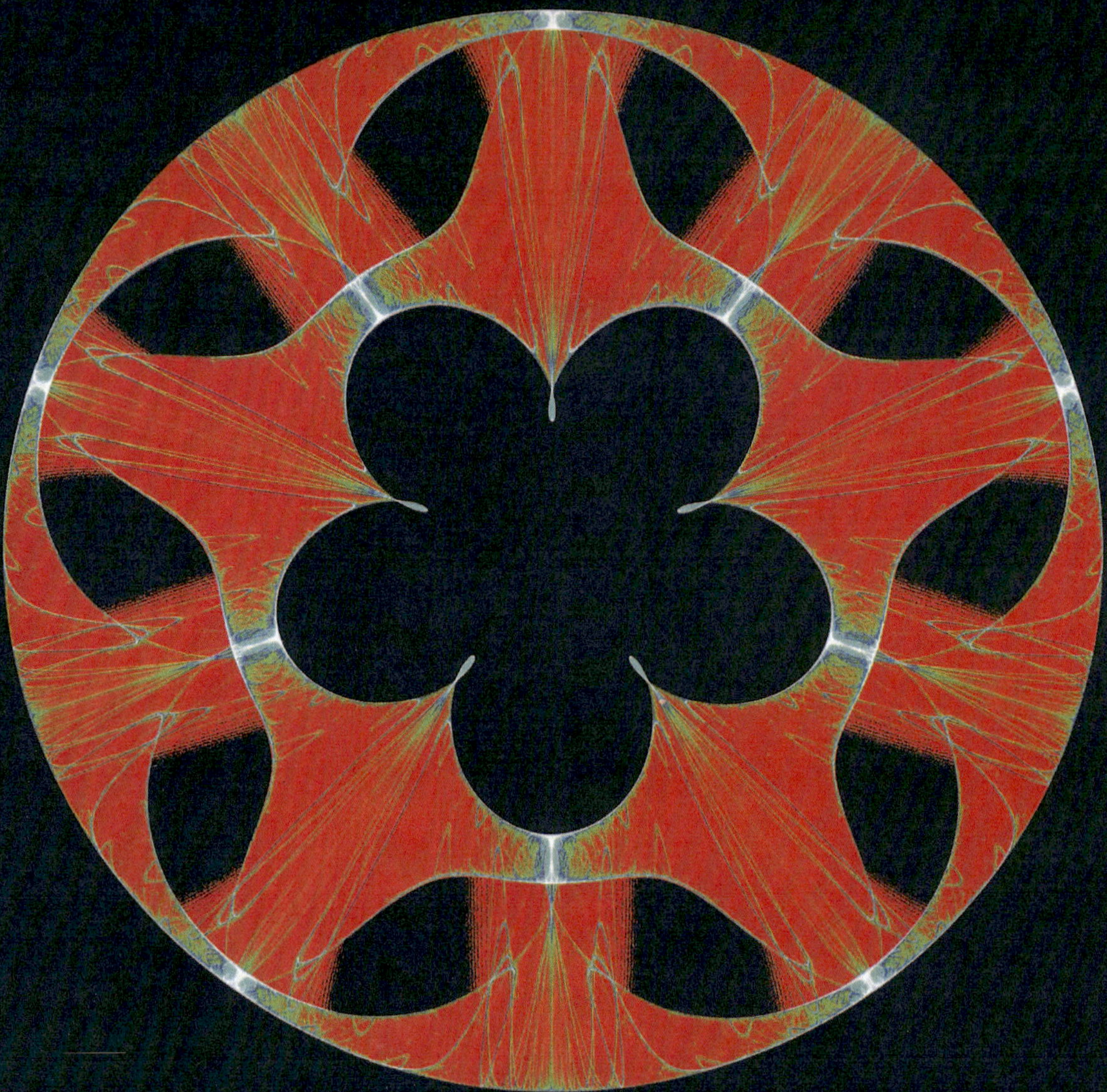

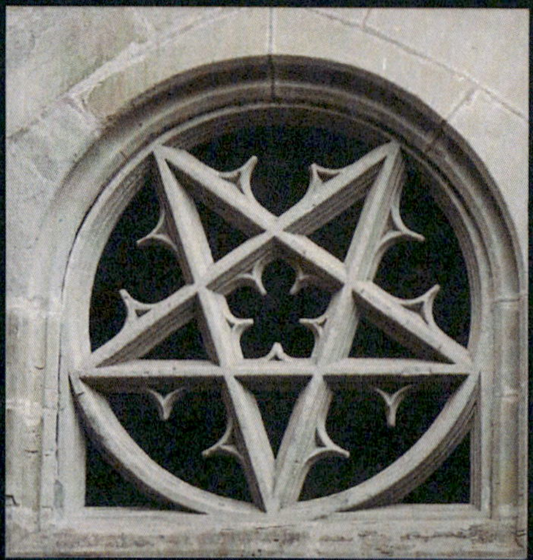

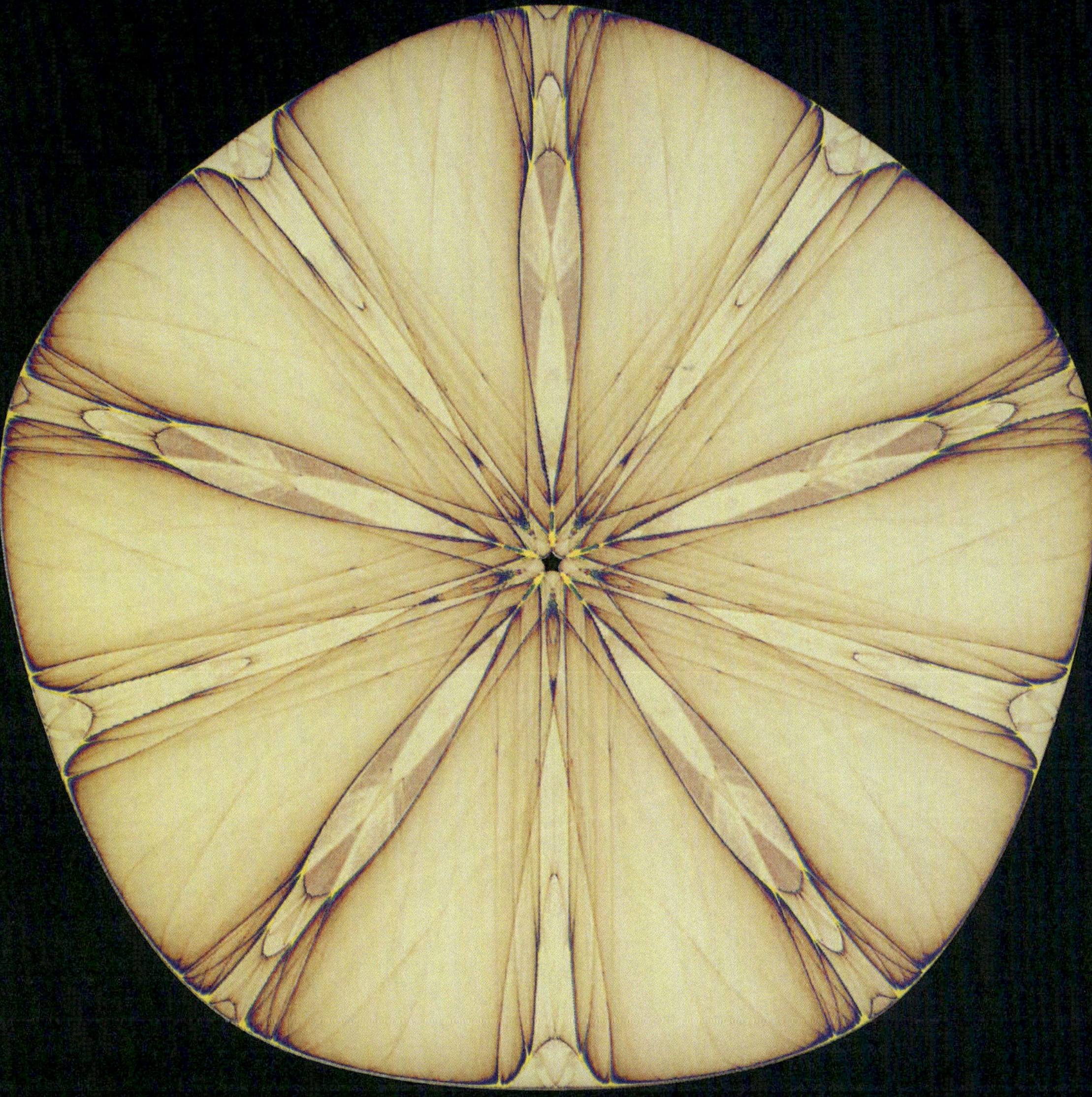

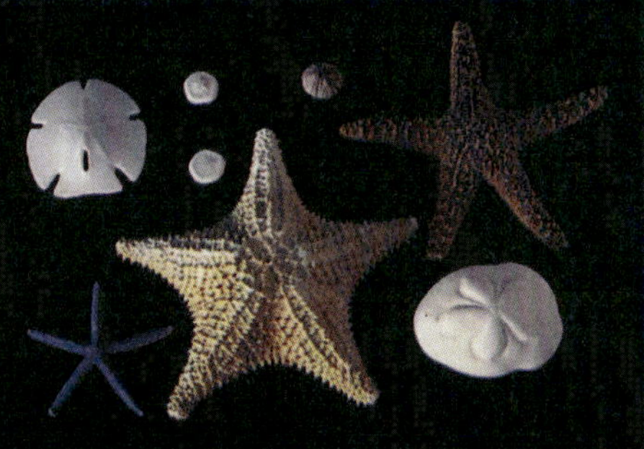

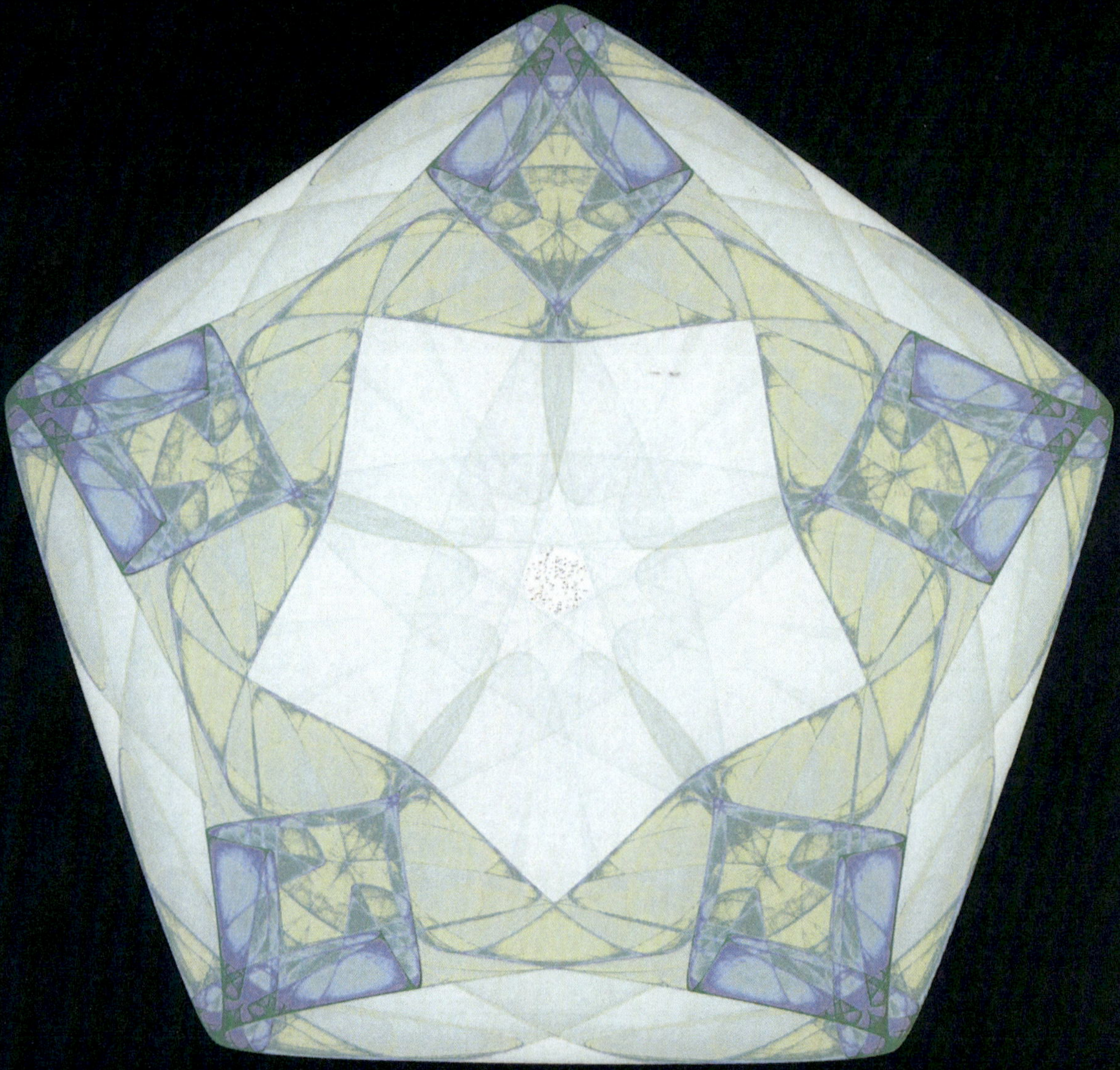

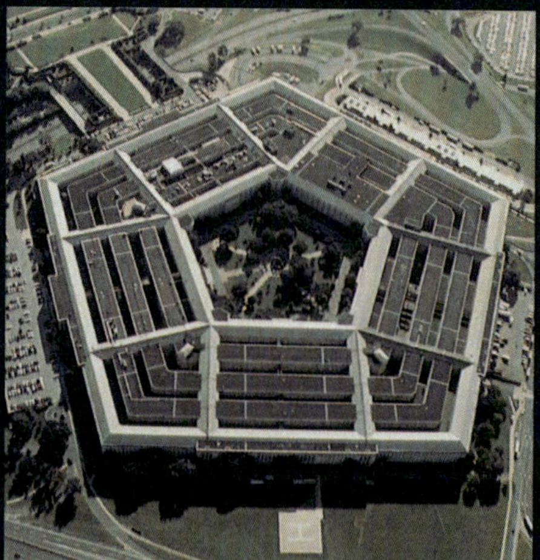

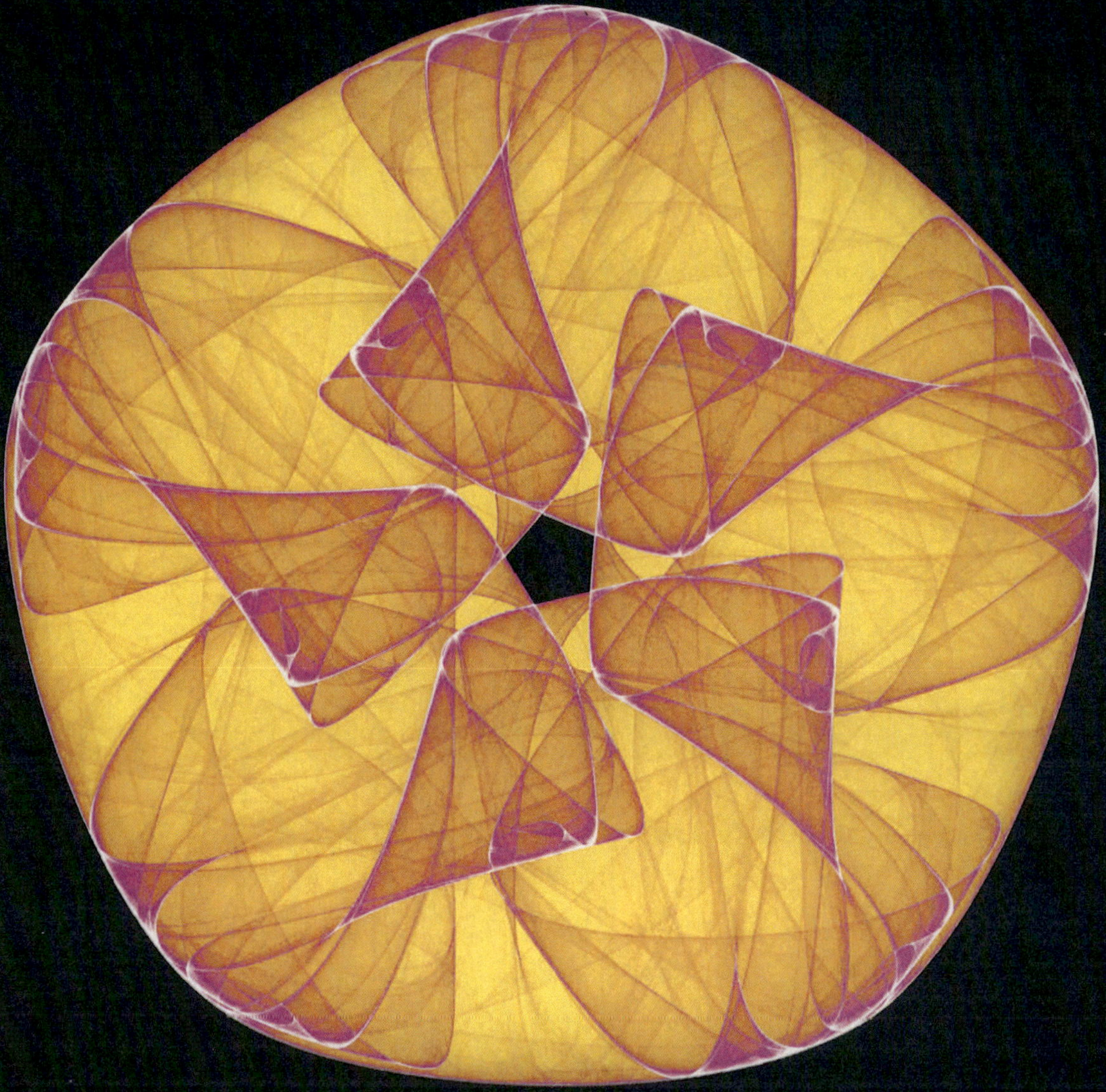

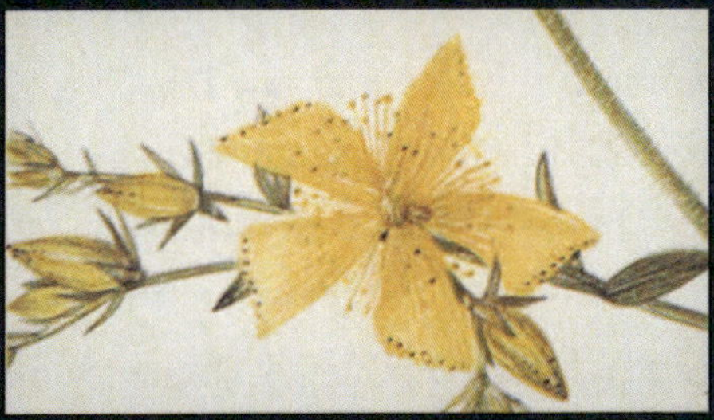

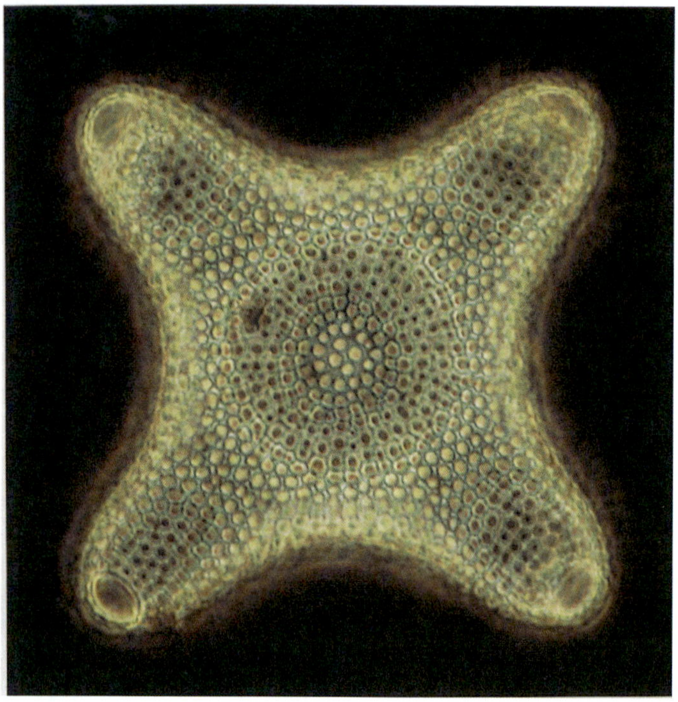

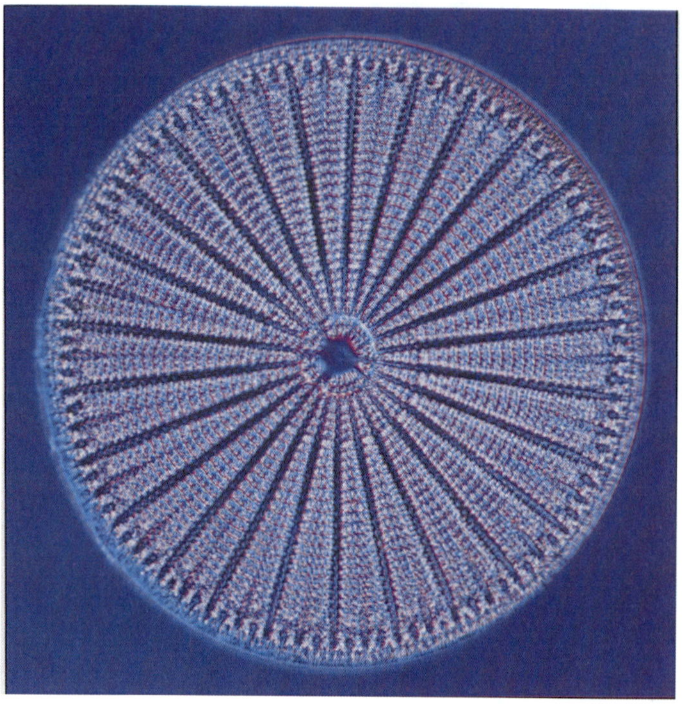

Abb. 3.8: Diatomee mit quadratischer (oben links) und 26facher Symmetrie (oben rechts).

Objekte mit unterschiedlichen Symmetrien

Es ist möglich, viele verschiedene Bilder mit den unterschiedlichsten Symmetrien zu sammeln. Obwohl die meisten Blumen diedrische Symmetrie besitzen, weist das Johanniskraut (*Hypericum perforatum*, Abb. 3.7) eine zyklische $\mathbf{Z}_5$-Symmetrie auf. Unübliche Symmetrien lassen auf unübliche Nutzung schließen, und tatsächlich finden wir in *The Kindly Fruits*, daß das Johanniskraut verwendet wird, um

> *Wahnsinn zu heilen, besonders, wenn man glaubt, der Patient sei vom Teufel besessen. Es wurde in der Johannisnacht (23. Juni) gesammelt und im Haus aufgehangen, um böse Geister fernzuhalten.*

Es gibt Diatomeen mit $\mathbf{D}_4$- und mit $\mathbf{D}_{26}$-Symmetrie (Abb. 3.8). Der Mercedesstern (Abb. 3.9) liefert ein gutes Beispiel für ein Emblem mit den Symmetrien eines Dreiecks. Ein anderes Beispiel ist das Emblem von Mitsubishi (Abb. 3.3).

Charakteristische Embleme können wirkungsvolle Bilder und Assoziationen erzeugen, wie es durch das folgende Zitat über den Mercedesstern aus *Great Marques: Mercedes-Benz* von Roger Bell belegt wird.

Abb. 3.9 (Seite 73): Mercedes-Benz- (oben) und Mercedesstern (unten).

> *Der dreizackige Stern von Mercedes-Benz ist mehr als ein Symbol von Prestige und Erfolg, er ist sogar mehr als eine Grabschrift für den Traum von*

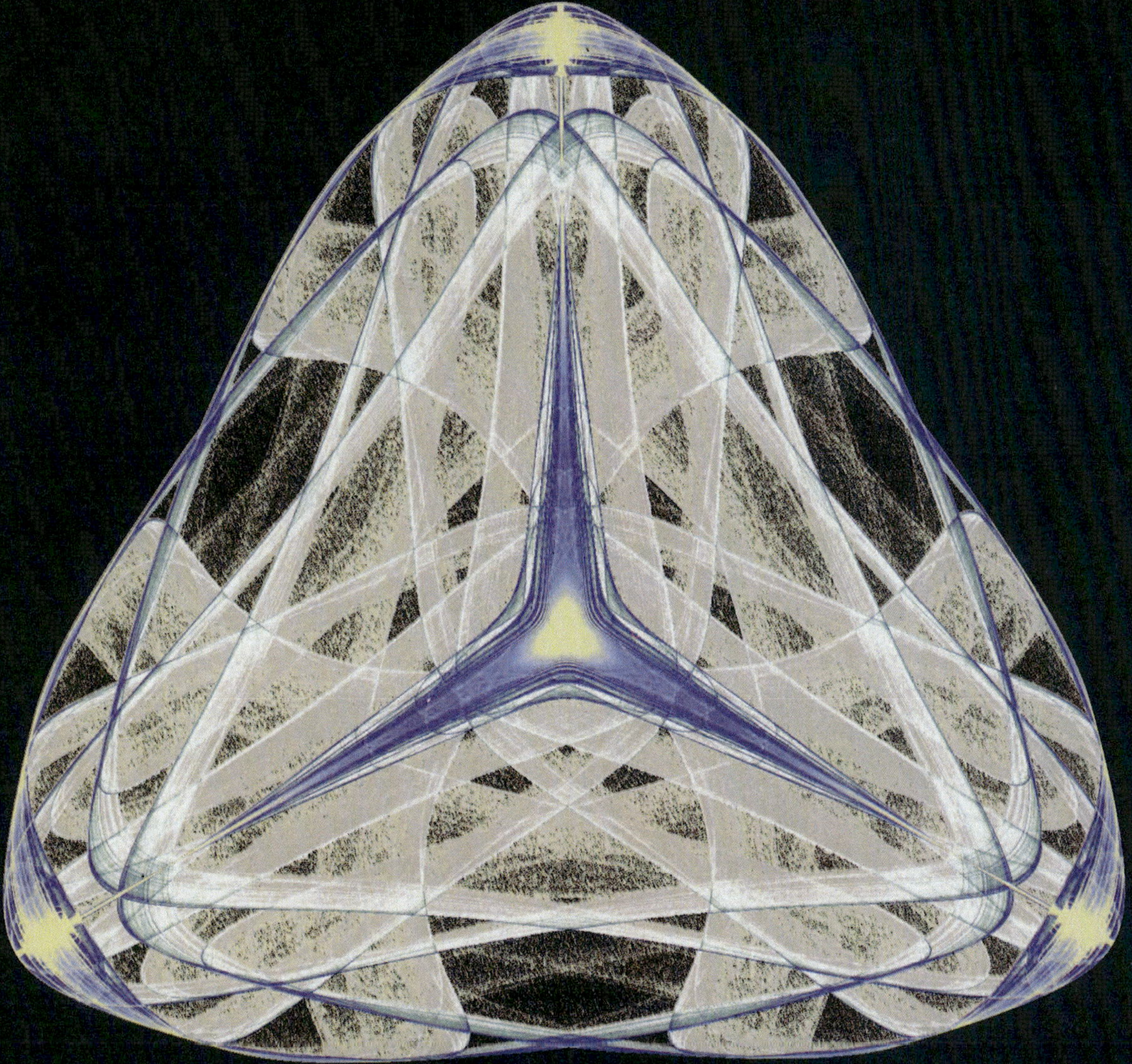

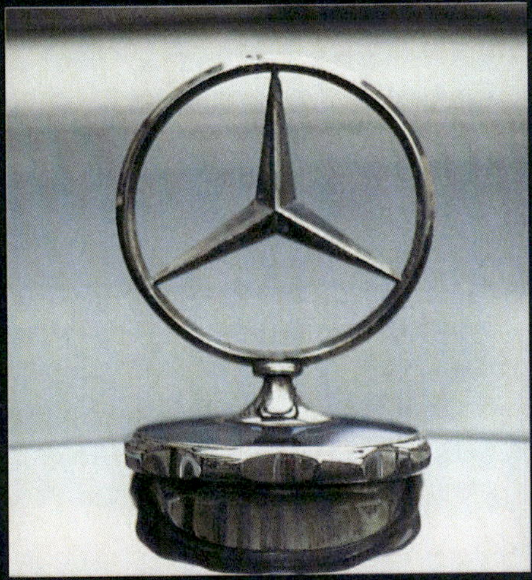

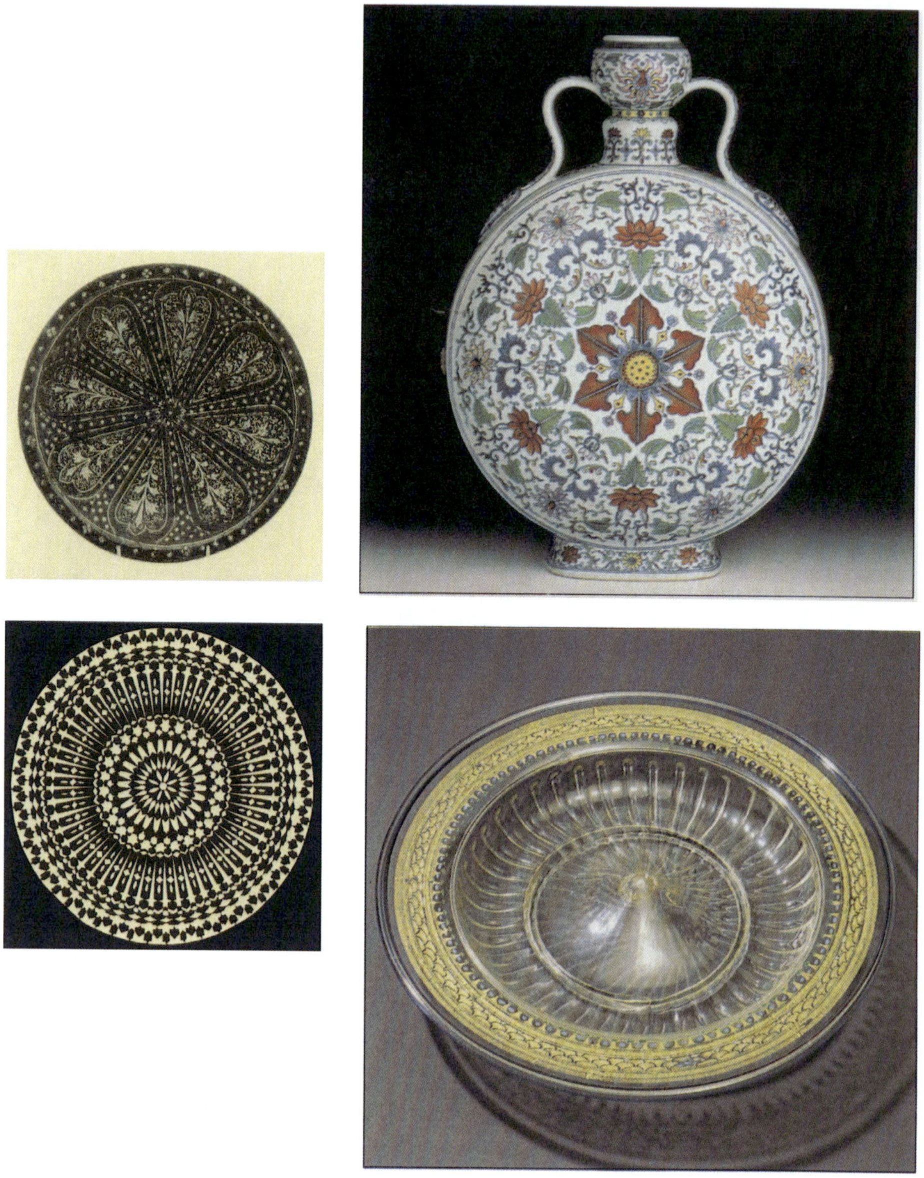

Abb. 3.10: Keramiken: Ladjvardina-Keramik aus dem vierzehnten Jahrhundert, Iran (oben links); Qianlong-Mondflasche (oben rechts); verzinntes Töpfermosaik aus Marokko, zwanzigstes Jahrhundert (unten links); emaillierte Schale, Venedig, sechzehntes Jahrhundert (unten rechts).

Gottlieb Daimler, den Verkehr zu Land, zur See und in der Luft zu erobern. Seitdem dieses weltberühmte Markenzeichen Anfang dieses Jahrhunderts auf die Kühler der Autos von Mercedes graviert wurde (erst 1923 wurde es von einem Kreis umgeben und erhob sich stolz über die Motorhaube), steht es für erstklassige Technik und Handwerkskunst.

Wenn Sie einmal damit anfangen, nach symmetrischen Objekten zu suchen, finden Sie sie überall. Aus der Keramik haben wir folgende Beispiele ausgewählt (Abb. 3.10): eine Famille-rose-Qianlong-Mondflasche mit Sechseckssymmetrie, eine emaillierte venezianische Schale aus dem sechzehn-

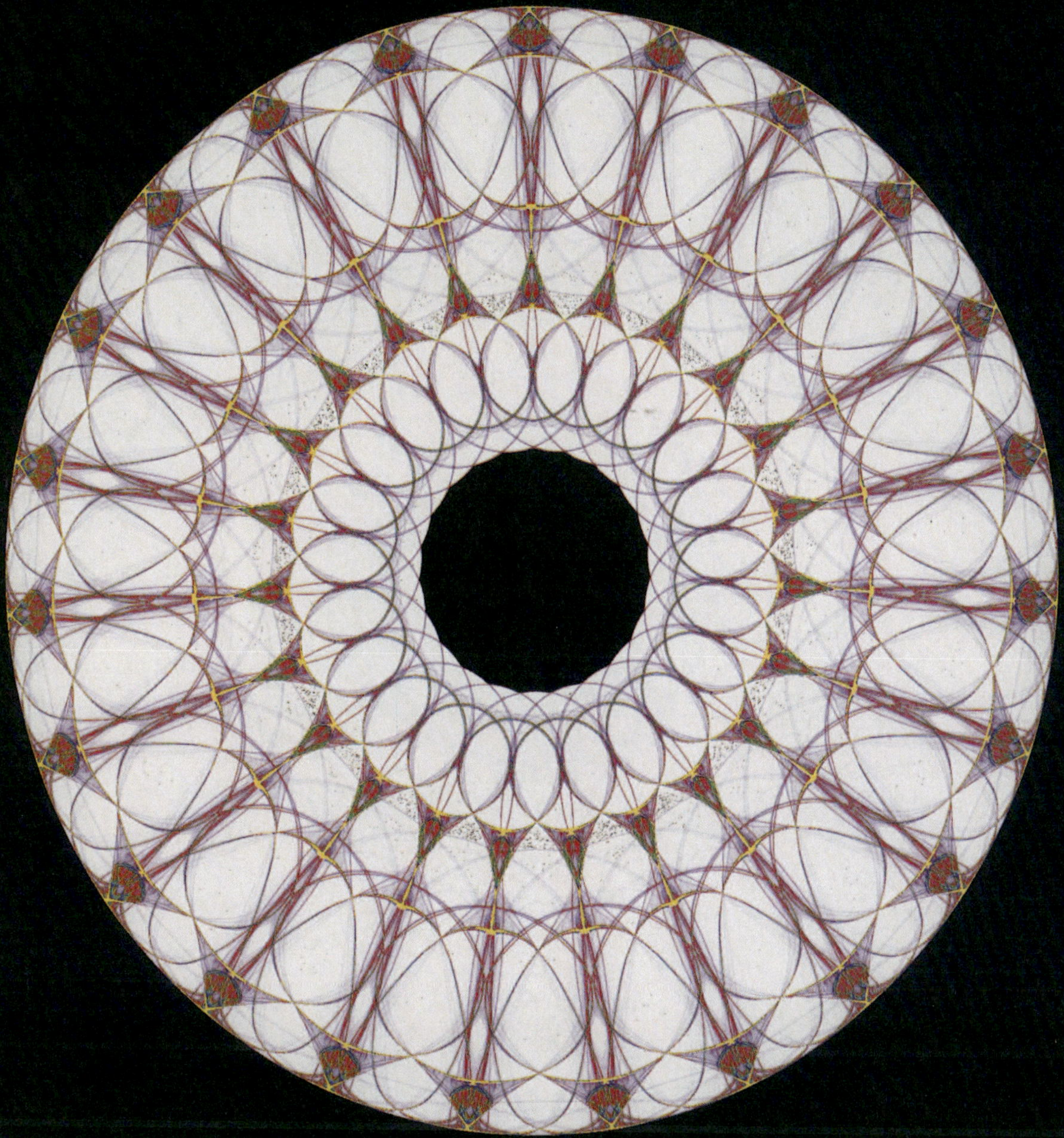

ten Jahrhundert mit 42facher Symmetrie, persische Ladjvardina-Keramik aus dem vierzehnten Jahrhundert und mit Zinn überzogene Töpferware aus dem zwanzigsten Jahrhundert aus Fez in Marokko. Diesen Beispielen von Töpferwaren stellen wir in Abbildung 3.11 zwei symmetrische Objekte gegenüber. Das Objekt mit 57facher Symmetrie (auf Seite 76) wurde von Greg Findlow in Sydney entdeckt.

Abb. 3.11: Objekte, die Keramiken ähneln: Kachina-Puppen mit 23facher Symmetrie (oben) und Sonnenblume mit 57facher Symmetrie (Seite 76).

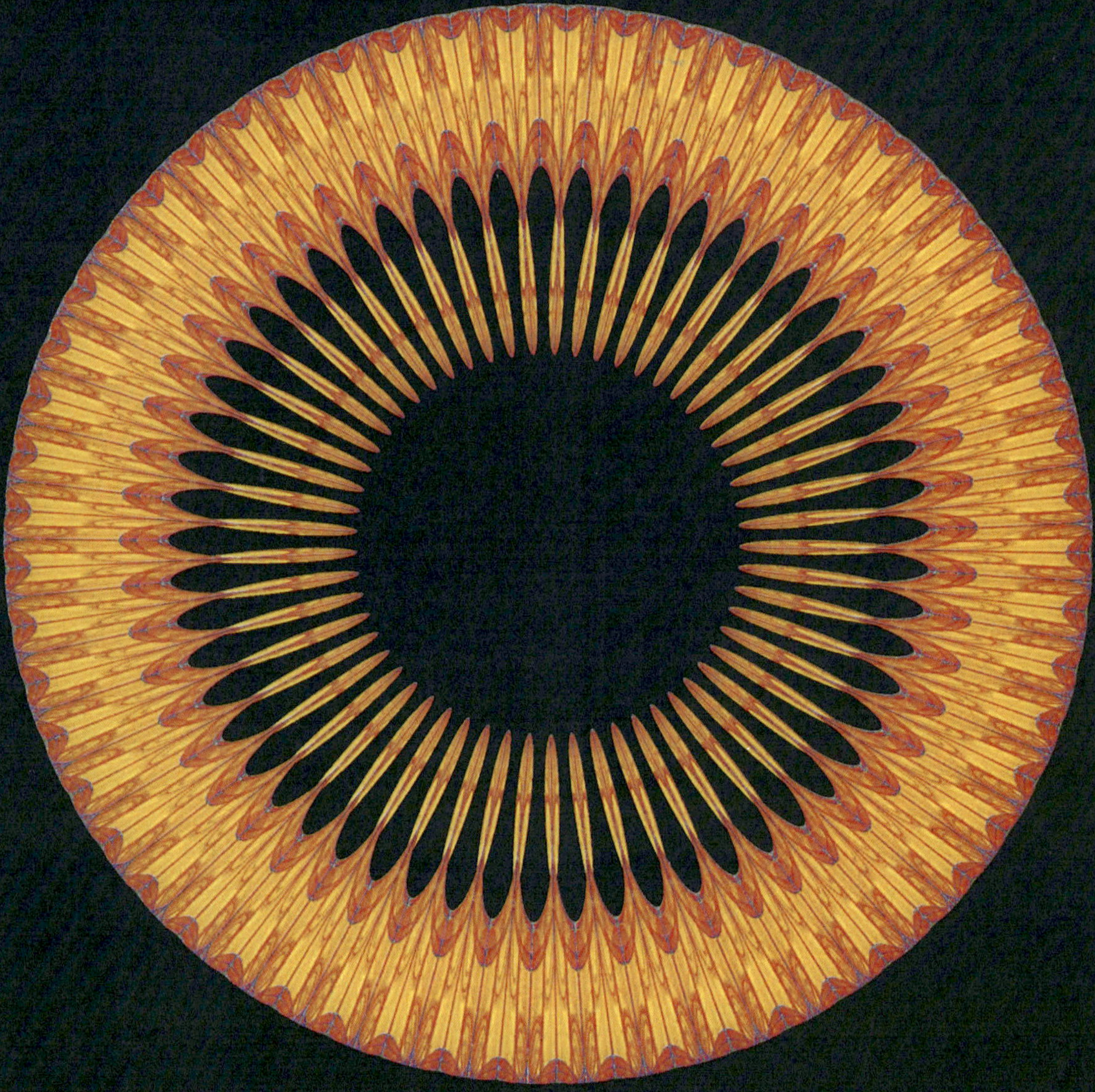

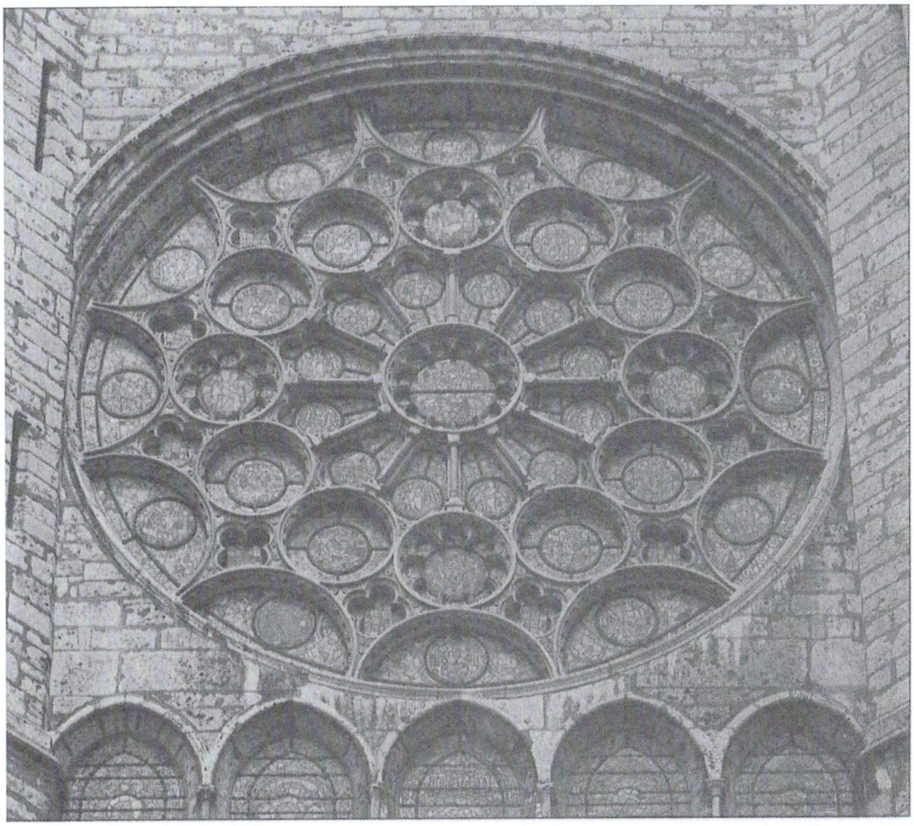

Abb. 3.12: Rosettenfenster in Chartres.

Einige der aufregendsten symmetrischen Objekte finden sich in den Rosettenfenstern von gotischen Kathedralen. Zwei besonders schöne Beispiele bilden die Rosettenfenster in Chartres (Abb. 3.12), die zwölffache Symmetrie besitzen und die Painton Cowen in *Rose Windows* einen Triumph der Geometrie genannt hat, sowie das 24fach symmetrische doppelte Rad aus dem dreizehnten Jahrhundert in Santa Chiara in Assisi (Abb. 3.13).

Es lohnt sich, Cowen zur Bedeutung des Grades der Symmetrie in Rosettenfenstern ausführlicher zu zitieren:

> *Zusammen mit der äußerst wichtigen Zahl Zwölf waren die Zahlen von eins bis acht die bedeutendsten. Jede besaß ein geometrisches Äquivalent. Die Eins repräsentierte die Einheit aller Dinge und wurde durch einen Kreis und seinen Mittelpunkt dargestellt, die Zwei die Dualität und das Paradox von Gegensätzen; sie wurde durch zentrierte Paare symbolisiert. Die Drei repräsentierte das Dreieck und die die Dualität übertreffende Stabilität, die Vier das Quadrat, die Materie, die Elemente, die Winde, die Jahreszeiten und die Richtungen. Die Fünf stand für das Pentagramm, den Menschen, die Magie und die fünf Wunden des gekreuzigten Christus; die Sechs, die Zahl des Gleichgewichts und der Ausgeglichenheit der Seele, wurde durch den Davidstern oder das Siegel des Salomon symbolisiert, die*

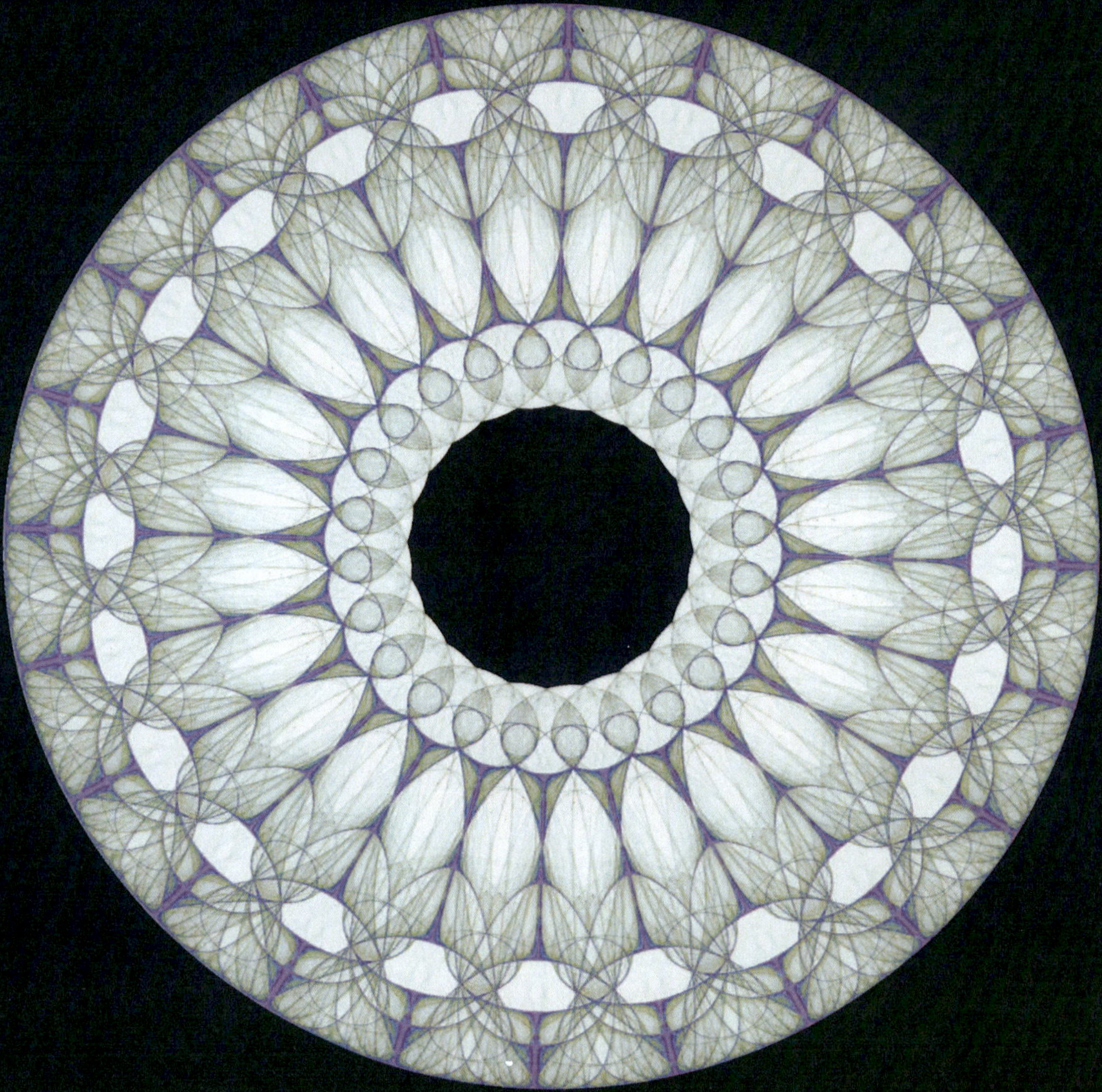

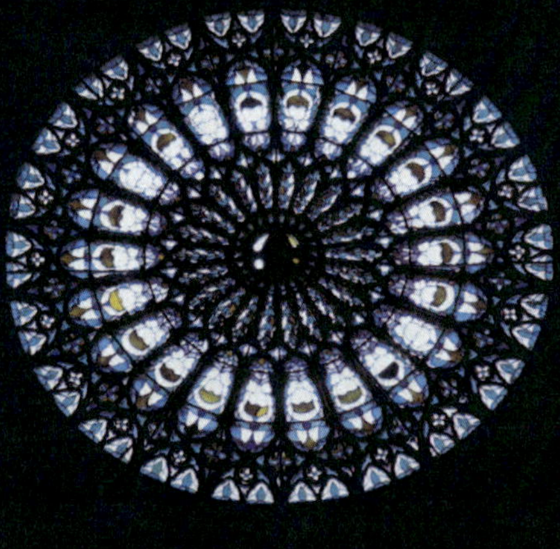

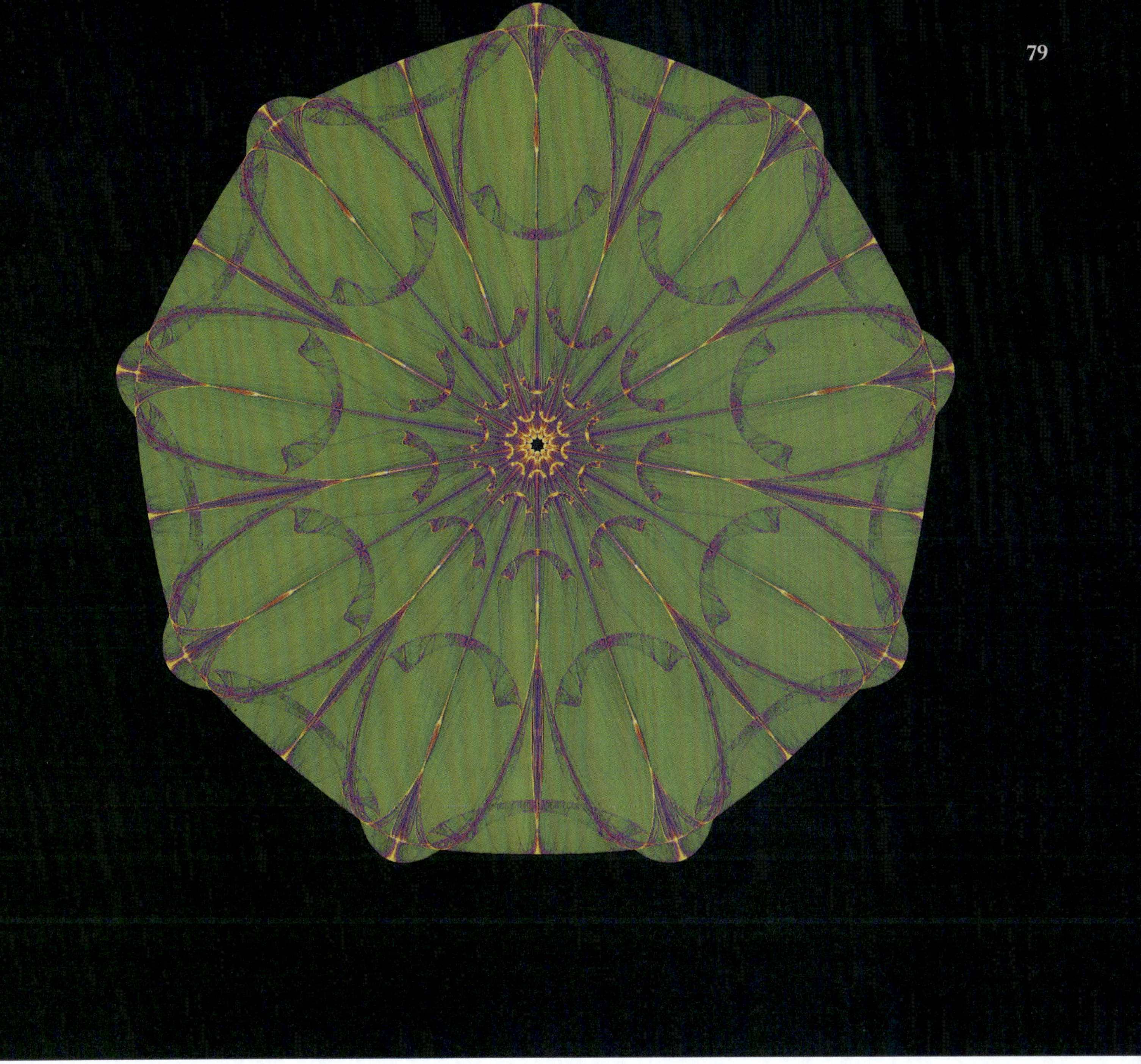

Sieben, die mystische Zahl, durch die sieben Alter, Planeten, Tugenden, die Geschenke des heiligen Geistes und der freien Künste. Die Acht war die Zahl der Taufe und der Wiedergeburt, dargestellt durch das Achteck. Die Zwölf repräsentierte die Vollkommenheit, das Universum, die Zeit, die Apostel, den Tierkreis, die Stämme von Israel und die Edelsteine in den Fundamenten des neuen Jerusalem.

Jedes Rosettenfenster enthält einen Stern. Dieser ist, wie in Saint-Ouen und

Abb. 3.13 (Seite 78): Santa-Chiara-Objekt (oben) und zweifach überlagertes Rad in Santa Chiara (unten).

Abb. 3.14: Französisches Glas. Ein neunfach symmetrisches Objekt im Bleiglasstil (oben).

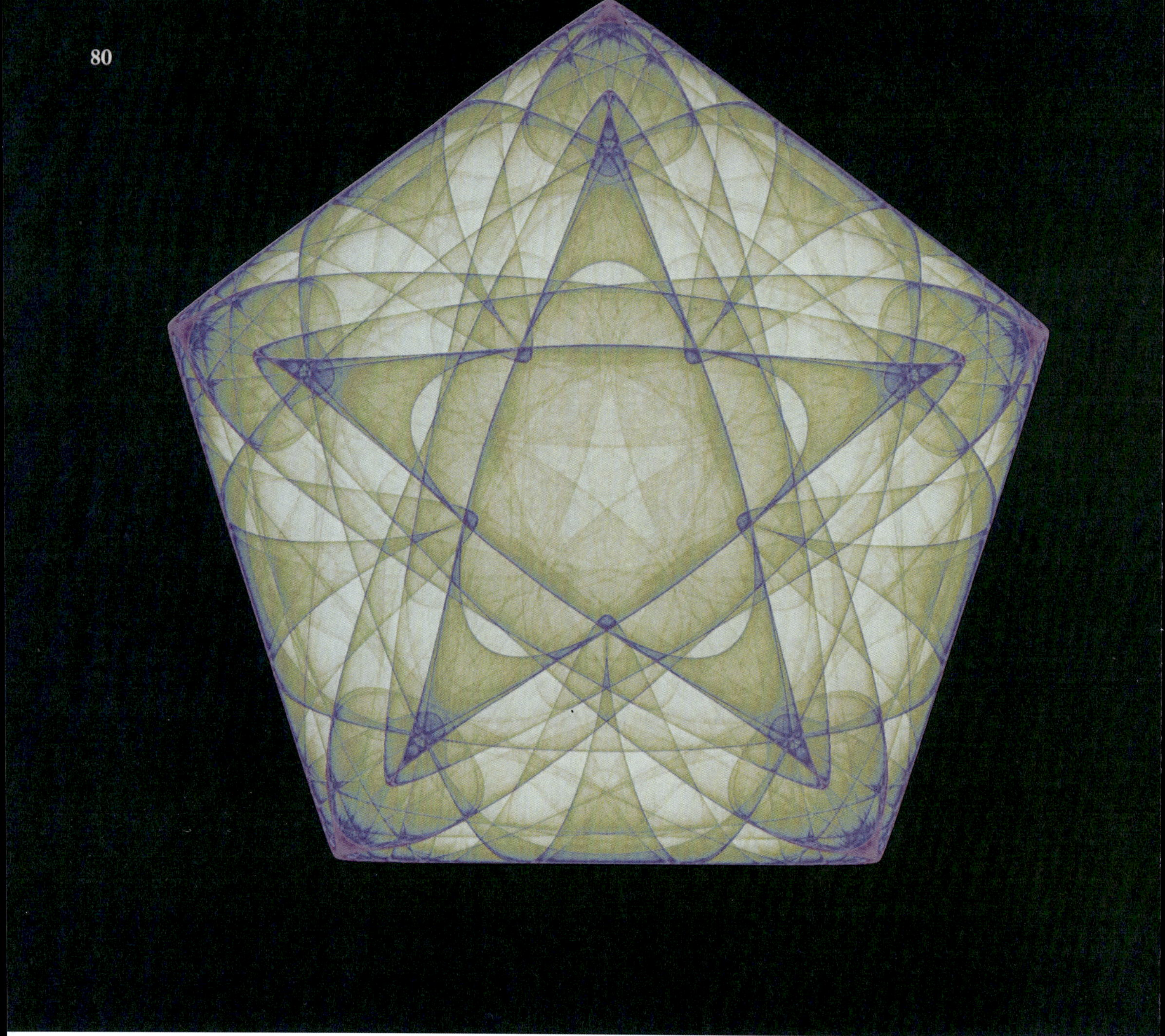

Abb. 3.15a: Das Pentagramm.

in Sens, in der Rosette plaziert oder wird durch das strahlenförmige Muster angedeutet. In der Sprache des Symbolismus besitzen die Sterne viele Bedeutungen, sie beziehen sich primär jedoch auf "den Kampf des Geistes gegen die Kräfte der Dunkelheit". Daher ist das fünfzackige Pentagramm ein Symbol der Magie, das pythagoräische Symbol der Heilung, der Kreuzigung und später ein Symbol für den Menschen, wie er von Leonardo da Vinci innerhalb eines Pentagramms gezeichnet wurde. Das sechszackige Siegel des Salomon oder der Davidstern ist der Stern des Makrokosmos,

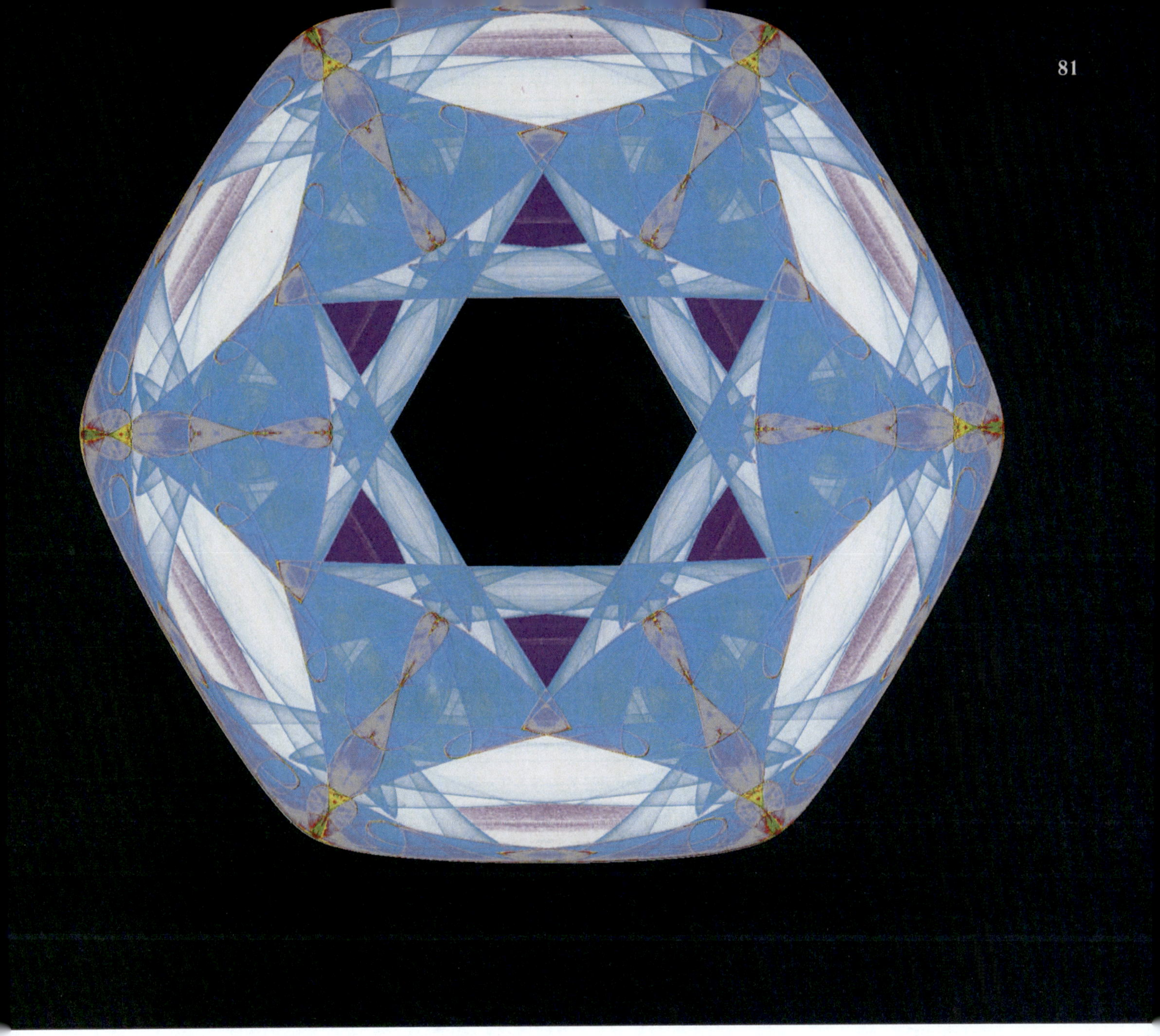

Abb. 3.15b: Der Davidstern.

der vom Menschen repräsentierten Vereinigung von Himmel und Erde. Die beiden ineinandergreifenden Symbole von Feuer und Wasser bilden die vollkommene Einheit des Bewußten und des Unbewußten.

In Abbildung 3.15a und b zeigen wir symmetrische chaotische Objekte des fünfzackigen Pentagramms und des sechszackigen Davidsterns. Beachten Sie, wie leicht diese Figuren die Bilder der religiösen Zahlenmystik verkörpern.

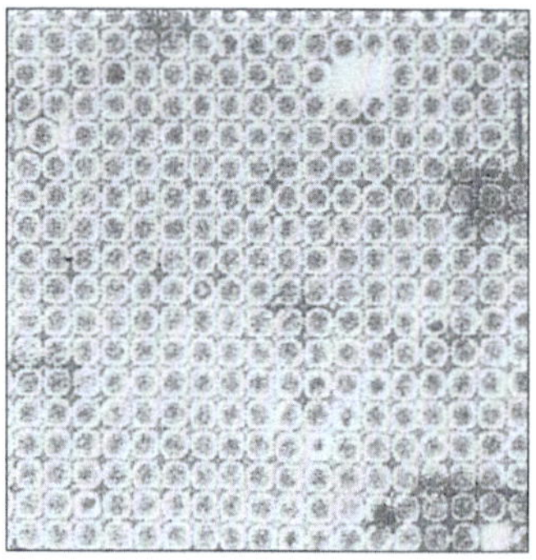

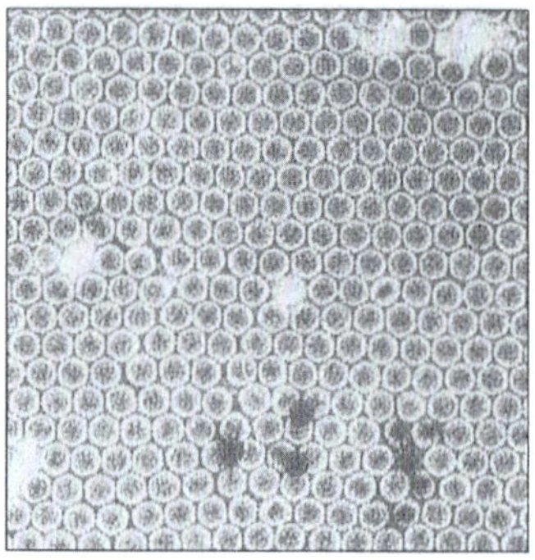

Abb. 3.16: Gitter von Pflanzenviren, quadratisch (links oben) und hexagonal (links unten).

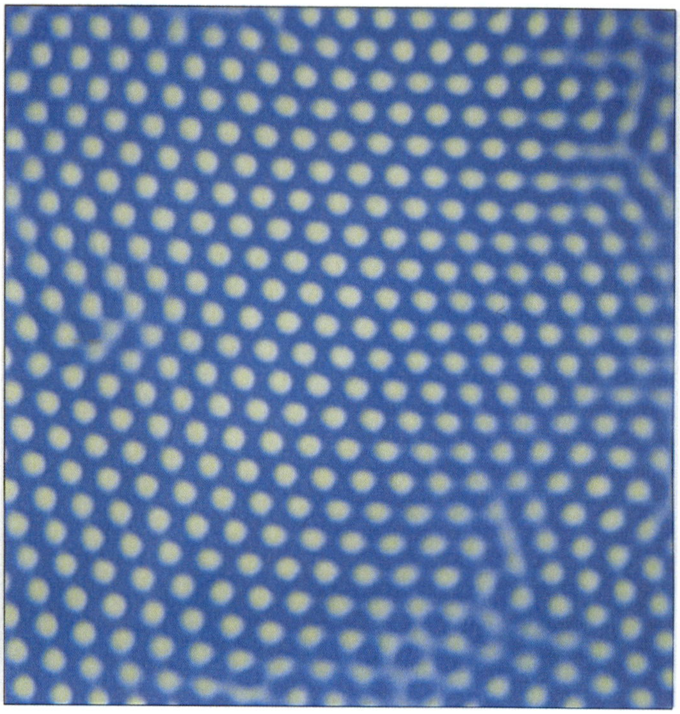

Abb. 3.17 (rechts): Ein stationäres chemisches Muster. Mit freundlicher Genehmigung von Qi Ouyang und Harry L. Swinney.

Pflasterungen

Bis hierhin haben wir die diedrische und die zyklische Symmetrie von symmetrischen Objekten betrachtet. Es gibt jedoch noch eine andere Art von ebenen Symmetrien. Diese wird in Quilts und Pflasterungen dargestellt. Der Hauptunterschied zwischen Objekten und Quilts besteht darin, daß die Objekte beschränkt sind und die Quilts wegen der unendlichen Wiederholung unbeschränkt sind. Einige Arten von Pflasterungen sind sehr überraschend. Ein Bromovirus zum Beispiel kann sich entweder quadratisch oder hexagonal anordnen (Abb. 3.16). Das hexagonale Muster in Abbildung 3.17 stammt aus einem realen Experiment und verdeutlicht die relativen Konzentrationen von gewissen Chemikalien.

Vertrauter sind uns Pflasterungen in der Kunst des Islam, in italienischen Mosaiken (Abb. 3.18), in Quilts selbst (Abb. 3.19), in indonesischen Batiken (Abb. 3.21) und in Keramiken (Abb. 3.23).

Es gibt zahlreiche Beispiele von teilweise erhaltenen italienischen Mosaikfußböden, die aus quadratisch symmetrischen Mustern in einem quadratischen Gitter bestehen. Abbildung 3.18 (unten) zeigt ein geometrisches römisches Mosaik aus dem zweiten Jahrhundert, das in Hatay in der Südtürkei gefunden wurde. Darüber finden Sie ein mit dem Computer erzeugtes symmetrisches Chaosmuster, das wir "Sizilianische Kachel" nennen.

Abb. 3.18 (Seite 83): Sizilianische Kachel (oben) und ein römisches Mosaik, Türkei, zweites Jahrhundert (unten).

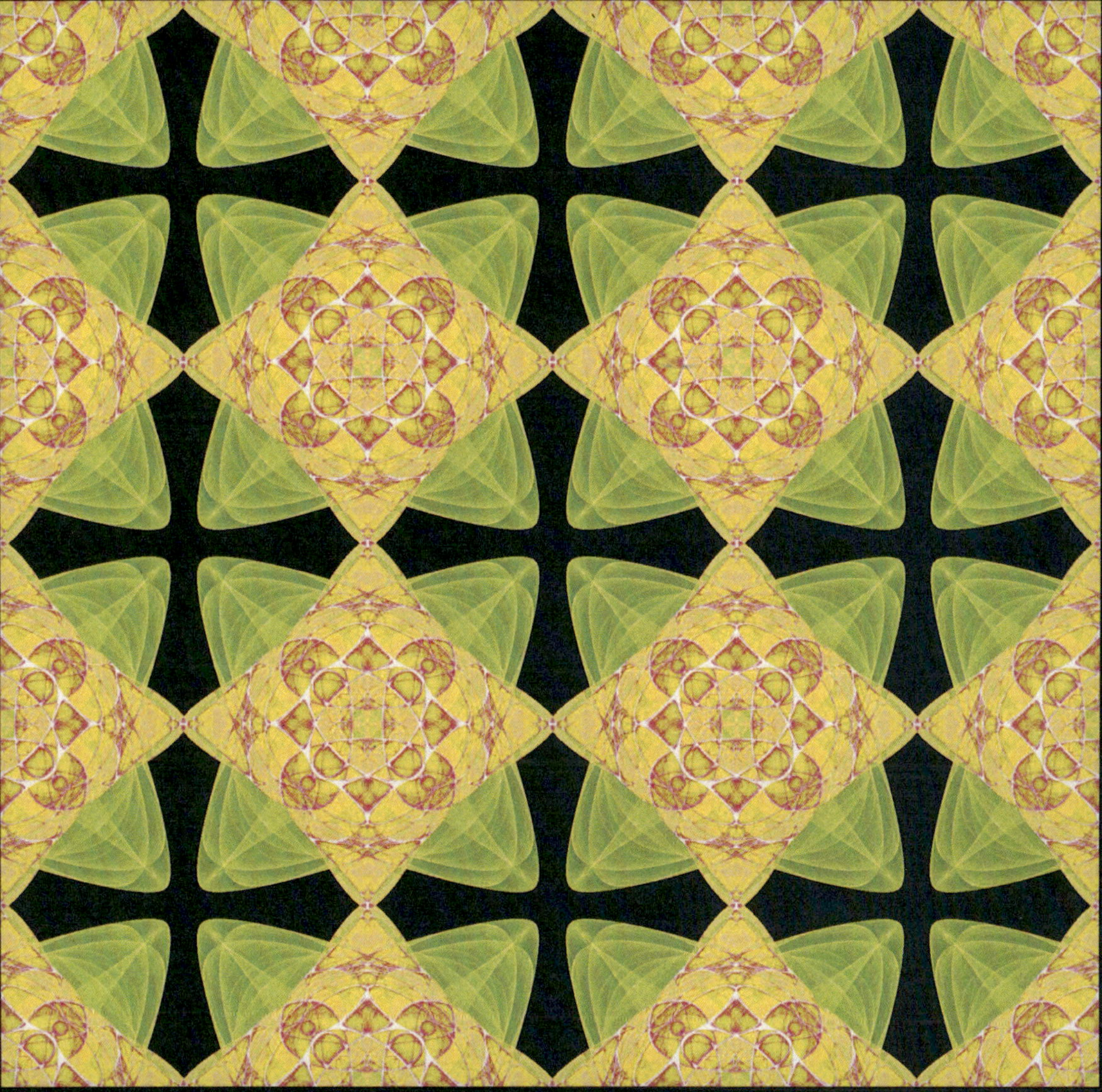

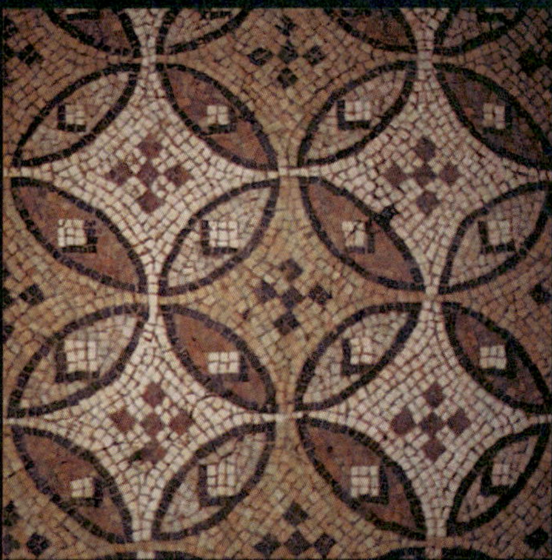

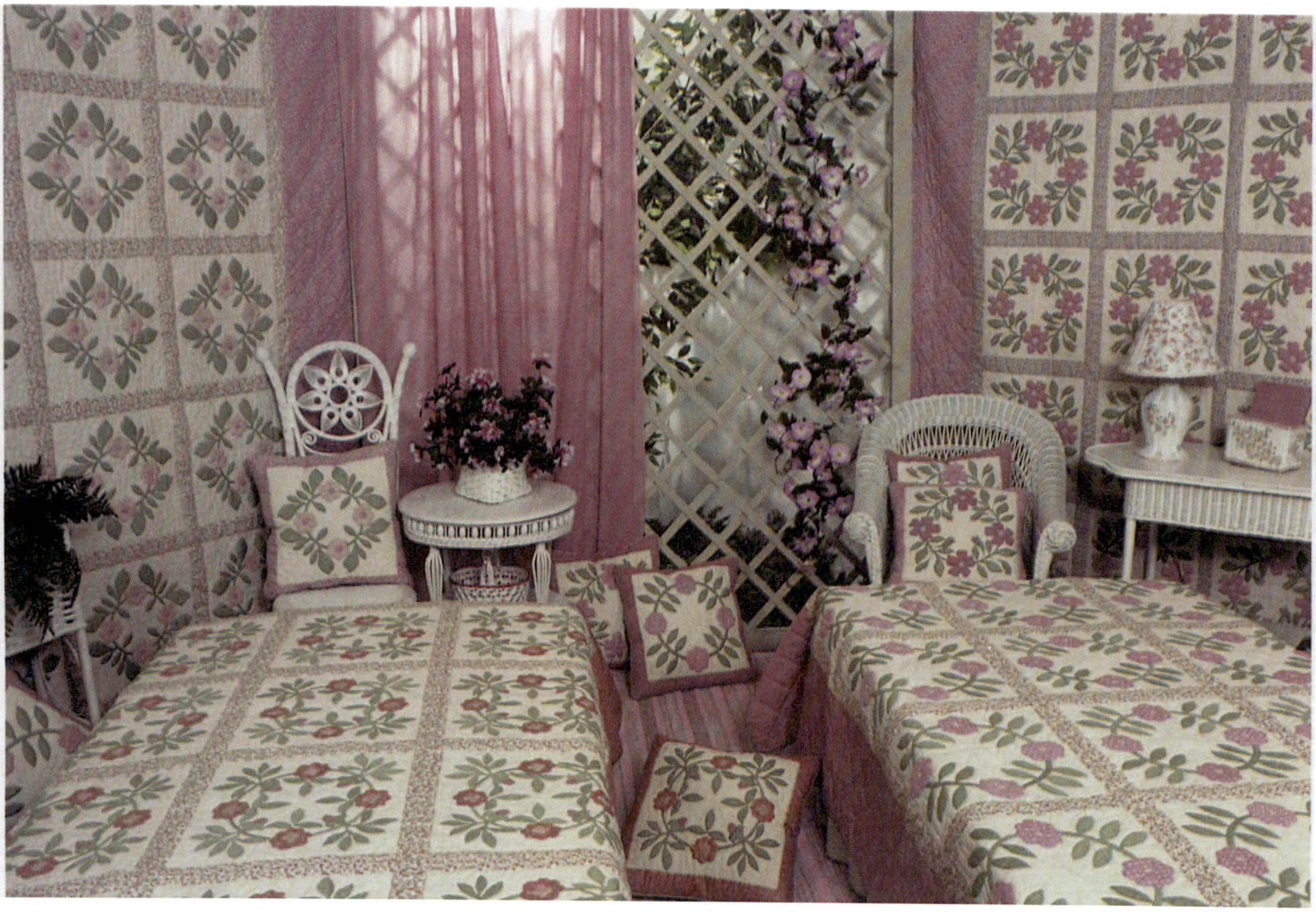

Abb. 3.19: Amerikanische Quiltmuster aus dem Katalog von The Gazebo, New York.

Abb. 3.20 (Seite 85): Rosen (oben) und ein indonesisches Muster auf Stein (unten).

Quadratische Pflasterungen treten ferner in der indonesischen Kunst auf. Abbildung 3.20 zeigt unten eine Steinplatte, die im Tjandi Prambanan an der Grenze zwischen Jogjakarta und Surakarta gefunden wurde. Beachten Sie die starke Ähnlichkeit mit dem geometrischen Muster im oberen Teil der Abbildung. In Abbildung 3.21 finden Sie eine moderne Batik. Sie zeigt eine Karte von Indonesien, die von Pflasterungsmustern umgeben wird, welche klassische Motive darstellen. Beachten Sie die Ähnlichkeit mit dem Muster des chaotischen Quilts auf Seite 86.

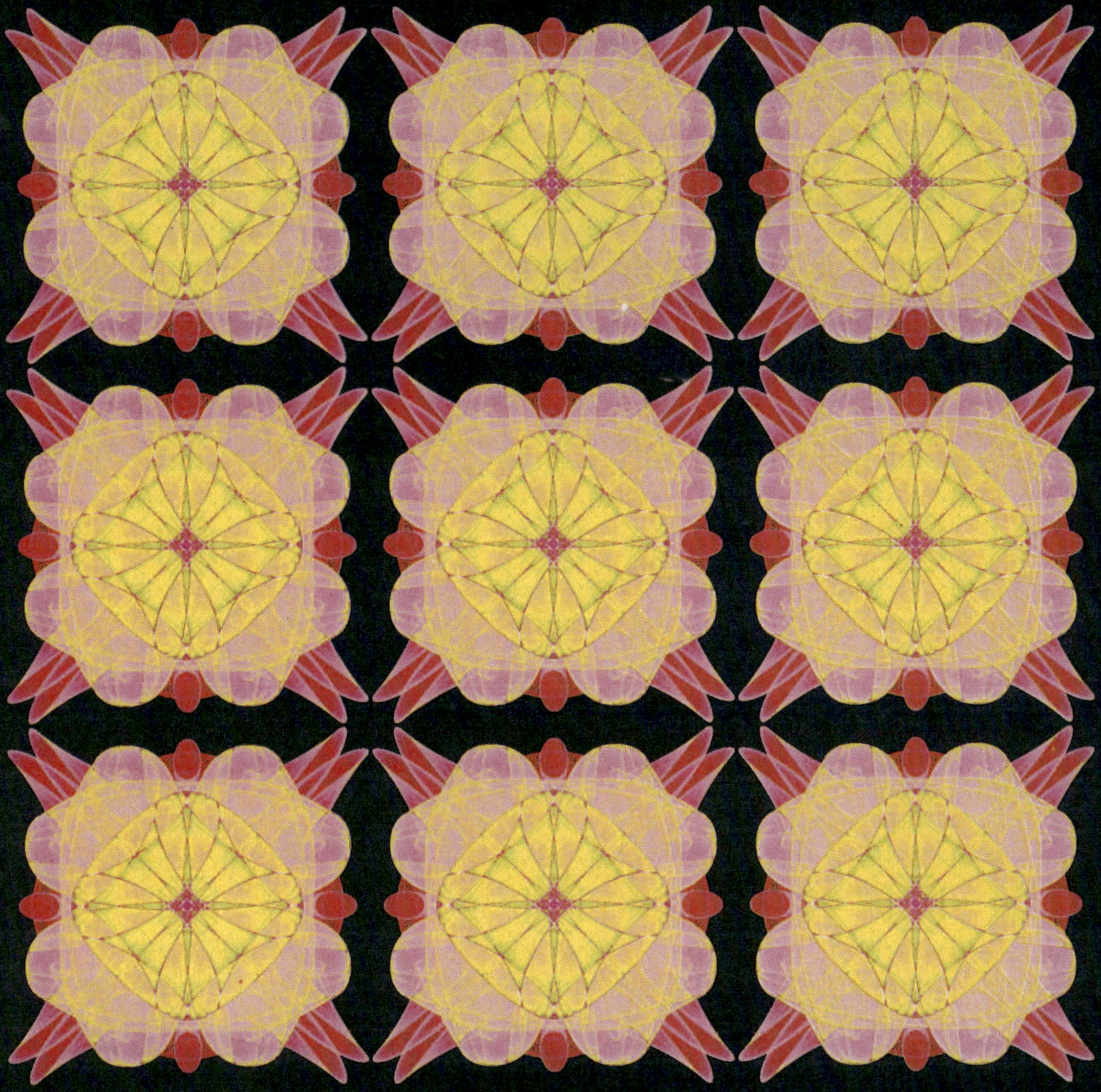

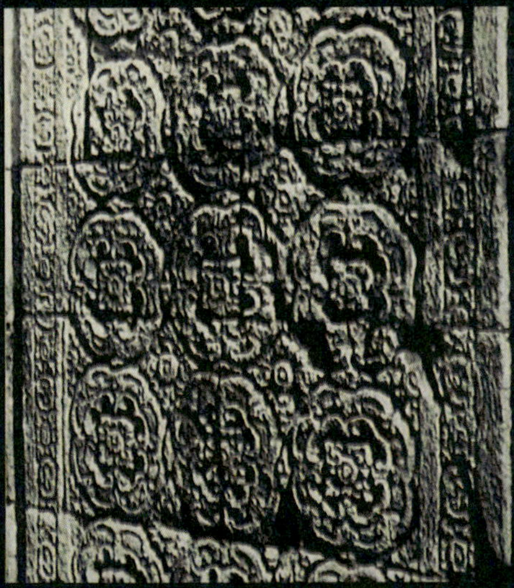

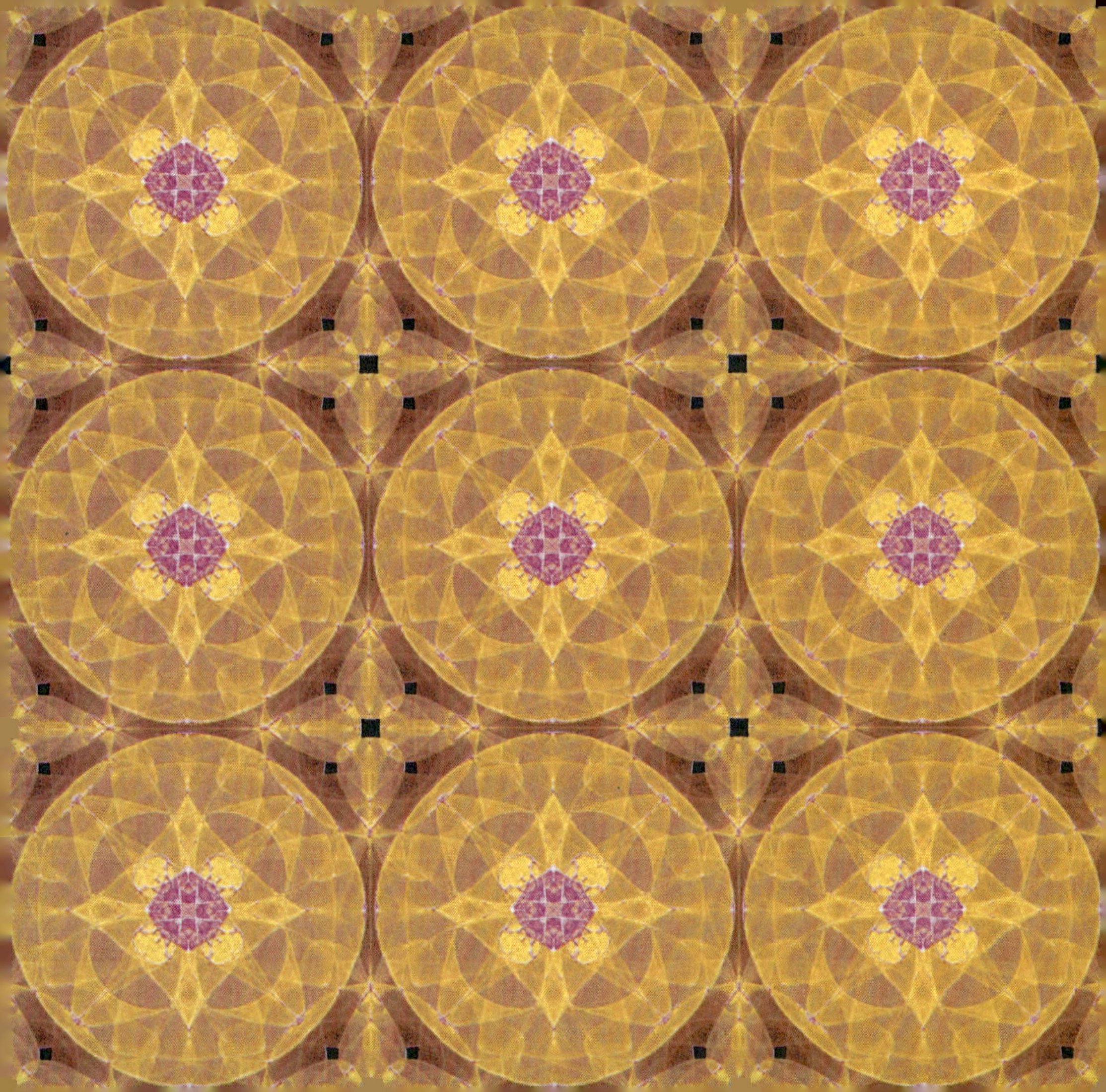

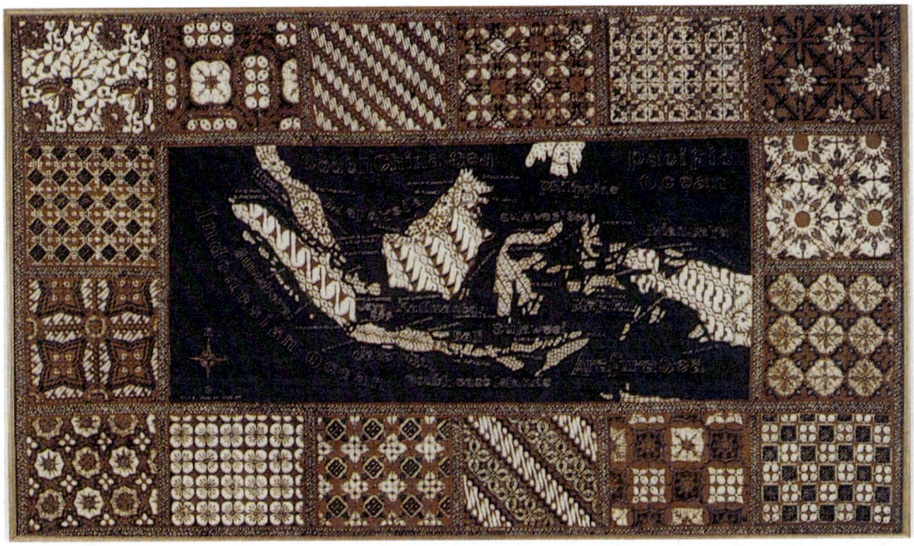

Abb. 3.21: Eine Batikkarte von Indonesien (links); Wagenräder (Seite 86).

Pflasterungsmuster finden sich auch an schmiedeeisernen Gittern wie am Lettner des Münsters von Konstanz aus dem fünfzehnten Jahrhundert. Es wird in Abbildung 3.22 skizziert.

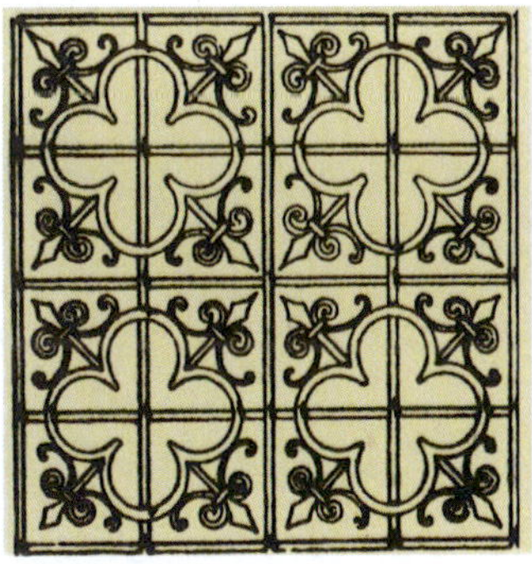

Abb. 3.22: Lettner im Münster von Konstanz, fünfzehntes Jahrhundert.

In Abbildung 3.23 sehen Sie vier Beispiele für viktorianische Kacheln. Zwei von ihnen (oben links und oben rechts) haben ein einfaches geometrisches Muster, die beiden anderen sind reich verziert. Die Kachel unten links wurde im späten neunzehnten Jahrhundert von Minton, Hollins and Company hergestellt, während die Kachel unten rechts keine Signatur trägt. Auf Seite 89 präsentieren wir unsere eigene Version von viktorianischen Kacheln. Das Experimentieren mit chaotischen Quilts auf dem Computer führte erfreulicherweise zu einer offenbar unendlichen Vielfalt an Mustern, die für Tapeten und keramische Fliesen verwertet werden können. In Abbildung 3.24 zeigen wir zwei dieser Muster.

Sich wiederholende Muster wurden schon immer sehr effektvoll in den Buntglasfenstern großer Kathedralen verwendet. In Abbildung 3.25 führen wir Ihnen unseren Versuch vor, ein Muster für ein Buntglasfenster zu kreieren. Die quadratische Geometrie dieses Designs paßt gut zu den strengen rechten Winkeln der Fenster der Kathedrale von Coventry.

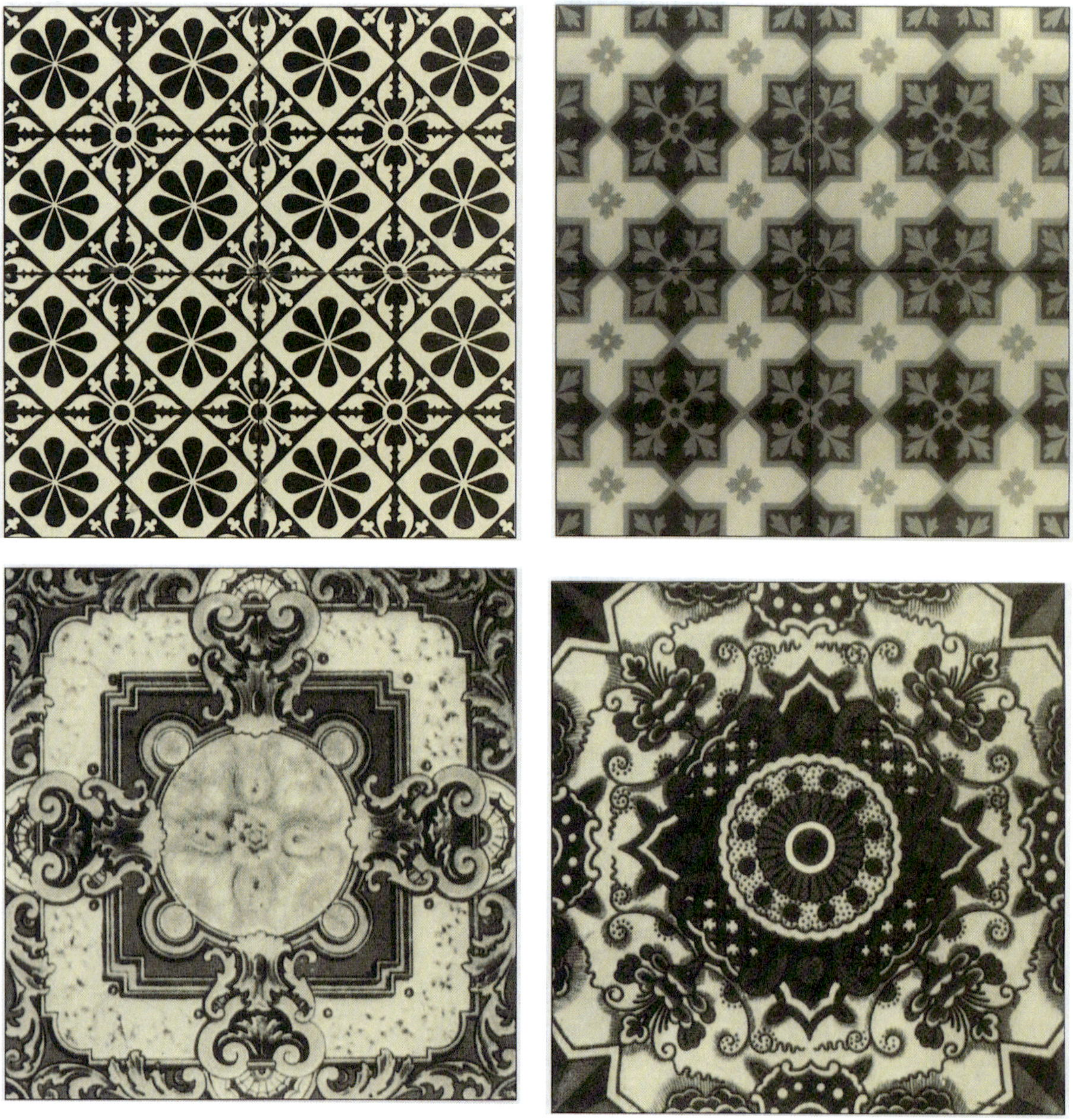

Abb. 3.23 Viktorianische Keramikkacheln: nicht signierte geometrische Kacheln (oben links und rechts); Minton, Hollins & Co (unten links); nicht signiert (unten rechts) und viktorianische Kacheln (Seite 89).

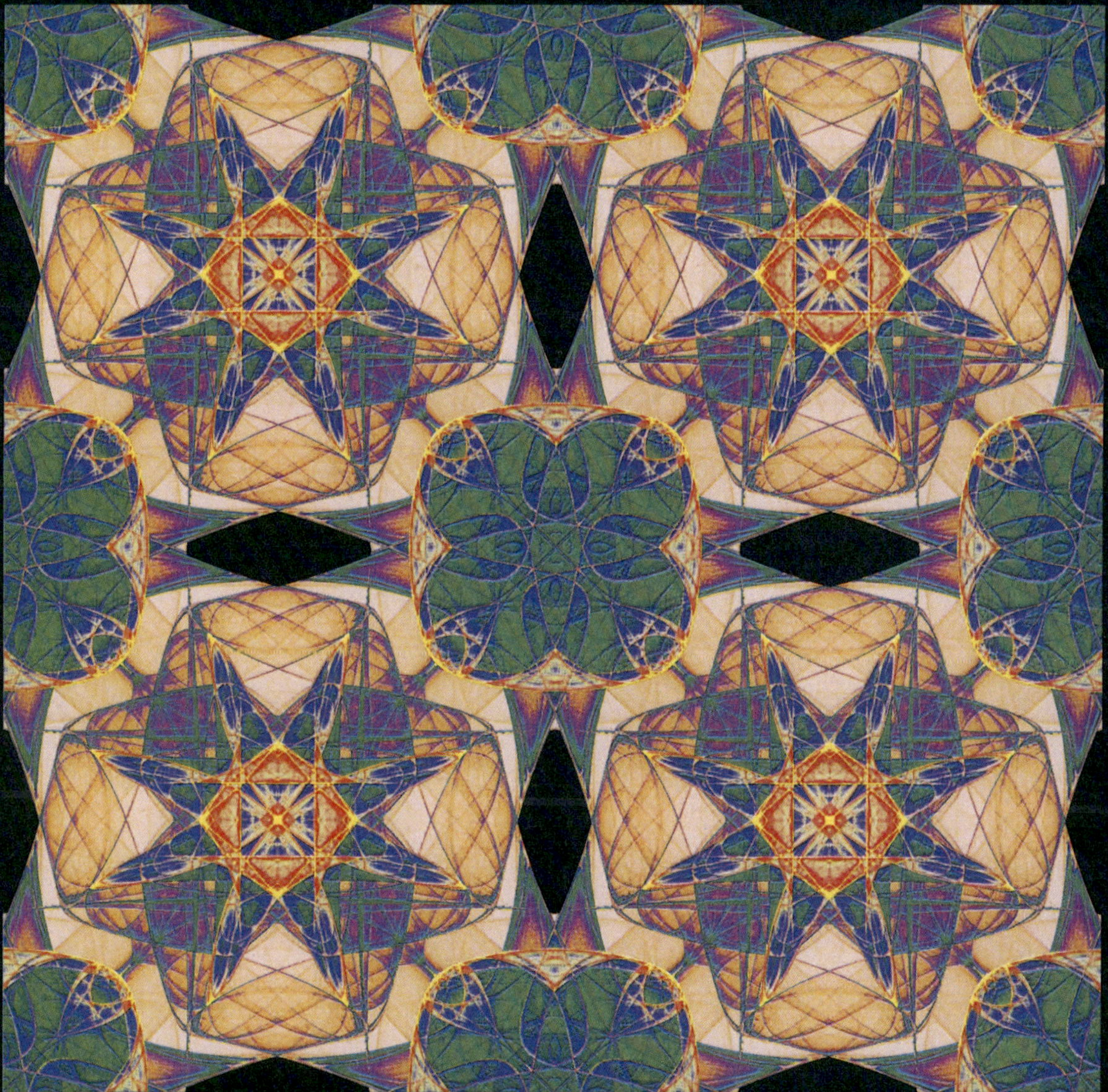

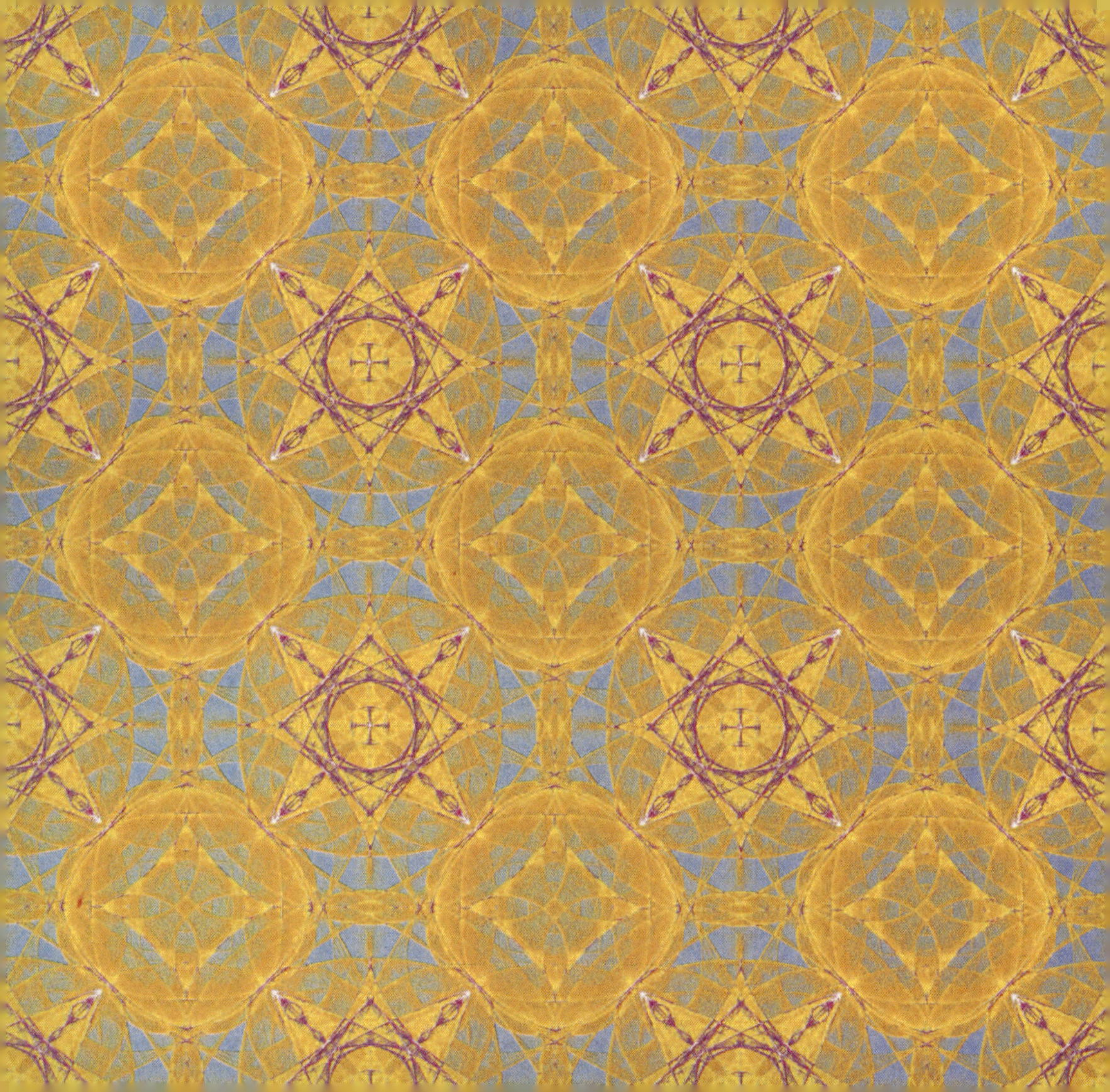

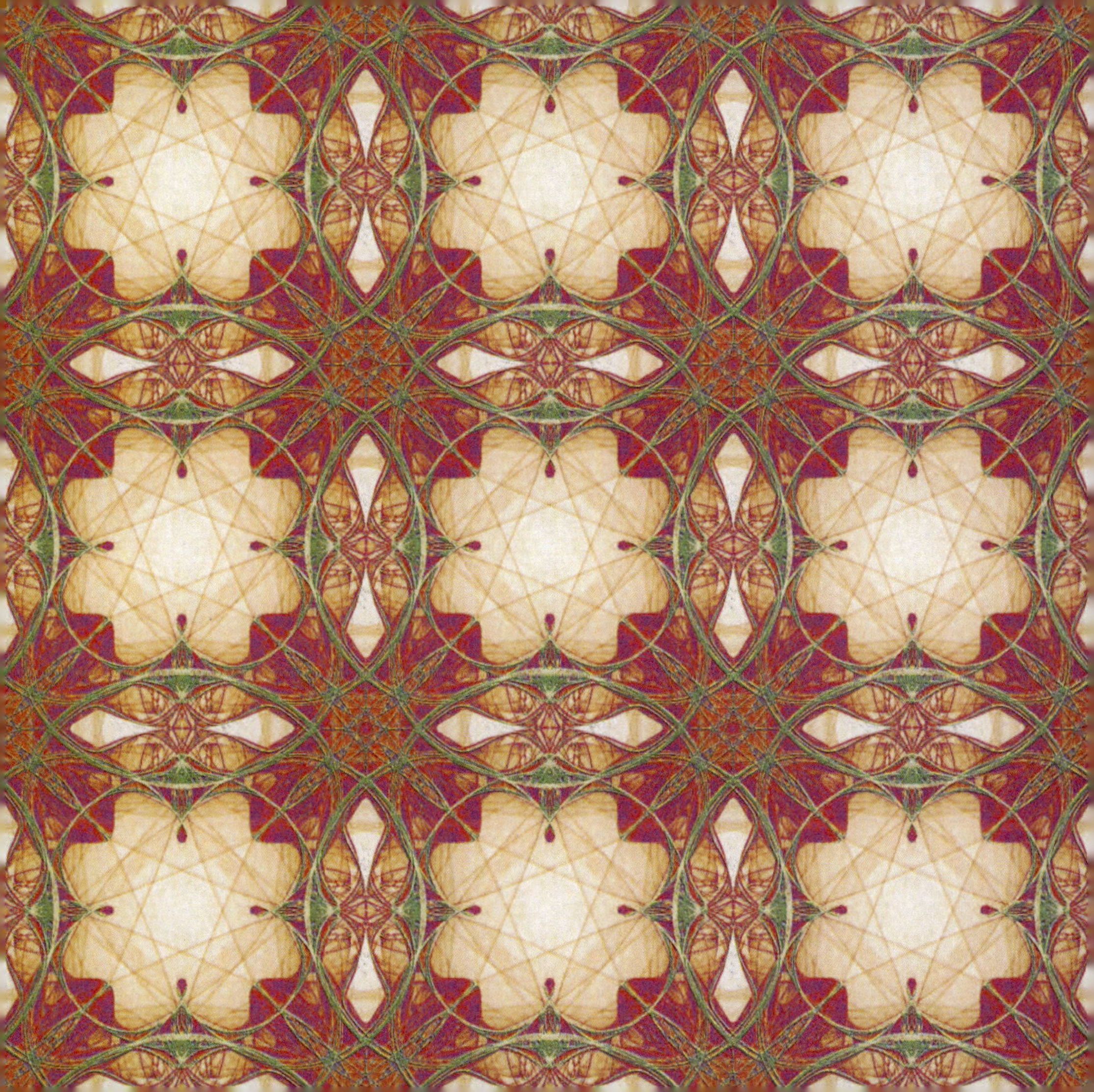

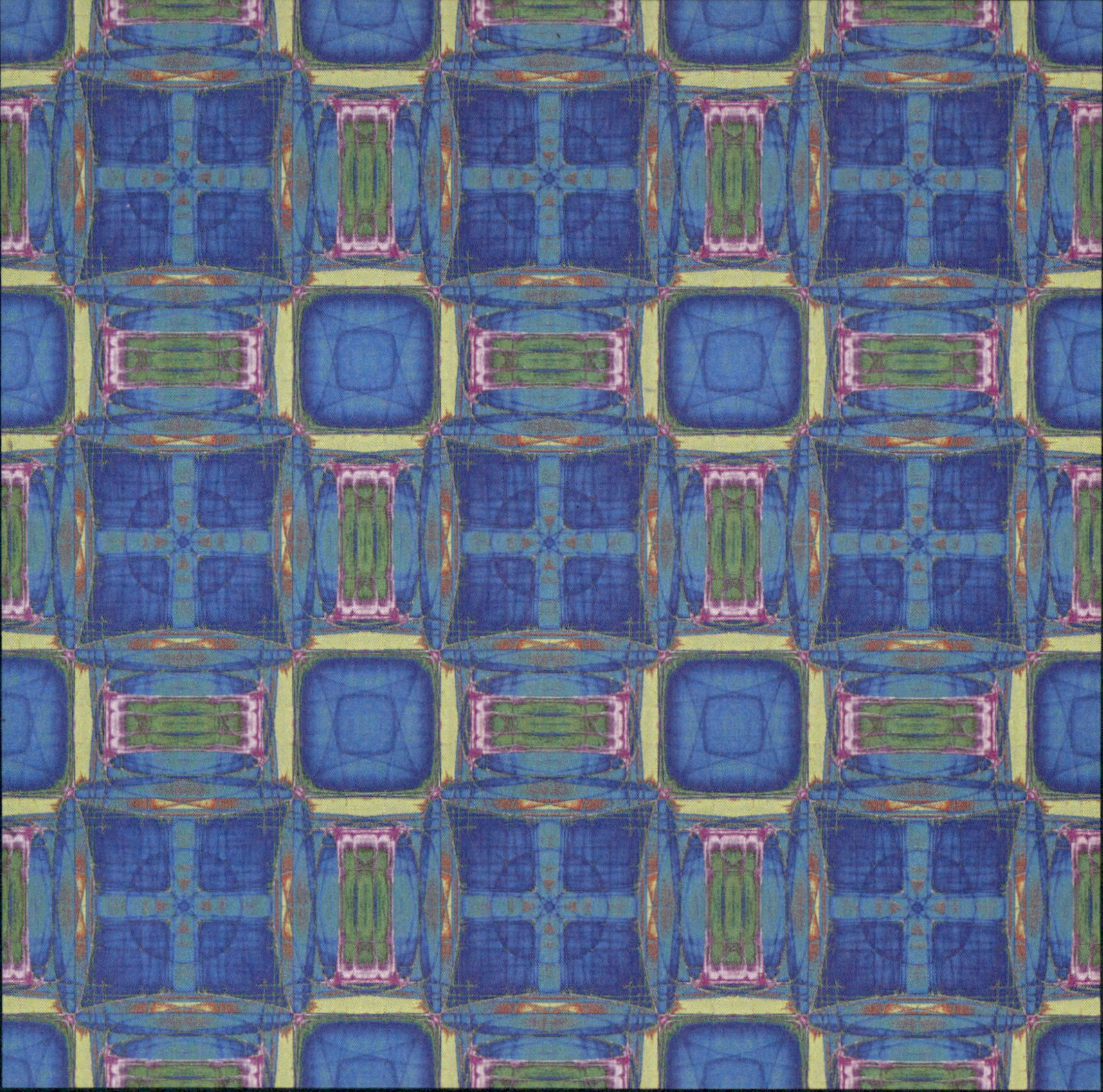

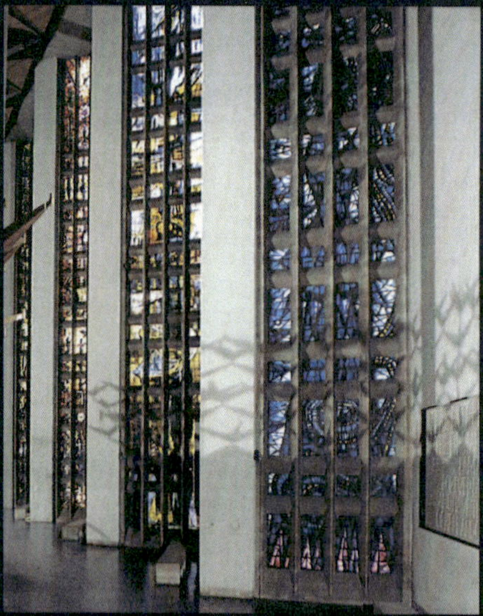

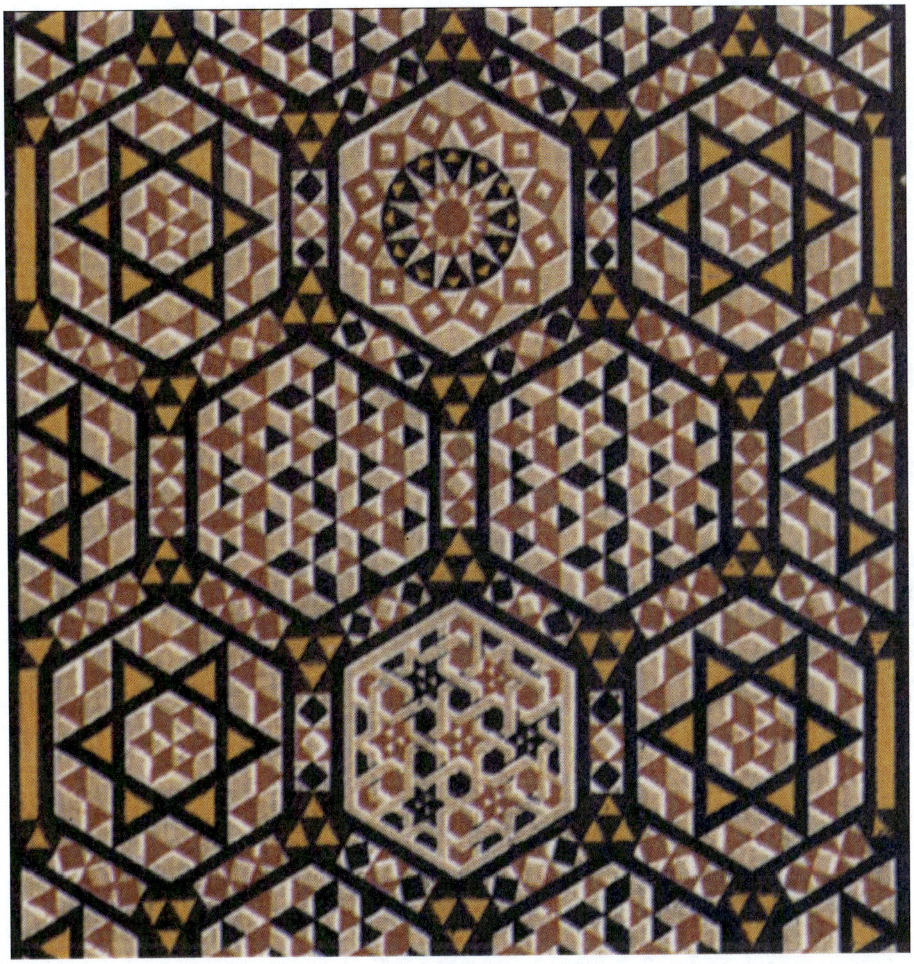

Abb. 3.26: Hexagonale arabische Kacheln aus *Grammar of Ornament* von Owen Jones, Dover-Ausgabe, Erstveröffentlichung 1856.

Islamische Kunst

Sich wiederholende Muster und die Symmetrie nehmen in der islamischen Kunst einen besonderen Platz ein. Die Gründe dafür liegen zum Teil in der Tatsache, daß der islamische Glaube die Darstellung der Natur in der Kunst vermeidet. In der Praxis verwendet die islamische Kunst oft reichverzierte Dekorationen, die auf den Prinzipien der Symmetrie basieren und mit hochentwickelter Kalligraphie verbunden sind.

Symmetrische Pflasterungen der einen oder anderen Art wurden in der islamischen Welt häufig als Dekoration für Gebäude verwendet. In Abbildung 3.26 zeigen wir eine Pflasterung mit Sechseckssymmetrie, die ein hexagonales Gitter als Basis besitzt. Sie wurde von Owen Jones während seiner von 1841 bis 1845 dauernden Reise durch den Mittleren Osten aufgezeichnet. 1856 veröffentlichte er das Buch *The Grammar of Ornament*,

Abb. 3.24 (Seite 90, 91): Chaotische Tapete und keramische Muster: Moschee (Seite 90) und Rote Kacheln (Seite 91).

Abb. 3.25 (Seite 92): Der Kathedralen-Attraktor (oben), Fenster der Kathedrale von Coventry (unten).

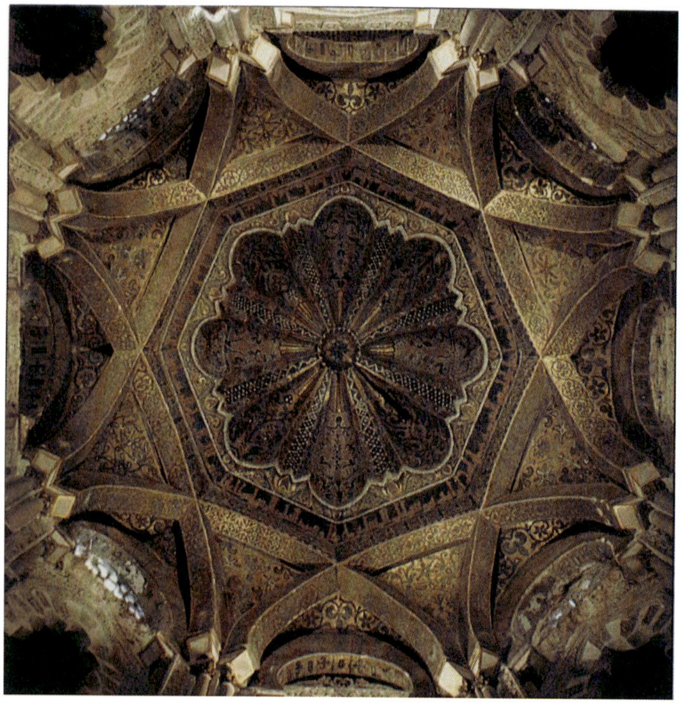

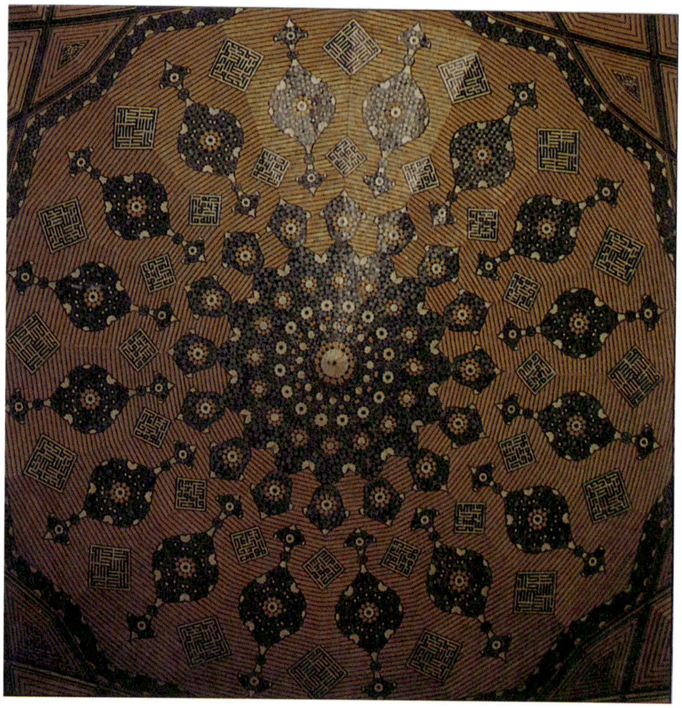

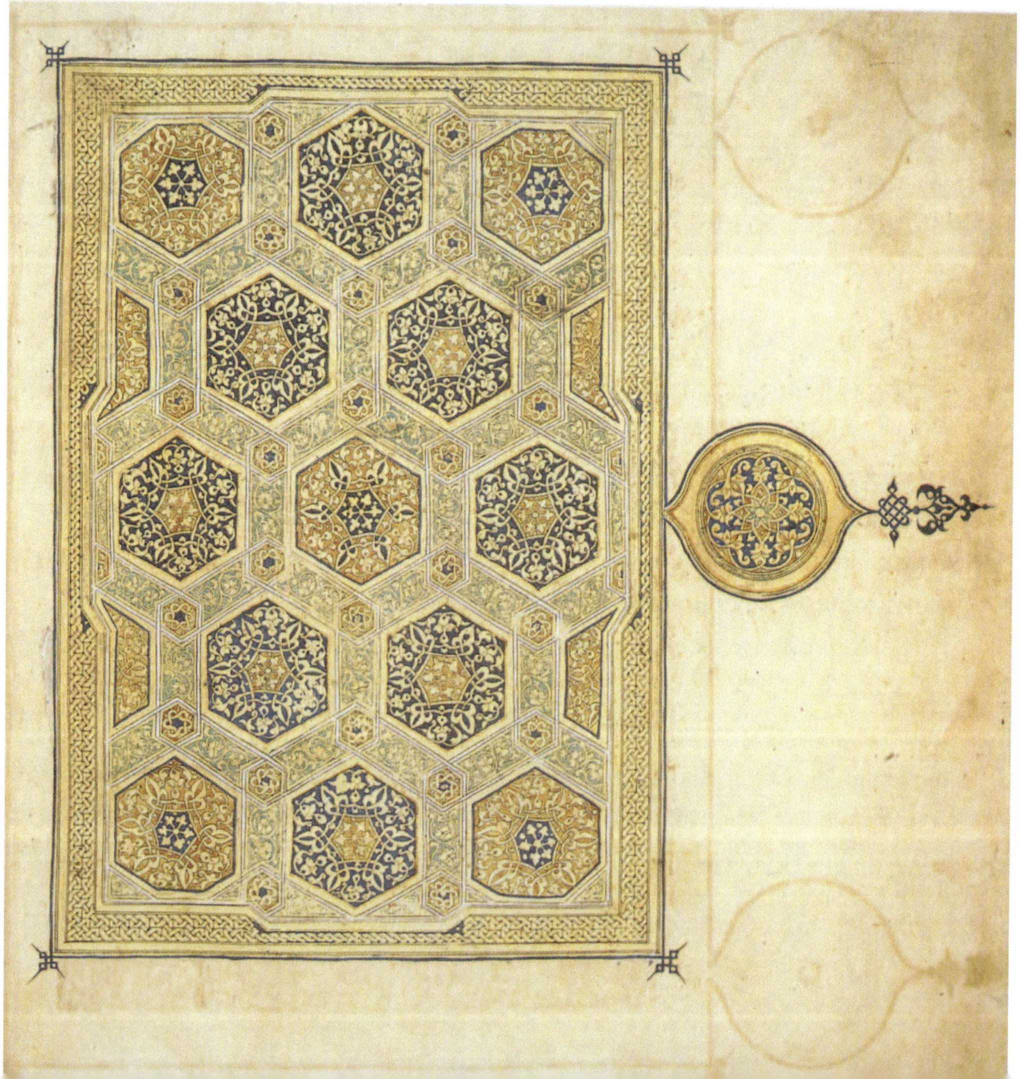

Abb. 3.27: Eine Kuppel in der Mezquita in Córdoba (oben links); ein Dach in der Madrasa am Cahar Bag in Isfahan (oben rechts).

Abb. 3.28: Hexagonale Gittermuster: Frontispiz des Koran (rechts) und hexagonales Muster. Symmetrisches Chaos (Seite 95).

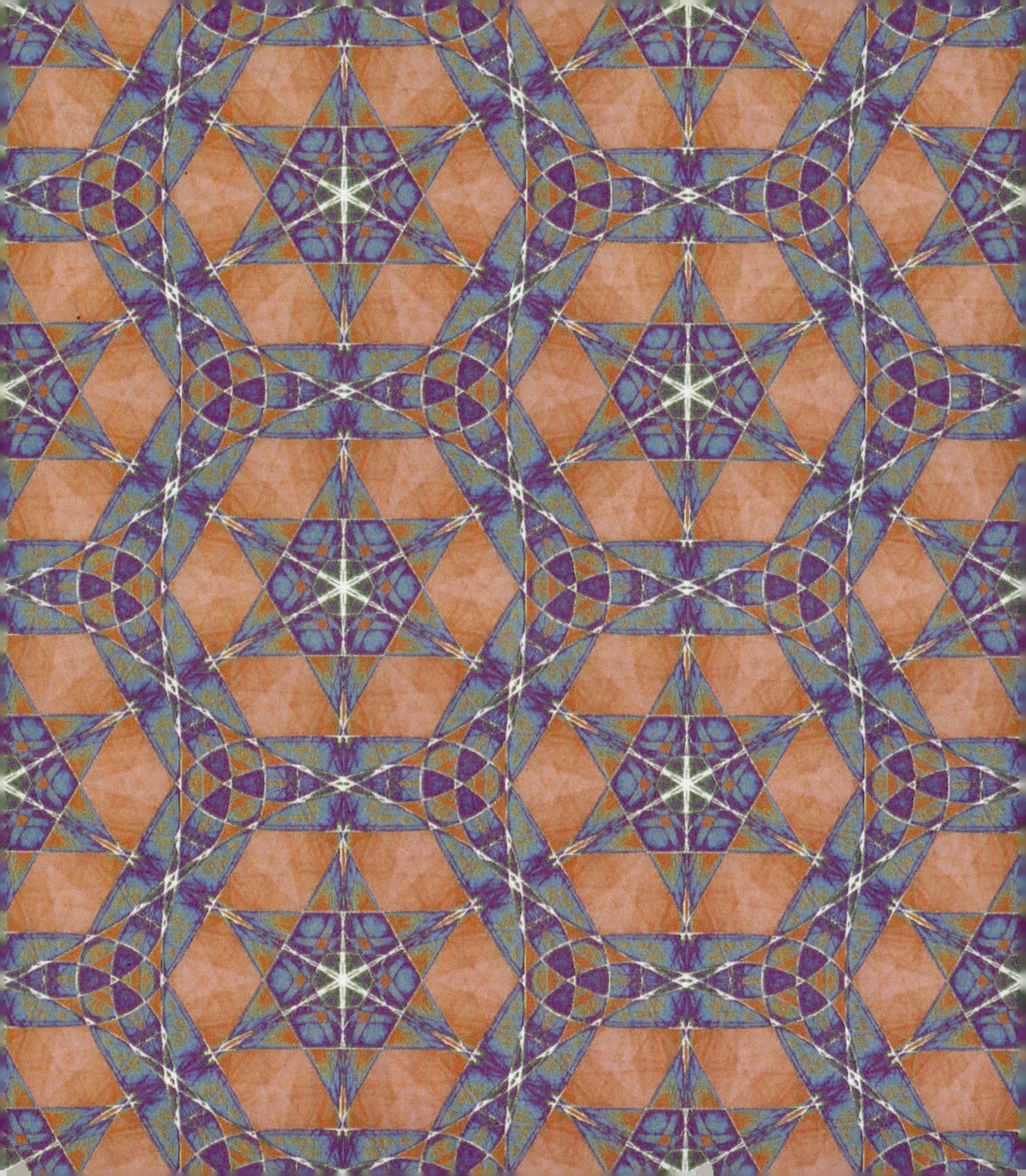

das eines der ersten und wohl einflußreichsten Bücher für Muster dieser Art war. In Abbildung 2.15 zeigen wir einen Teil der Deckendekoration des Felsendomes in Jerusalem. Sie ist ein wunderschönes Beispiel für miteinander verflochtene Muster auf einer quadratischen Pflasterung in der islamischen Kunst. In Abbildung 3.27 finden Sie eine Kuppel der Mezquita in Córdoba, die achtfache Symmetrie besitzt, sowie die Kuppel der Madrasa am Cahar Bag in Isfahan, die sechzehnfache Symmetrie besitzt.

Einige der schönsten Beispiele für die Verwendung von symmetrischen Mustern finden sich in den Dekorationen von Büchern, vor allem im Koran. In Abbildung 3.28 zeigen wir das Frontispiz des Korans, das 1310 von Alī ibn Muhammad ibn Zayd al-'Alavī al-Husaynī in Mosul gezeichnet wurde. Wir ergänzen dieses Bild mit einem chaotischen Design, das auf einem hexagonalen Gitter kreiert wurde (Abb. Seite 95).

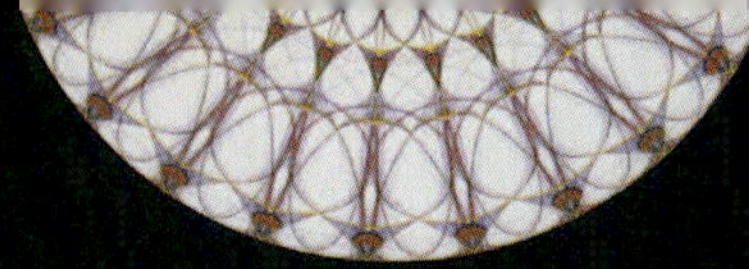

Kapitel 4

DIE ERZEUGUNG VON CHAOS UND SYMMETRIE

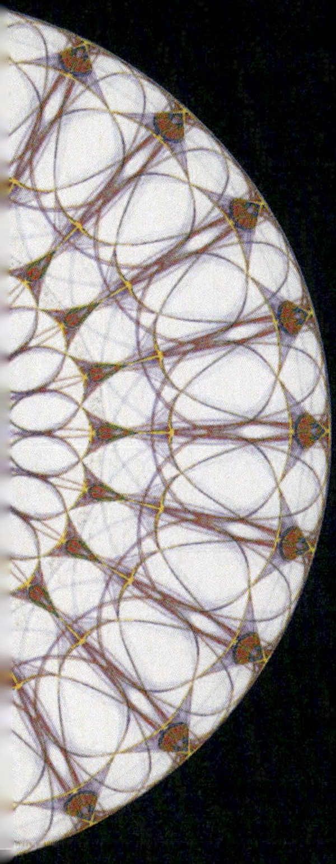

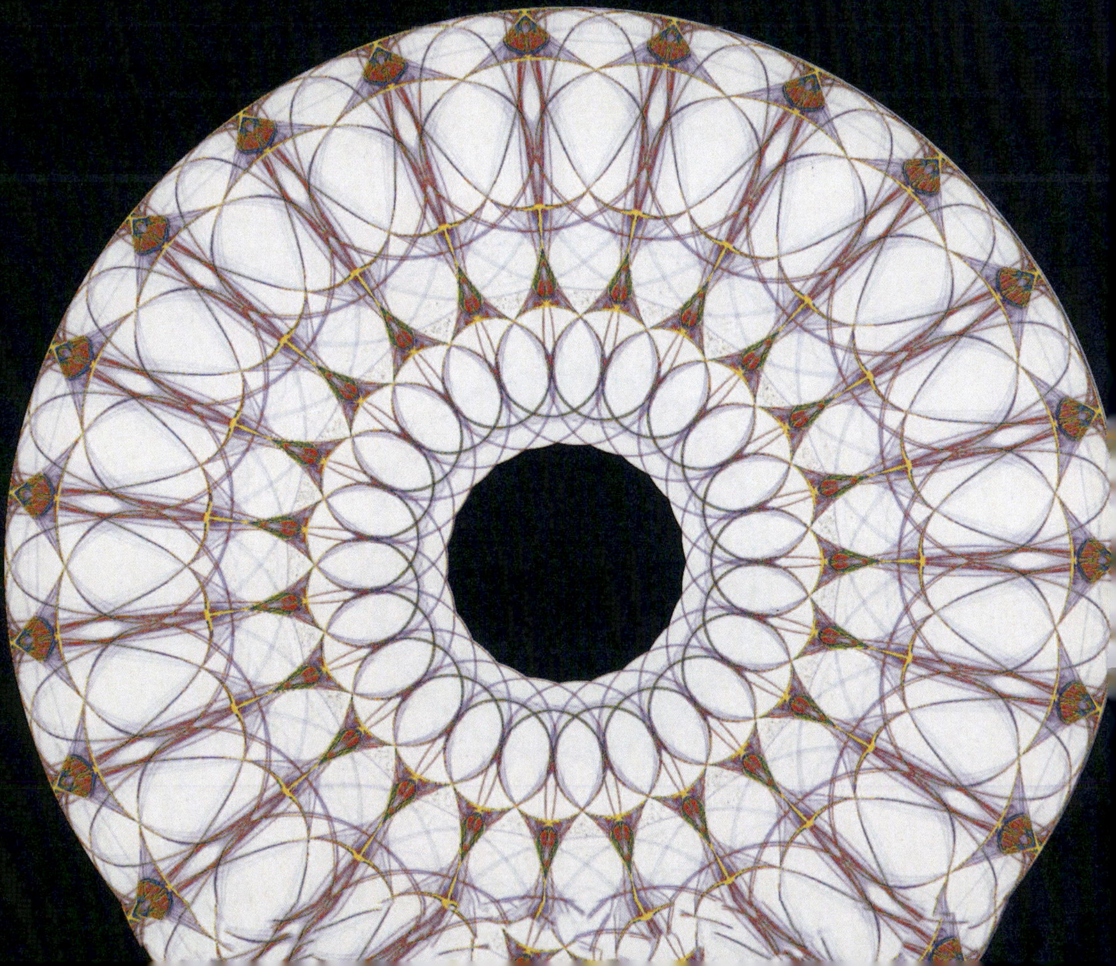

Die Stärke und der Nutzen der Mathematik wird vor allem in ihrer Verwendung zur Nachbildung von Naturphänomenen gesehen. Dies ist heute so wahr wie zu der Zeit, als Newton die Differential- und Integralrechnung für sein Gravitationsgesetz erfand und nutzte. Es gibt bei der Verwendung von mathematischen Modellen zwei grundlegende und oftmals widersprüchliche Bereiche. Zunächst versucht man, ein vollständiges Modell aufzustellen, das zu genauen Vorhersagen führt. Unser Modell vom Sonnensystem, das auf den Gesetzen Newtons basiert, ist von dieser Art. Jedoch reicht es gewöhnlich nicht aus, nur genaue Vorhersagen treffen zu können. In den meisten Fällen benötigen wir ein genaues Verständnis der durch die Mathematik modellierten Phänomene. Dies kann zum Beispiel in den Wirtschaftswissenschaften beobachtet werden. Trotz hochentwickelter Modelle besteht oft Uneinigkeit darüber, was zu tun ist, um ein gewünschtes Ergebnis zu erzielen. Daß die verfügbaren mathematischen Modelle entweder durch ungenügendes Wissen oder durch ungenügende Daten begrenzt werden, erschwert die Sache zusätzlich. Sowohl das Studium des Klimas als auch das der Wirtschaft leiden unter diesen Einschränkungen. Es ist sogar noch schlimmer: Selbst wenn man ein vollständiges mathematisches Modell besitzt, kann sich herausstellen, daß es mathematisch nicht durchführbar ist. Die Modelle, die wir für die Turbulenz besitzen, gehören in diese Kategorie.

Was machen wir in so einer Situation? Natürlich versuchen wir, Modelle zu entwickeln, die genaue Vorhersagen liefern. Obwohl es sogar noch in bezug auf das Sonnensystem und die Gravitation viele Probleme gibt, die wir nicht lösen können, besteht kein Zweifel daran, daß die Gesetze von Newton bei der Vorhersage von Gezeiten und Sonnenfinsternissen sowie bei der Berechnung von Satellitenbahnen von enormem Nutzen waren. In einigen Fällen besteht jedoch keine Hoffnung, genaue und richtige Modelle bilden zu können. Dort ist man dazu gezwungen, auf das Studium einfacher Modelle zu vertrauen, um wichtige Phänomene zu identifizieren und zu verstehen. Eines dieser Gebiete ist die Populationsdynamik, in der sich Langzeitvorhersagen als unzuverlässig erwiesen haben. Vereinfachte Modelle erwiesen sich dagegen als hilfreich. Ein allseits bekanntes Beispiel für ein Populationsmodell ist die logistische Abbildung. An ihr zeigt sich einerseits, warum die Dynamik der Population so schwer zu verstehen ist, und andrerseits, warum chaotische Dynamik so leicht erzeugt werden kann.

Wir beginnen unsere Behandlung des Chaos mit einer Beschreibung der logistischen Abbildung und zeigen, wie sie als Modell beim Studium der Populationsdynamik auftritt. Am Ende des Kapitels zeigen wir, wie eine mathematische Variante der logistischen Abbildung, die ungerade logistische Abbildung, das Phänomen der *Symmetrieerzeugung* illustriert, das den Hintergrund für die Bildung von symmetrischen Objekten bildet.

Die logistische Abbildung

Das Studium der chaotischen Dynamik wurde durch die Computerexperimente von Robert May und Mitchell Feigenbaum populär gemacht. Sie betrachteten eine Abbildung, die *logistische Abbildung* genannt wird. Die bemerkenswerte Eigenschaft der logistischen Abbildung ist der Gegensatz zwischen der Einfachheit ihrer Gestalt (sie ist eine polynomiale Abbildung vom Grad zwei) und der Komplexität ihrer Dynamik.

Die logistische Abbildung ist das einfachste Modell in der Populationsdynamik, das die Effekte von Geburts- und Todesraten nachbildet. Stellen Sie sich ein Experiment vor, bei dem jedes Jahr die Population von Kaninchen in einem abgeschlossenen Gebiet von Südaustralien gemessen wird. Das Hauptproblem in der Populationsdynamik besteht darin, ein Modell zu finden, das die Zukunft der Kaninchenpopulation genau vorhersagt, wenn die gegenwärtige Kaninchenpopulation bekannt ist. Diese scheinbar unschuldige Frage ist tatsächlich viel zu schwierig, um bei dem gegenwärtigen Wissensstand beantwortet werden zu können. Eine bescheidene Näherung besteht darin, ein Modell der Kaninchenpopulation zu konstruieren, das einige Einsichten in das tatsächliche Geschehen liefert. Wir versuchen also, Modelle zu bilden, die Einblicke in den Ablauf der Populationsdynamik gestatten. Es stellt sich dabei heraus, daß von allen Modellen, die den Mechanismus von Geburt und Tod nachbilden, die logistische Abbildung das einfachste ist, das wir konstruieren können. Trotz des rudimentären Charakters des Modells zeigt die logistische Abbildung eine erstaunliche Vielfalt von komplexem dynamischem Verhalten. Die Einfachheit dieses Modells liefert einen schlagenden Beweis dafür, daß die tatsächliche Dynamik von Kaninchenpopulationen, wie immer sie auch aussehen mag, wahrscheinlich mindestens so komplex ist wie die der logistischen Abbildung.

Zum gegenwärtigen Zeitpunkt ist es hilfreich, zur Beschreibung der zukünftigen Population von Kaninchen eine ökonomischere Notation einzuführen. Dabei sei p_n die Kaninchenpopulation nach n Jahren, insbesondere ist also p_0 die gegenwärtige Population. Zunächst entscheiden wir, welche Faktoren p_n beeinflussen könnten. Als erstes treffen wir die vernünftige Annahme, daß die Population eines Jahres nur von der des vorhergehenden Jahres abhängt: In Symbolen ausgedrückt bedeutet dies, daß es eine Vorschrift g gibt mit

$$p_{n+1} = g(p_n).$$

Wir haben also eine Formel “g”, die uns die Kaninchenpopulation nach $n + 1$ Jahren durch die Population nach n Jahren ausdrückt. Als nächstes überlegen wir, welche Gestalt die Vorschrift g haben sollte. Eine natürliche Annahme ist, daß die Vorschrift nur von den Geburts- und Todesraten der Kaninchenpopulation abhängt. Überdies sollten wir annehmen, daß die Geburts- und Todesraten nicht vom betreffenden Jahr abhängen (obwohl wir die Möglichkeit zulassen, daß sie von der Größe der Population abhängen).

Um schließlich g zu bestimmen, müssen wir festlegen, wie die Geburts- und Todesraten in die Formel einfließen.

Wenn es keine Toten gibt und die Geburtsrate konstant und gleich b ist, ist die einfachste Abhängigkeit der Kaninchenpopulation von der Geburtsrate von der Gestalt

$$p_{n+1} = p_n + bp_n.$$

Diese Formel besagt, daß die Kaninchenpopulation nach $n+1$ Jahren die Summe der Kaninchenpopulation nach n Jahren (p_n) und der Anzahl der im Jahr n geborenen neuen Kaninchen (bp_n) ist. Ist zum Beispiel $b = 1$, was für Kaninchen eine ziemlich niedrige Geburtsrate darstellt, erhalten wir

$$p_{n+1} = p_n + p_n = 2p_n,$$

und das Modell für die Kaninchenpopulation würde der Verdoppelungsregel aus Kapitel 1 gehorchen. Ist die Geburtsrate größer als null, ist es leicht zu sehen, daß die Population in diesem Modell unbeschränkt wächst. Dies führt zu der absurden Folgerung, daß die Kaninchenpopulation nach einigen Jahren das Gebiet von Südaustralien mehrere Meter hoch bedecken würde.

Jedes vernünftige Modell muß folglich einen Mechanismus für den Tod beinhalten, wenn man voraussetzt, daß die Kaninchenpopulation beschränkt bleibt. Eine Möglichkeit, den Tod in unser Modell einzubauen, besteht in der Annahme, daß jedes Jahr ein konstanter Anteil der Population stirbt und neue Kaninchen nur von dem überlebenden Teil geboren werden. Besteht zum Beispiel die Population zu Beginn des Jahres aus N Kaninchen, könnten wir annehmen, daß während des Jahres sN Kaninchen überleben und sich vermehren und der Rest stirbt (s wäre die *Überlebensrate*). Folglich gäbe es dann am Ende des Jahres $(1+b)sN$ Kaninchen und wir erhalten das Modell

$$p_{n+1} = (1+b)sp_n.$$

Unglücklicherweise besitzt dieses Modell den gleichen Mangel wie das vorhergehende. Wenn die *Wachstumsrate* $(1+b)s$ größer als eins ist, wächst die Population immer noch unbeschränkt. Allerdings besitzt das Modell auch eine neue Eigenschaft. Ist die Überlebensrate so klein, daß die Wachstumsrate kleiner als eins ist, dann sagt das Modell vorher, daß schließlich alle Kaninchen sterben werden (vergleichen Sie mit der Halbierungsabbildung aus Kapitel 1). Ist die Wachstumsrate genau gleich eins, was jedoch unwahrscheinlich ist, bleibt die Population für alle Zeiten konstant. Da Kaninchen überlebensfähig sind, obwohl ihre Anzahl nicht unbeschränkt zunimmt, ist unser Modell unrealistisch und kann nicht korrekt sein.

Vom mathematischen Gesichtspunkt aus liegt die Schwierigkeit bei beiden Modellen in der Tatsache, daß sie *linear* sind: Die Population des nächsten Jahres ist eine *Konstante* mal der Population dieses Jahres (obwohl die genaue Interpretation der Konstanten in beiden Modellen unterschiedlich ist). Lineare Modelle führen naturgemäß entweder zu exponentiellem Wachstum oder zu exponentieller Verkleinerung. Keins von beiden ist eine zufriedenstellende Schlußfolgerung. Es folgt, daß ein Modell nicht linear sein kann, wenn es realistische Vorhersagen über die Größe einer Population liefern soll, die weder unbeschränkt wächst noch ausstirbt.

Unter dem Aspekt der Modellbildung kann man der Schwierigkeit eines unbeschränkten Wachstums der Population begegnen, indem man annimmt, daß es eine maximale Anzahl P von Kaninchen gibt, die sich auf dem Land ernähren kann. Die Konstante P hängt von Gegebenheiten wie der Verfügbarkeit von Nahrung oder der Existenz von Feinden ab. In einem solchen Modell nimmt man vernünftigerweise an, daß die Überlebensrate proportional ist zum Abstand der Population zu P. Wir können mit anderen Worten konstatieren: Wenn die Population am Anfang des Jahres N ist, ist die Überlebensrate $s'(P - N)$, und daher würden $s'(P - N)N$ Kaninchen das Jahr überleben und sich vermehren. Wir nehmen hierbei an, daß s' eine Konstante ist, die nicht von der Größe der Population oder vom Jahr abhängt. Dies führt zu dem neuen Modell

$$p_{n+1} = (1 + b)\,[s'(P - p_n)]p_n.$$

Schließlich können wir diese Formel vereinfachen, indem wir $x_n = p_n/P$ und $\lambda = (1{+}b)s'P^2$ setzen. x_n bezeichnet das Verhältnis der Population im Jahr n zur maximalen Population und wird relative Population genannt. Da es die tatsächliche Population geteilt durch die maximal mögliche Population darstellt, ist es eine Zahl zwischen 0 und 1. Unter Verwendung von x_n und λx_n vereinfacht sich dieses Modell zu

$$x_{n+1} = g(x_n) \equiv \lambda x_n(1 - x_n).$$

g wird *logistische Abbildung* genannt und λ die *effektive Wachstumsrate*. Überdies gibt es in diesem Modell eine natürliche Grenze für die Größe von λ. Da wir die relative Population eines Jahres erhalten, indem wir die Abbildung g auf die Population des vorhergehenden Jahres anwenden, müssen wir annehmen, daß die Anwendung von g auf eine Zahl zwischen 0 und 1 wieder zu einer Zahl zwischen 0 und 1 führt. Damit diese Formel also ein sinnvolles Modell für das Wachstum einer Population liefert, kann die Abbildung g für $0 \leq x_n \leq 1$ nie einen Wert größer als eins annehmen. Da der maximale Wert von g gleich $g(\frac{1}{2}) = \frac{1}{4}\lambda$ ist, müssen wir annehmen, daß $0 \leq \lambda \leq 4$ gilt. Beachten Sie, daß die Abbildung g wie versprochen nicht linear ist, denn in ihrer Definition gibt es den quadratischen Term x_n^2. Darüber hinaus besitzt die Abbildung g die einfachst mögliche Gestalt für eine Abbildung, die nicht linear ist.

Die periodenverdoppelnde Kaskade

Sowohl May als auch Feigenbaum erforschten, wie sich die logistische Abbildung verändert, wenn die effektive Wachstumsrate variiert wird. Wir erläutern hier einige ihrer Ergebnisse. Nehmen Sie an, daß $\lambda < 1$ ist. Da $1 - x_n$ immer kleiner oder gleich 1 ist, erhalten wir in diesem Fall

$$x_{n+1} = \lambda x_n(1 - x_n) \leq \lambda x_n < x_n.$$

Daher nimmt die Größe der Population immer ab und wird wie im vorhergehenden Modell bei wachsendem n zu null, die Kaninchen sterben aus.

Nehmen Sie als nächstes an, die effektive Wachstumsrate λ ist größer als 1. Dann gibt es eine kritische relative Population x^*, die jedes Jahr konstant bleibt. Genauer gesagt: Wenden wir g auf den Punkt x^* an, erhalten wir wieder x^*. Sollte daher x_n jemals diesen kritischen Wert x^* annehmen, sagt das Modell g voraus, daß die Population nach dem $n$ten Jahr in jedem Jahr ihre Größe beibehalten würde. Der Wert x^* heißt *Fixpunkt* der Abbildung g. Es ist verhältnismäßig einfach zu zeigen, daß die logistische Abbildung genau einen Fixpunkt $x^* = 1 - 1 / \lambda$ besitzt, der ungleich null ist. Liegt λ zwischen 1 und 3, ist dieser Fixpunkt anziehend in dem Sinn, daß sich die Population immer x^* nähert, wenn wir n vergrößern (es sei denn, wir beginnen mit null oder eins). In diesem Sinn verhält sich diese Abbildung wie die Halbierungsabbildung aus Kapitel 1, die die Null als anziehenden Fixpunkt besitzt.

Bis hierhin haben wir festgestellt, daß die Population ausgelöscht wird, wenn $\lambda < 1$ ist, und sich mit der Zeit bei x^* stabilisiert, wenn λ zwischen 1 und 3 liegt. Es ist einfach, sich noch andere Möglichkeiten vorzustellen. Nehmen Sie zum Beispiel an, wir können einen Punkt x_1^* finden mit

$$x_2^* = g(x_1^*) \neq x_1^*$$

(x_1^* ist kein Fixpunkt von g) und

$$g(x_2^*) = x_1^*.$$

Ist x_1^* die Anfangspopulation, dann wiederholt sich diese relative Population jedes zweite Jahr. Wir nennen x_1^* einen Punkt mit der *Periode zwei* für g. x_2^* besitzt ebenfalls die Periode zwei, und tatsächlich treten die Punkte mit der Periode zwei immer paarweise auf. Die Vorstellung, daß die Größe der Population von Jahr zu Jahr alterniert, ist nicht unvernünftig. Wenn wir mit einer großen Population beginnen, sind die Nahrungsmittel knapp, und wir können mit einer großen Zahl von Toten rechnen, was zu einer kleinen Population führt. Haben wir andererseits eine kleine Population, gibt es Nahrung im Überfluß, und wir können ein explosives Wachstum der Population erwarten. Unter den richtigen Voraussetzungen ist die Annahme vernünftig, daß die relative Population *ad infinitum* zwischen kleiner Population und großer Population alterniert. Lassen Sie uns mit diesem Gedanken im Hinterkopf zur logistischen Abbildung zurückkehren und untersuchen, was passiert, wenn wir λ weiter vergrößern.

Wenn λ größer als 3 wird, wird ein Paar von Punkten mit der Periode zwei erzeugt. Darüber hinaus nähert sich für fast alle Anfangspopulationen von Kaninchen die Population x_n im Laufe der Jahre dem Paar von Punkten mit der Periode zwei. In aufeinanderfolgenden Jahren ist die Kaninchenpopulation einmal groß und einmal klein. Dieser Wechsel im dynamischen Verhalten wird eine *periodenverdoppelnde* Bifurkation genannt.

Die periodenverdoppelnde Bifurkation ist interessant, ihre Bedeutung verblaßt jedoch gegenüber der nun folgenden periodenverdoppelnden *Kaskade*. Wenn λ weiter vergrößert wird, verdoppelt sich der Punkt mit der Periode zwei zu einem Punkt mit der Periode vier. Dies bedeutet, daß sich die Kaninchenpopulation alle vier Jahre wiederholt. Danach tritt eine Periodenverdoppelung zur Periode acht auf, dann zur Periode sechzehn usw. Es ist erstaunlich, daß ein so elementares Modell wie die logistische Abbildung tatsächlich die Möglichkeit von komplizierter periodischer Dynamik vorhersagt. Unter diesem Gesichtspunkt sollten die vierzehnjährigen Zyklen der Wanderheuschrecken vielleicht nicht als so ein außergewöhnliches Phänomen angesehen werden.

Wenn λ den Wert $\lambda_C = 3,53\ldots$ erreicht, treten in der Dynamik von g periodische Punkte mit beliebig großer Periode auf, und chaotische Dynamik stellt sich ein. Dieses Bifurkationsszenario wird durch das mittlerweile berühmt gewordene Bifurkationsdiagramm festgehalten (Abb. 4.1). In diesem Diagramm zeigt die horizontale Achse den Parameter λ und die vertikale Achse die Population x. Für jeden Wert des Parameters werden die anziehenden Mengen gezeigt – zunächst der Fixpunkt, dann die Punkte mit der Periode zwei, dann die mit der Periode vier usw.

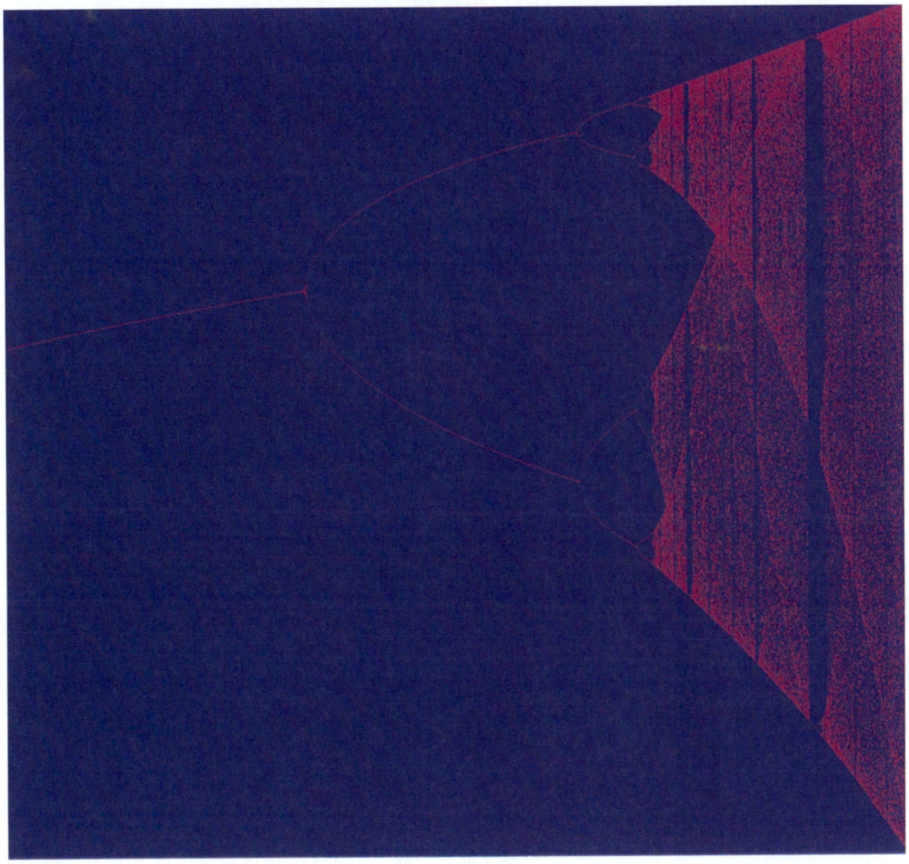

Abb. 4.1: Die periodenverdoppelnde Kaskade bei der logistischen Abbildung.

Weil wir ein ähnliches Bifurkationsdiagramm für symmetrische Abbildungen beschreiben wollen, stellen wir zunächst dar, wie Abbildung 4.1 erzeugt wird. Die Prozedur besteht aus den folgenden fünf Schritten:

1. Wählen Sie einen Wert für $\lambda > 1$ und einen Wert für x zwischen 0 und 1.
2. Um den vorübergehenden Teil der Dynamik zu berechnen, iterieren Sie die logistische Abbildung g einhundertmal, wobei Sie mit x beginnen.
3. Zeichnen Sie die nächsten 200 Iterierten von x auf der vertikalen Geraden durch den Wert von λ ein.
4. Vergrößern Sie den Wert von λ etwas, sagen wir um 0,05.
5. Steigen Sie mit dem gegenwärtigen Wert von x wieder bei Schritt 2 ein.

Auf diese Weise sehen wir, daß sich der Fixpunkt in einen Punkt mit der Periode zwei wandelt, wenn wir λ vergrößern, dann in einen Punkt mit der Periode vier usw.

Es gibt hierbei zwei wichtige Punkte. Der erste ist die Entdeckung der Periodenverdoppelung und der periodenverdoppelnden Kaskade in dieser einfachen logistischen Abbildung. Die Folge dieser Kaskade ist, daß eine kleine Änderung an einem einzigen Parameter wie der effektiven Wachstumsrate λ große Veränderungen in der beobachteten Dynamik hervorrufen kann. Der zweite Punkt ist die Feststellung, daß die hier in der logistischen Abbildung beobachtete Art von komplizierter Dynamik für eine große Klasse von Abbildungen typisch ist.

Für die meisten Forscher war es eine große Überraschung, als Robert May 1976 zeigte, daß sogar solch einfache mathematische Modelle wie die logistische Abbildung derart komplizierte oder chaotische Dynamik vorhersagen können. Es hat eine Weile gedauert, bis man realisiert hat, daß die chaotische Dynamik eher die Regel als die Ausnahme sein könnte.

Mitchell Feigenbaum machte 1978 eine weitere bemerkenswerte Entdeckung über die logistische Abbildung und andere derartige Abbildungen: Es gibt eine universelle Konstante in der Mathematik, verwandt mit π oder e, die den periodenverdoppelnden Kaskaden zugeordnet werden kann. Diese Konstante kann sogar experimentell bestimmt werden. Feigenbaums Beitrag war die Beobachtung, daß man für jede periodenverdoppelnde Kaskade folgendermaßen eine Zahl berechnen kann: Nehmen Sie an, daß man die periodenverdoppelnde Kaskade wie bei der logistischen Abbildung durch Variation eines Parameters λ finden kann. Sei λ_m der Wert des Parameters, bei dem die $m$te Periodenverdoppelung auftritt. Dann strebt das Verhältnis

$$\frac{\lambda_m - \lambda_{m-1}}{\lambda_{m+1} - \lambda_m}$$

mit wachsendem m gegen eine Konstante. Diese Konstante wird heute *Feigenbaum-Konstante* genannt. Von Bedeutung ist, daß es eine große Klasse von Abbildungen gibt, die die logistische Abbildung einschließt, für die diese Zahl die selbe ist. Diese Zahl ist $4,6692016\ldots$ Diese Entdeckung kam so überraschend, daß die Ideen von Feigenbaum anfangs nur widerstrebend akzeptiert wurden.

Symmetrische Abbildungen der Geraden

Wie wir am Anfang dieses Kapitels erwähnt haben, liegt die Bedeutung der mathematischen Modellbildung unter anderem darin, neue Phänomene zu identifizieren und zu illustrieren. Unter diesem Aspekt war das Studium der logistischen Abbildung ein großer Erfolg. Die Untersuchung dieser grundlegenden Abbildung hat zu einem besseren Verständnis der Periodenverdoppelung und der Rolle der periodenverdoppelnden Kaskade, die zur Existenz von chaotischer Dynamik führt, beigetragen. Sie hat auch gezeigt, warum es keine Überraschung ist, daß die Dynamik von realen Populationen außerordentlich kompliziert ist.

Wir wollen nun herausfinden, wie Symmetrie und chaotische Dynamik zusammen existieren. Da die logistische Abbildung eine besonders einfache Form besitzt und dennoch chaotische Dynamik hervorbringt, macht es Sinn, sie so abzuändern, daß sie auch symmetrisch ist. Wir beginnen diesen Prozeß der Abänderung mit einer Diskussion über die Symmetrie auf der Geraden.

Die Gerade besitzt nur eine nichttriviale Symmetrie, die den Ursprung fest läßt, nämlich die Spiegelung am Ursprung:

$$Rx = -x.$$

Was bedeutet es für eine *Abbildung*, symmetrisch bezüglich R zu sein? Nehmen Sie an, F sei eine Abbildung auf der Geraden. Dies bedeutet, daß F jeder Zahl x eine neue Zahl zuordnet, die wir mit $F(x)$ bezeichnen. Damit F symmetrisch ist, verlangen wir, daß jedem Paar x und Rx von symmetrisch plazierten Punkten durch F wieder ein Paar von symmetrisch plazierten Punkten $F(x)$ und $F(Rx)$ zugeordnet wird. Dies bedeutet, daß

$$F(Rx) = RF(x)$$

sein soll. Da $Rx = -x$, sehen wir, daß diese Bedingung nichts anderes verlangt als

$$F(-x) = -F(x).$$

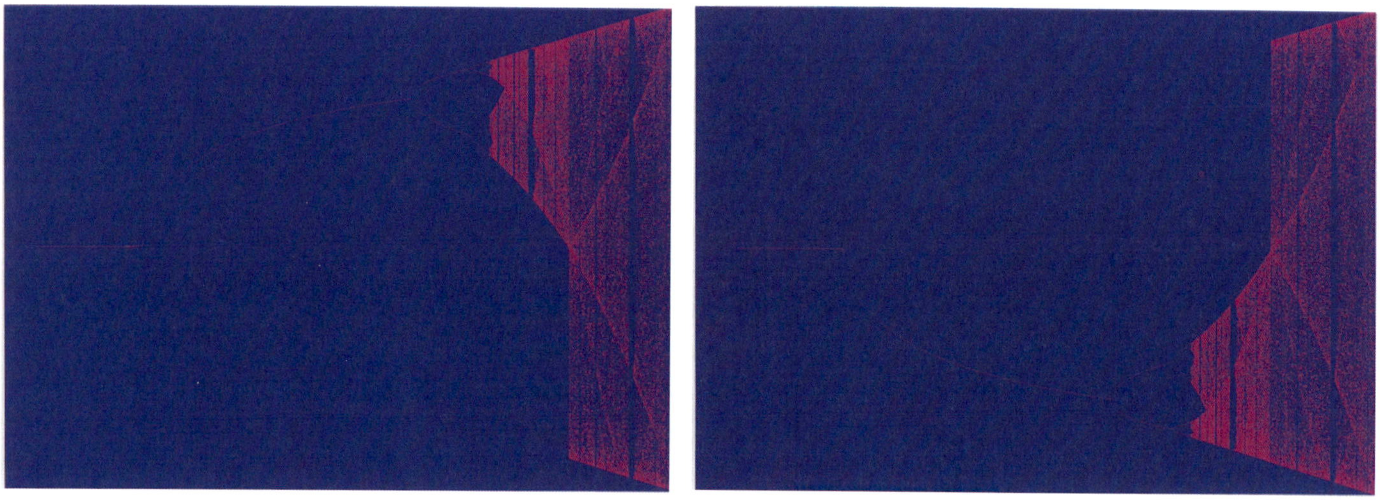

(a) (b)

Abb. 4.2: Symmetrieerzeugung bei der ungeraden logistischen Abbildung. Positive (a) und negative (b) Anfangsbedingung.

Also ist F symmetrisch bezüglich R, falls sie eine *ungerade* Funktion ist. Es ist einfach zu überprüfen, daß ein Polynom $F(x)$ genau dann ungerade ist, wenn alle Monome, die in der Formel für F auftreten, einen ungeraden Grad besitzen. Ist zum Beispiel $F(x) = x+x^2$, so ist F nicht ungerade, $F(x) = x+x^3$ dagegen ist ungerade. Insbesondere ist die logistische Abbildung

$$g(x) = \lambda x - \lambda x^2$$

wegen des Terms x^2 nicht ungerade.

Als nächstes ändern wir die logistische Abbildung so ab, daß sie eine ungerade Funktion wird. Wir setzen

$$g_o(x) \equiv \lambda x(1-x^2) = \lambda x - \lambda x^3.$$

Wir nennen g_o die *ungerade logistische Abbildung*. Im Gegensatz zur logistischen Abbildung besitzt unsere neue Abbildung keine offensichtliche Interpretation als Modell für die Dynamik einer Population. Wenn jedoch in der Dynamik von symmetrischen Abbildungen neue Phänomene auftreten, können wir trotzdem hoffen, daß diese Phänomene sichtbar werden, wenn wir die Dynamik der ungeraden logistischen Abbildung untersuchen.

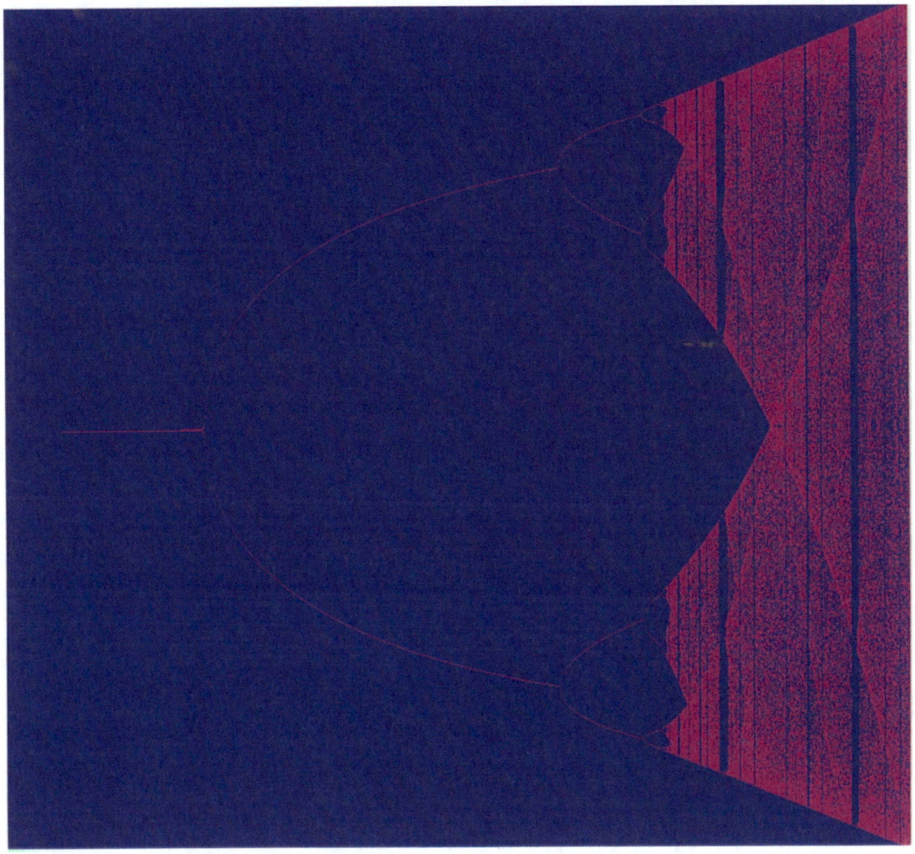

Abb. 4.3: Konjugierte Attraktoren bei der ungeraden logistischen Abbildung.

Die Erzeugung von Symmetrie

Der erste Schritt bei der Untersuchung der Dynamik der ungeraden logistischen Abbildung besteht in der Erzeugung eines Bifurkationsdiagramms mit Hilfe eines Computers. Wir stellen fest, daß das Bifurkationsdiagramm der ungeraden logistischen Abbildung viele Gemeinsamkeiten mit dem der logistischen Abbildung besitzt. Insbesondere finden wir heraus, daß die ungerade logistische Abbildung eine periodenverdoppelnde Kaskade besitzt. Aus Gründen der Symmetrie muß sie allerdings zwei Kaskaden besitzen: Die eine entspricht der Wahl eines positiven Anfangswertes x beim Iterationsprozeß (Abb. 4.2a), die andere der Wahl eines negativen Anfangswertes x (Abb. 4.2b). In Abbildung 4.3 wird die Überlagerung der beiden Bifurkationsdiagramme aus Abbildung 4.2 dargestellt.

Wenn wir λ vergrößern, vermischen sich die beiden chaotischen Attraktoren, die von den periodenverdoppelnden Kaskaden hervorgebracht wurden, und bilden einen Attraktor mit mehr Symmetrie. Der Wert von λ, bei dem diese Vermischung stattfindet, ist $\lambda_C = \frac{3}{2}\sqrt{3}$. Unterhalb von λ_C führen die Anfangsbedingungen zu Attraktoren, deren Punkte entweder alle positiv oder alle negativ sind. Oberhalb von λ_C sind die chaotischen Attraktoren symmetrisch bezüglich des Ursprungs. In Abbildung 4.2 ist das Bifurkationsdiagramm dargestellt. Es zeigt diese Erzeugung der Symmetrie für die ungerade logistische Abbildung. Das Diagramm wurde auf die gleiche Art erhalten wie das aus Abbildung 4.1, jedoch wurde die logistische Abbildung durch die ungerade logistische Abbildung ersetzt. Die ungerade logistische Abbildung ist das elementarste Beispiel für eine Bifurkation, die die Symmetrie vergrößert.

Chaotische Züge

Ingenieure haben seit Jahren gewußt, daß sich die Räder von Zügen chaotisch bewegen können. Die Räder sind so konstruiert, daß sie sich seitlich bewegen können. Diese seitliche Bewegungsmöglichkeit wird natürlich bei der Fahrt durch Kurven benötigt. Aber auch auf geraden Strecken ist sie wichtig, da die Schienen nicht immer genau in gerader Linie ausgerichtet sind. Es ist bekannt, daß eine chaotische Bewegung der Räder auftritt und daß diese chaotische Bewegung dem Komfort der Passagiere abträglich ist und zum Verschleiß der Räder beiträgt.

Kürzlich haben die drei dänischen Ingenieure Carsten Knudsen, Rasmas Feldberg und Hans True die seitliche Bewegung der Räder studiert und hierbei in einem Modell ein Moment der Erzeugung von Symmetrie festgehalten. Ihre Ergebnisse werden demnächst in den *Philosophical Transactions of the Royal Society of London* veröffentlicht. Wie alle Modelle von Rädern besitzt auch ihr Modell eine einzige Rechts-Links-Symmetrie. Es ist diese Symmetrie, die bei der Symmetrieerzeugung eine Rolle spielt.

Die Ingenieure haben herausgefunden, daß die seitliche Bewegung bei niedrigen Geschwindigkeiten um 40 km/h chaotisch – jedoch asymmetrisch – sein kann. Genauer gesagt, die seitliche Position der Räder ist relativ zu den Schienen entweder nach rechts oder nach links geneigt. Bei solchen Geschwindigkeiten haben kleine Unebenheiten in den Schienen die Tendenz, die Räder des Zuges in eine ausgewählte Richtung auszurichten. Diese Auswahl kann bewirken, daß sich eines der Räder, z.B. das linke, schneller als das rechte abnutzt. Der Unterschied im Durchmesser der Räder hat zur Folge, daß sie sich gegen die Seite mit dem ausgewählten Verschleiß neigen, in diesem Fall nach links, was den Verschleiß zusätzlich erhöht. Dies ist selbstverständlich eine instabile und unerwünschte Situation und macht deutlich, warum Eisenbahningenieure an asymmetrischer chaotischer Bewegung interessiert sein können.

Bei höheren Geschwindigkeiten um 50 oder 60 km/h sagt das Modell einen Übergang zu symmetrischer chaotischer Bewegung vorher. Dies erinnert an den Übergang von asymmetrischem zu symmetrischem Chaos in der ungeraden logistischen Abbildung. Kurios an dieser Entdeckung ist, daß die Räder häufiger repariert werden müssen, wenn die Züge *langsam* fahren. Wenn so ein Phänomen erst einmal erkannt ist, können die Räder natürlich so konstruiert werden, daß sie einer solchen Abnutzung entgegenwirken. Trotzdem ist es interessant, daß das Phänomen der Erzeugung von Symmetrie als entscheidender Faktor in praktischen Problemen des Ingenieurwesens auftreten kann.

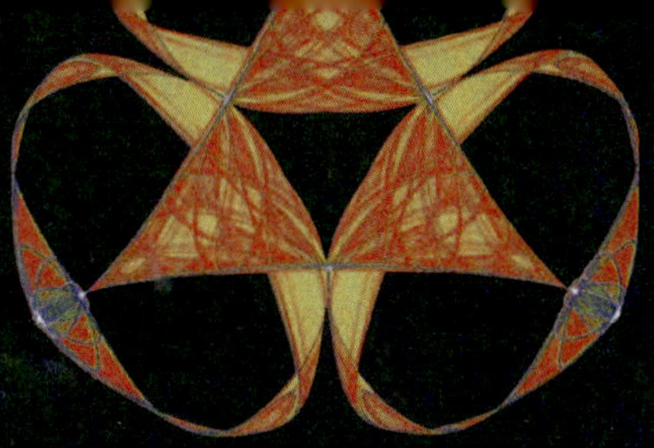

Kapitel 5

SYMMETRISCHE OBJEKTE

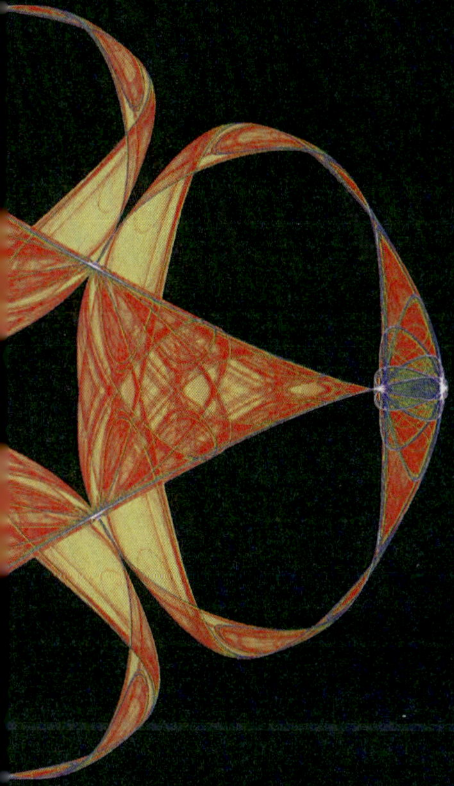

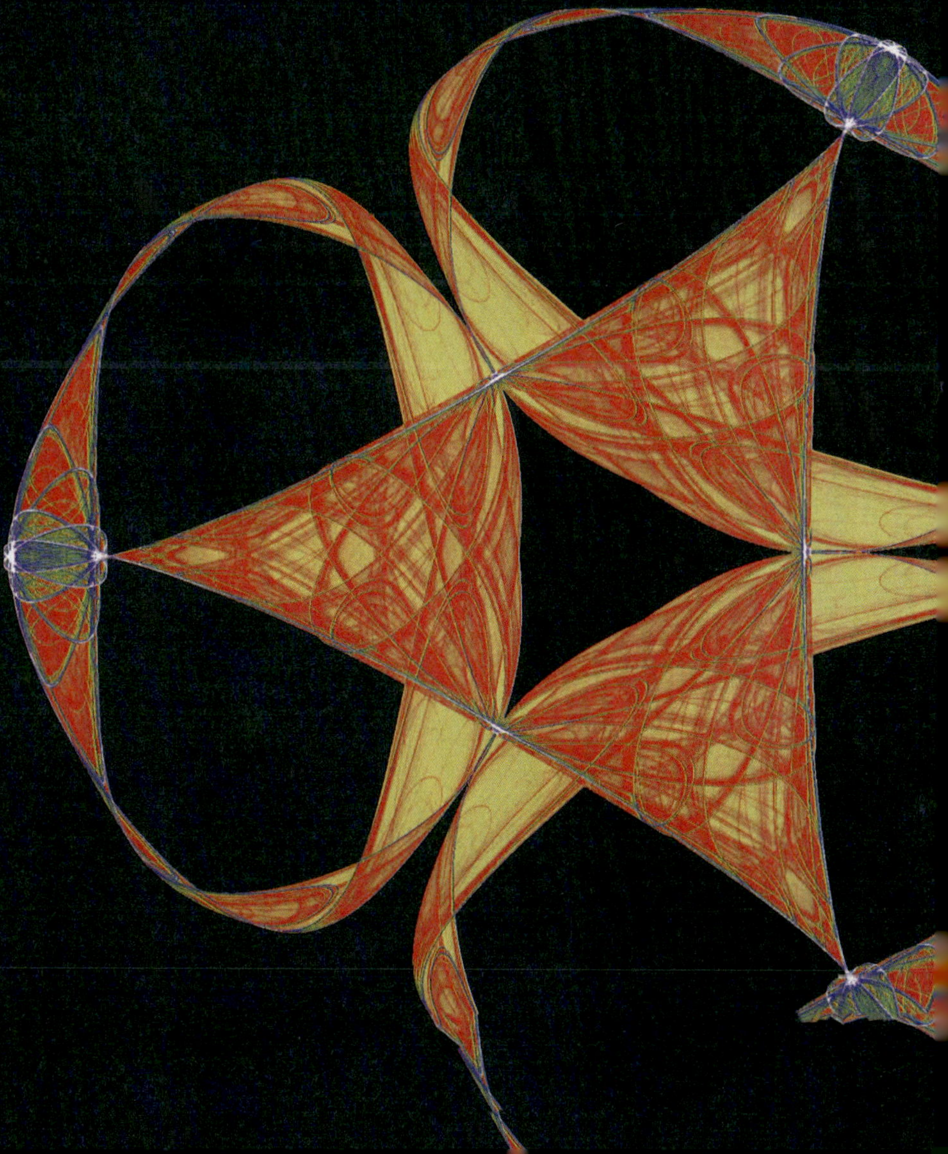

Wenn wir uns nun den symmetrischen Objekten zuwenden, werden wir Ihnen in einem ersten Schritt vorführen, daß die mathematischen Vorschriften, die wir zur Konstruktion von symmetrischen Objekten verwenden, eine *empfindliche Abhängigkeit von den Anfangsbedingungen* besitzen. Dies ist eine der charakteristischen Eigenschaften des Chaos. Für mathematisch Interessierte stellen wir anschließend mehr Details über die expliziten mathematischen Formeln bereit, die wir in diesem Buch zur Konstruktion von Objekten mit diedrischer Symmetrie in der Ebene verwendet haben. Diese Formeln können als zweidimensionale Version der logistischen Abbildung aufgefaßt werden und lassen sich bei der Verwendung von komplexen Zahlen sehr einfach beschreiben. Aus diesem Grund beinhaltet das Kapitel eine kurze Einführung in die Geschichte und die Eigenschaften der komplexen Zahlen. Abschließend wollen wir mit Hilfe eines Beispiels zeigen, wie bei Abbildungen der Ebene diedrische Symmetrie erzeugt werden kann.

Abbildungen mit diedrischer Symmetrie

Wie können wir den Begriff der Symmetrie, auf dem die ungerade logistische Abbildung basiert, auf Abbildungen der Ebene mit diedrischer Symmetrie erweitern, so daß wir schließlich die Formeln erhalten, die wir zur Konstruktion aller symmetrischen Objekte, die in diesem Buch abgebildet sind, verwendet haben?

Lassen Sie uns zunächst annehmen, wir haben eine gegebene Abbildung F der Ebene. Dies bedeutet, daß F jedem Punkt z der Ebene einen neuen Punkt der Ebene zuordnet, den wir mit $F(z)$ bezeichnen. Wie bei unserer Behandlung der ungeraden logistischen Abbildung können wir die Frage beantworten, was es für F bedeutet, $\mathbf{D}_n$-symmetrisch zu sein. Nehmen Sie an, S sei eine Symmetrie in $\mathbf{D}_n$. Wir fordern dann, daß den symmetrisch plazierten Punkten z und Sz durch F wieder symmetrisch plazierte Punkte zugeordnet werden. Genauer gesagt verlangen wir, daß für jede Symmetrie S aus $\mathbf{D}_n$ gilt:

$$F(Sz) = SF(z).$$

Ist F symmetrisch bezüglich $\mathbf{D}_n$, können wir $F(Sz)$ berechnen, wenn wir $F(z)$ kennen.

Weiter unten stellen wir explizite Formeln für symmetrische Abbildungen auf. Wir wollen sie jedoch noch eine Zeitlang versteckt halten und illustrieren statt dessen graphisch, wie wir die Symmetrie einer Abbildung ausnutzen können, um das Wahrzeichen des Chaos, nämlich die empfindliche Abhängigkeit von den Anfangsbedingungen, zeigen zu können.

Eine Illustration des Chaos

Wie wir im einführenden Abschnitt dargelegt haben, ist eines der wichtigsten Charakteristika der chaotischen Dynamik die empfindliche Abhängigkeit von den Anfangsbedingungen. Lassen Sie uns in Erinnerung rufen, was dies im Zusammenhang mit den symmetrischen Abbildungen der Ebene bedeutet. Nehmen Sie an, wir iterieren eine Abbildung ausgehend von einem Punkt z, der genügend nahe beim Ursprung liegt, und alle Iterierten bleiben innerhalb eines beschränkten Gebietes der Ebene. Diese Annahme ist für die Abbildungen gültig, die zur Konstruktion der in diesem Buch gezeigten symmetrischen Objekte verwendet wurden. Wählen Sie ferner zwei Anfangspunkte z_1 und z_2, die sehr nahe beieinander liegen. Unsere Abbildung besitzt dann eine empfindliche Abhängigkeit von den Anfangsbedingungen, wenn sich die entsprechenden Punkte in der Folge der Iterierten von z_1 und z_2 voneinander wegbewegen. Liegen zum Beispiel z_1 und z_2 im gleichen Pixel auf dem Bildschirm des Computers, würden wir verlangen, daß die entsprechenden Iterierten von z_1 und z_2 schließlich in unterschiedlichen Pixeln liegen (vgl. Kapitel 1). Wir können jedoch nicht davon ausgehen, daß diese Eigenschaft für jedes Paar von Punkten in einem Pixel gültig ist. Besteht aber empfindliche Abhängigkeit, können wir erwarten, daß dies für fast jedes Paar von Punkten gilt.

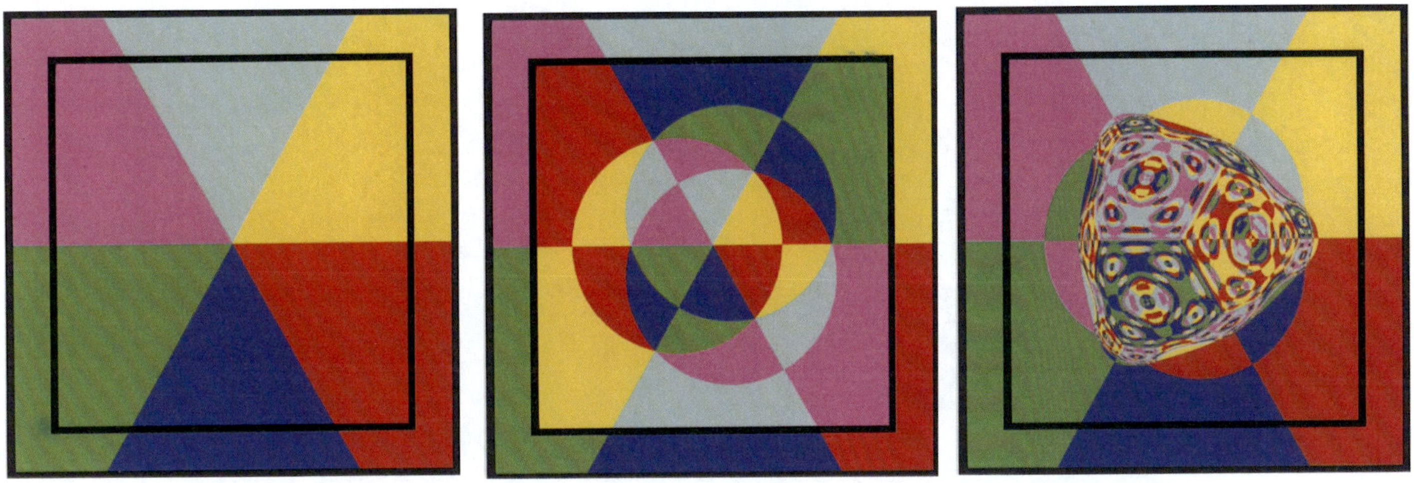

Die Verbindung von Symmetrie und Farbe gestattet uns, den Begriff der empfindlichen Abhängigkeit bildlich darzustellen. Um zu verstehen, wie dies möglich ist, beschränken wir uns auf Abbildungen mit den Symmetrien eines Dreiecks. Nehmen Sie an, f sei eine Abbildung der Ebene, die $\mathbf{D}_3$-symmetrisch ist. Dann muß jeder Punkt der Ebene, der auf einer Symmetrieachse von $\mathbf{D}_3$ liegt, auf dieselbe Symmetrieachse abgebildet werden. Um den Grund hierfür zu verstehen, halten wir zunächst fest, daß die drei Symmetrieachsen von $\mathbf{D}_3$ durch die drei Spiegelungen in $\mathbf{D}_3$ bestimmt werden. Sei S eine Spiegelungssymmetrie in $\mathbf{D}_3$. Dann besteht die S entsprechende Symmetrieachse L aus den Punkten der Ebene, die von S festgelassen werden, also aus allen Punkten z mit $Sz = z$.

Nehmen Sie nun an, z sei ein Punkt auf der Symmetrieachse, die durch die Spiegelung S bestimmt wird. Da F symmetrisch bezüglich $\mathbf{D}_3$ ist, muß $F(Sz) = SF(z)$ gelten. z liegt jedoch auf der durch S bestimmten Symmetrieachse, und daher gilt $Sz = z$. Folglich ist $F(z) = F(Sz) = SF(z)$ und $F(z)$ wird von S festgelassen. Deshalb liegt $F(z)$ auf der durch S bestimmten Symmetrieachse.

Mit Hilfe der drei Symmetrieachsen von $\mathbf{D}_3$ können wir die Ebene in sechs keilförmige Bereiche einteilen. Jedem dieser Keile ordnen wir eine

Abb. 5.1: Die Abschnitte zwischen den Symmetrieachsen werden mit Farben kodiert (links).

Abb. 5.2: Die Farben nach der ersten Iteration (Mitte).

Abb. 5.3: Die Farben nach der vierten Iteration (rechts).

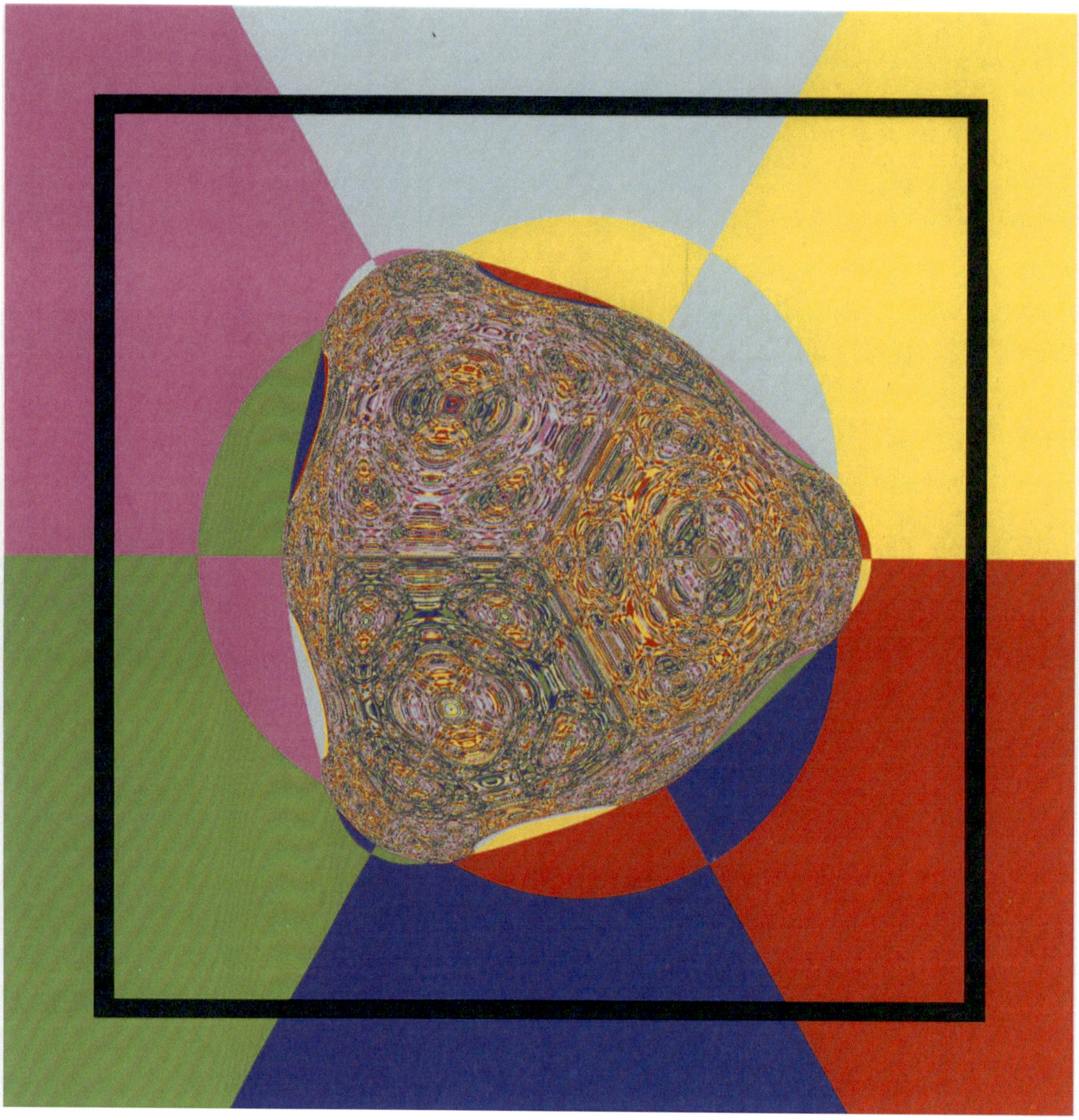

Abb. 5.4: Die Farben nach der achten Iteration.

Farbe zu. Wir beziehen uns auf Abbildung 5.1, wo wir ein Bild eines Computerbildschirms zeigen, auf dem die gefärbten Keile erscheinen. In der Mitte des Bildschirms haben wir mit einem schwarzen Rand einen quadratischen Bereich markiert.

In jedem Pixel, das innerhalb des quadratischen Bereiches liegt, wählen wir einen Punkt z aus. Dann färben wir dieses Pixel mit der Farbe des Keils, in dem $F(z)$ liegt. In dieser Konstruktion liegt eine Doppeldeutigkeit, die wir hier nur kurz erwähnen möchten. Das Phänomen von der empfindlichen Abhängigkeit von den Anfangsbedingungen führt zu der Möglichkeit, daß zwei Punkte, die innerhalb desselben Pixels liegen, bei der Iteration durch F in zwei verschiedenen Keilen landen können. In unserem Fall ha-

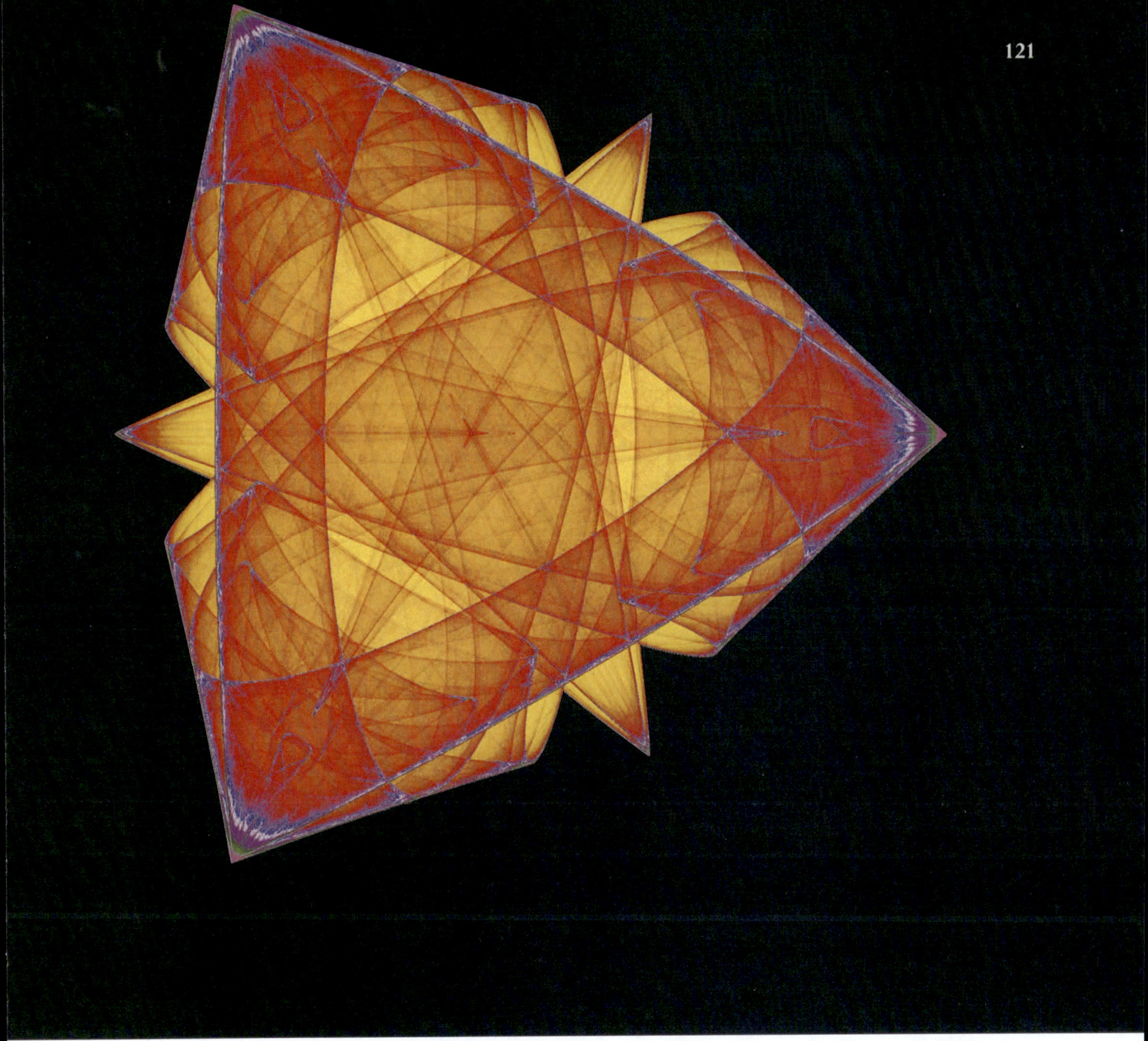

ben wir den Punkt in der oberen linken Ecke des Pixels gewählt. Andere Punkte führen im wesentlichen zu dem gleichen Resultat. Wir zeigen das Ergebnis dieser Konstruktion in Abbildung 5.2.

Abb. 5.5: Goldener Feuerstein. Ein Attraktor für eine farbkodierte Abbildung.

In Abbildung 5.2 finden wir ferner einen Beweis für die Durchmischung. Zum Beispiel können wir an der Farbe ablesen, daß die Punkte eines jeden Keils durch F in vier verschiedene Keile verstreut werden. Diese Art der Vermischung kommt in den Abbildungen 5.3 und 5.4 noch besser zum Ausdruck. In Abbildung 5.3 haben wir die vierte Iteration $F(F(F(F(z))))$ farbig kodiert, in Abbildung 5.4 die achte. In diesen Bildern sehen Sie direkt den Effekt der Durchmischung. Bei der achten Iteration können wir sechs Pixel auswählen, die sehr nahe beieinander liegen und die in allen sechs möglichen Keilen landen. Dies illustriert das Phänomen der empfindlichen Abhängigkeit von den Anfangsbedingungen. Sie können nun selbst beurteilen, wie schnell es auftritt.

In Abbildung 5.5 zeigen wir den symmetrischen Attraktor, der zu der Abbildung F gehört, die wir zur Konstruktion der Abbildungen 5.2–5.4 verwendet haben.

Zahlenmystik

Unser Ziel ist noch immer, die Formeln zu präsentieren, die wir zur Berechnung der symmetrischen Objekte verwendet haben. Es stellt sich heraus, daß diese Formeln viel einfacher und transparenter werden, wenn wir einmal gezeigt haben, daß die Punkte in der Ebene in vieler Hinsicht wie gewöhnliche Zahlen angesehen werden können. Insbesondere möchten wir zeigen, wie es möglich ist, die Punkte in der Ebene so zu addieren und zu multiplizieren, daß die gewöhnlichen Regeln der Arithmetik gelten. Bevor wir uns diesem Thema zuwenden, wollen wir jedoch kurz die geschichtliche Entwicklung des Begriffes *Zahl* streifen.

In dieser Entwicklung sind zwei Themenkreise auszumachen. Der erste dreht sich um den Begriff Nutzen oder Anwendung. Wenn alles gesagt und getan ist, werden Zahlen zur Berechnung und zum Lösen von Problemen verwendet. Im Laufe der Zeit wurde unser Begriff von der Zahl des öfteren erweitert, wenn es nötig war, eine numerische Lösung für ein Problem zu finden. Der zweite Themenkreis ist mehr philosophischer Natur: Es ist die Vorstellung von der mathematischen Schönheit oder Vollständigkeit. Der Begriff der Zahl wird oft so erweitert, daß die mathematischen Probleme, die vernünftigerweise Lösungen besitzen sollten, auch wirklich Lösungen besitzen.

Es ist bemerkenswert, daß diese beiden Themen unentwirrbar miteinander verwoben sind. Des öfteren wurden neue Konzepte der Zahlen entwickelt, um scheinbar esoterische und abstrakte mathematische Probleme zu lösen. Bei anderer Gelegenheit entwickelten Ingenieure und Wissenschaftler neue und höchst abstrakte Vorstellungen von Zahlen bei dem Versuch, ein praktisches Problem zu lösen. Wo auch immer sie herstammen, es hat sich stets gezeigt, daß der abstrakte Begriff einer Zahl wesentlich zu unserem Verständnis von der realen Welt beiträgt.

Indem wir gewisse Aspekte bei der Entwicklung der Zahlen darlegen – von den ganzen Zahlen über die Brüche oder rationalen Zahlen zu den reellen Zahlen und den komplexen Zahlen –, werden wir verstehen, auf welche Art die komplexen Zahlen, also die oben erwähnten Punkte in der Ebene, als natürliches Hilfsmittel bei Berechnungen angesehen werden können. Die Bücher *The Emergence of Number* von John Crossley und *Zahlentheorie. Ein Gang durch die Geschichte von Hammurapi bis Legendre* von André Weil behandeln die Geschichte der Zahlen umfassender.

Die ganzen Zahlen

Der deutsche Mathematiker Leopold Kronecker sagte im neunzehnten Jahrhundert:

> *Die natürlichen Zahlen wurden von Gott geschaffen, der Rest (der Mathematik) ist die Arbeit des Menschen.*

Nach dieser Bemerkung von Kronecker scheint es passend, unseren Überblick mit dem Begriff der natürlichen Zahl zu beginnen. Die natürlichen Zahlen oder die positiven ganzen Zahlen bestehen aus den Zahlen 1, 2, 3, … Wie wir bereits angedeutet haben, wurde die Entwicklung des Begriffes Zahl durch praktische Betrachtungen vorangetrieben. Zum Beispiel müssen wir unseren Begriff einer ganzen Zahl auf negative Zahlen erweitern, um modernen Begriffen wie Schulden oder Kredit Rechnung zu tragen. Negative Zahlen und die Null waren mit Sicherheit im siebten Jahrhundert dem indischen Mathematiker Brahmagupta und seinen Nachfolgern bekannt und wurden von diesen verstanden und verwendet. Andererseits wurden die negativen Zahlen noch im sechzehnten Jahrhundert in Europa mit beachtlichem Mißtrauen betrachtet, vielleicht, weil sie keine geometrische Interpretation besitzen.

Wir nennen die Menge der positiven und negativen Zahlen zusammen mit der Null die *ganzen Zahlen*. Die ganzen Zahlen an sich sind jedoch als Klasse von Zahlen betrachtet viel zu beschränkt. Sogar zur Untersuchung von Problemen, die nur die ganzen Zahlen betreffen, genügen sie nicht. Ein Bruch oder eine *rationale Zahl* ist ein Quotient von ganzen Zahlen. So sind $\frac{1}{2}$, $-\frac{2}{3}$ und $\frac{16}{7}$ Brüche. Brüche treten auf, wenn wir Mittelwerte bilden. So betrug zum Beispiel 1986 die durchschnittliche Größe eines Haushalts in Australien 2,9 Personen. Dies ist so, obwohl Kinder wie Erwachsene nur ganzzahlig auftreten.

Die rationalen Zahlen

In der griechischen Mathematik war der Begriff der Zahl von Bedeutung. Im fünften vorchristlichen Jahrhundert war die Schule des Pythagoras, die Pythagoräer, die dominante Kraft in der griechischen Mathematik. Aus unserem Blickwinkel ist der pythagoräische Begiff der Zahl nicht leicht zu verstehen. Grob gesprochen glauben wir, daß sie natürliche Zahlen und Brüche verwendet haben. Die meisten ihrer Vorstellungen von Zahlen waren jedoch eng mit der Geometrie verbunden, mit Größen wie Länge, Durchmesser und Fläche. Die Folge war, daß es kein entwickeltes Konzept von negativen Zahlen gab, denn solche geometrischen Größen sind immer positiv! Auf der anderen Seite sind Brüche oder Verhältnisse eng mit geometrischen Konstruktionen verbunden. In Euklids Abhandlung über die Geometrie finden wir zum Beispiel eine Konstruktion mit Zirkel und Lineal für die Teilung einer Strecke in n gleiche Teile, wobei n eine beliebige natürliche Zahl ist. Hieraus folgt, daß es möglich ist, für zwei beliebige natürliche Zahlen m und n aus einer Strecke der Länge 1 eine Strecke der Länge m/n zu konstruieren.

Zur Bestürzung der griechischen Mathematiker stellte sich heraus, daß nicht die gesamte Geometrie mit Hilfe von Brüchen ganzer Zahlen ausgedrückt werden kann. Der Satz des Pythagoras besagt, daß das Quadrat der Hypotenuse eines rechtwinkligen Dreiecks die Summe der Quadrate seiner beiden Schenkel ist (Abb. 5.6). Die Frage, wer den Satz des Pythagoras zuerst bewiesen hat, wird immer noch kontrovers behandelt. Es gibt jedoch einen allgemeinen Konsens, daß es nicht Pythagoras war.

Wenn beide Schenkel eines rechtwinkligen Dreiecks die Länge 1 besitzen, folgt aus dem Satz des Pythagoras, daß die Länge der Hypotenuse $\sqrt{1^2+1^2}=\sqrt{2}$ beträgt. Die Griechen waren in der Lage zu zeigen, daß $\sqrt{2}$ jedoch nicht als Bruch dargestellt werden kann und somit eine *irrationale Zahl* ist. Diese Tatsache beweist, daß wir für die Geometrie mehr als nur die rationalen Zahlen benötigen.

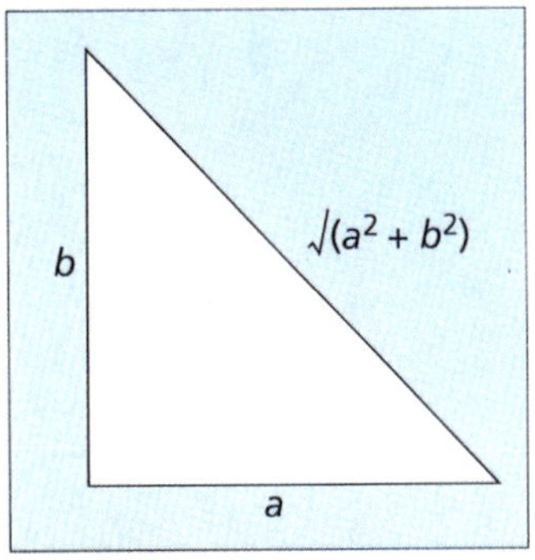

Abb. 5.6: Der Satz des Pythagoras.

Die irrationalen Zahlen

Die Pythagoräer hielten diese Entdeckung für ziemlich schockierend, denn es war nicht nur ihre Geometrie, die sich auf den rationalen Zahlen begründete. Man geht davon aus, daß ihr Beweis des Satzes des Pythagoras entscheidend von der Annahme abhing, alle Zahlen seien rational. Die Pythagoräer hielten deshalb die Existenz der irrationalen Zahlen für einige Zeit geheim. Sie verbreiteten eine Geschichte über den Mann, der das Geheimnis der irrationalen Zahlen enthüllte und der in einem Schiffswrack ertränkt wurde.

Die Existenz der irrationalen Zahlen ist tatsächlich schockierend. Es beruht nicht allein auf Zufall, daß wir Zahlen wie $\sqrt{2}$ durch den Begriff "irrational" beschreiben. Wenn wir versuchen, die Dezimalentwicklung von $\sqrt{2}$ niederzuschreiben, erhalten wir

$$\sqrt{2} = 1{,}4142135623730950488016887 24\ldots,$$

und die Folge der Zahlen, die nach dem Komma steht, wiederholt sich niemals. Folglich benötigen wir *unendlich viele* Zahlen, um die Wurzel von 2 exakt darzustellen. Mit anderen Worten: Wir kennen $\sqrt{2}$ niemals genau. Alles, was wir sagen können, ist, daß $\sqrt{2}$ eine positive Zahl ist, die im Quadrat 2 ergibt. Viel später, nämlich 1761, zeigte der deutsche Mathematiker und Philosoph Johann Heinrich Lambert, daß auch π, also das Verhältnis des Umfangs eines Kreises zu seinem Durchmesser, eine irrationale Zahl ist. In gewissem Sinn ist die Existenz der irrationalen Zahlen nicht allzu schwerwiegend. Ein Computer verwendet bei seinen Berechnungen rationale Zahlen. Er kann niemals über eine Speicherkapazität verfügen, die groß genug wäre, um eine irrationale Zahl wie $\sqrt{2}$ zu speichern. Trotz dieser Beschränkung produziert ein Computer oft Antworten, die sehr nahe an dem wahren und möglicherweise irrationalen Ergebnis liegen. Unter dem theoretisch-mathematischen Gesichtspunkt jedoch müssen wir die Existenz der irrationalen Zahlen akzeptieren. Ist dies einmal geschehen, stellen wir fest, daß die *meisten* Zahlen irrational sind. Wenn wir die Dezimalentwicklung verwenden, können wir jede Zahl als eine unendliche Dezimalzahl schreiben. Zum Beispiel ist

$$\frac{1}{35} = 0{,}02857\,142857\,142857\,142857\ldots$$

Die Folge 142857 wiederholt sich immer wieder. Diese *Periodizität* in der Dezimalentwicklung ist charakteristisch für die rationalen Zahlen. Nur die rationalen Zahlen besitzen diese Eigenschaft.

Wir wollen nun eine Zahl bestimmen, indem wir die Ziffern in ihrer Dezimalentwicklung zufällig auswählen. Was für eine Art von Zahl werden wir kreieren? Es scheint äußerst unwahrscheinlich, daß sich eine Folge von Ziffern unendlich oft wiederholt. Es ist tatsächlich äußerst unwahrscheinlich, daß eine derart konstruierte Zahl rational ist. In diesem Sinn sind die meisten Zahlen irrational.

Die reellen Zahlen

Die Menge der rationalen und der irrationalen Zahlen heißt *reelle Zahlen*. In der Wahl des Wortes *reell* liegt einige Ironie. Denn bei jedem Schritt in der Entwicklung der Zahlen wurden neue Arten wie die negativen Zahlen oder die irrationalen Zahlen argwöhnisch betrachtet und mit Namen wie *falsche* oder *fiktive* Zahlen bezeichnet.

Wie wir oben dargelegt haben, wurde den Griechen die Existenz von rationalen und irrationalen Zahlen klar, als sie versuchten, Geometrie zu betreiben, als sie also Begriffen wie Länge oder Fläche einen Sinn verleihen wollten. Es gibt noch einen anderen Bereich, in dem die Existenz dieser Zahlenarten auftritt. Versuchen Sie, die lineare Gleichung $2x - 3 = 0$ zu lösen. Die Lösung ist $x = \frac{3}{2}$. Dies ist keine ganze Zahl. Wenn Sie also lineare Gleichungen mit ganzzahligen Koeffizienten lösen möchten, können Sie leicht rationale Zahlen und keine ganzen Zahlen als Lösung erhalten.

Betrachten Sie als nächstes eine etwas kompliziertere Gleichung: die quadratische Gleichung $x^2 = A$ mit $A \geq 0$. Diese Gleichung besitzt immer eine Lösung, wenn wir die Verwendung von irrationalen Zahlen zulassen. Ist zum Beispiel $A = 2$, so sind die Lösungen $\pm\sqrt{2}$. Ist $A > 0$ irrational, dann sind auch die Lösungen von $x^2 = A$ irrational. Deshalb werden keine neuen Zahlen benötigt, wenn wir mit Hilfe des Satzes des Pythagoras aus den Längen der Seiten eines rechtwinkligen Dreiecks die Länge der Hypotenuse bestimmen, denn für die Lösung müssen wir die Wurzel aus einer positiven reellen Zahl ziehen. Betrachten Sie nun die Gleichung $x^2 = -A$, wobei A positiv ist, beispielsweise $x^2 = -1$. Eine solche Gleichung besitzt als Lösung keine reelle Zahl, denn das Quadrat einer reellen Zahl ist niemals negativ.

In den meisten formalen Abhandlungen wird eine neue Zahl i eingeführt, um die Gleichung $x^2 = -1$ zu *lösen*. Diese Zahl wird formal als $i = \sqrt{-1}$ geschrieben. Bis in die Bezeichnung scheint sich das Seltsame dieses Zugangs niederzuschlagen, denn der Buchstabe i steht für *imaginär*. Wir werden kurz darlegen, daß es einen natürlicheren und geometrischeren Zugang zu i gibt. Dieser Zugang nimmt i nicht nur das Mysterium, er erlaubt sogar neue Methoden der Berechnung. Für den Augenblick halten wir jedoch fest, daß es uns unsere formale Definition gestattet, die Gleichung $x^2 = -A$ zu lösen, wenn A positiv ist. Die Lösungen sind

$$\pm\sqrt{-A} = \pm\sqrt{-1}\sqrt{A} = \pm i\sqrt{A}.$$

Wir können allgemeiner fragen, wann die quadratische Gleichung $x^2 + 2bx + c = 0$ eine Lösung besitzt. Die meisten Leser werden aus ihrer Schulzeit in Erinnerung behalten haben, daß die Lösungen dieser Gleichung durch die Formel $-b \pm \sqrt{b^2 - c}$ gegeben werden. Verwenden wir die oben gegebene Definition von i, stellen wir fest, daß diese Formel gut zu gebrauchen ist. Ist $b^2 \geq c$, dann ist die Wurzel eine reelle Zahl und die Lösungen sind reell. Ist $b^2 < c$, ist die Wurzel ein Vielfaches von i. Sind wir an möglichen Anwendungen interessiert, könnten wir sagen, daß in diesem Fall die Gleichungen mit $b^2 < c$ keine denkbaren Anwendungen besitzen und sie als Irrwege abtun. Mathematisch betrachtet ist es jedoch sehr unbefriedigend, daß einige quadratische Gleichungen Lösungen besitzen und andere nicht. Historisch gesehen waren die Mathematiker von diesem Problem nicht beunruhigt: Die Lösungen von quadratischen Gleichungen wurden immer geometrisch und nicht algebraisch betrachtet, und eine Gleichung $x^2+2bx+c = 0$ mit $b^2 < c$ wurde einfach für eine Gleichung ohne Lösung oder geometrische Interpretation gehalten.

Die komplexen Zahlen

Die Zahlen, in denen i vorkommt, heißen *komplexe Zahlen*. Jede komplexe Zahl kann in der Gestalt $x + iy$ geschrieben werden, wobei x und y reelle Zahlen sind. Jede quadratische Gleichung besitzt Lösungen, die entweder reelle Zahlen (für $b^2 \geq c$) oder komplexe Zahlen (für $b^2 < c$) sind. Wie wir gesehen haben, führt vom algebraischen Gesichtspunkt aus das Lösen von linearen Gleichungen zu den rationalen Zahlen und das Lösen von quadratischen Gleichungen zu den irrationalen und sogar zu den komplexen Zahlen. Theoretisch wäre es denkbar, daß wir noch exotischere Arten von Zahlen benötigen, wenn wir versuchen, kubische Gleichungen zu lösen. Das ist jedoch nicht der Fall.

Im sechzehnten Jahrhundert begannen die Mathematiker, ernsthaft über die Lösungen von kubischen Gleichungen nachzudenken, insbesondere über die von Gleichungen der Gestalt

$$x^3 + ax = b.$$

Der italienische Physiker und Mathematiker Girolamo Cardano hat als erster eine Formel für die Lösungen von kubischen Gleichungen veröffentlicht. Diese Formel wird heute nach Cardano benannt, obwohl dieser sie von seinem Zeitgenossen Tartaglia erfahren und unter Eid geschworen hatte, sie nicht zu verraten. Nach allgemeiner Ansicht hat ein anderer Italiener, Scipione dal Ferro, als erster allgemeine kubische Gleichungen gelöst. Was auch immer daran wahr ist, in seinem berühmten Buch *Ars magna* präsentiert Cardano eine Formel für die Lösungen von kubischen Gleichungen und beschreibt zum ersten Mal Zahlen, die die Wurzel einer negativen Zahl umfassen. Er betrachtete diese neuen Zahlen jedoch etwas verächtlich:

> *Die arithmetische Rafinesse schreitet immer mehr voran, so daß sie, wie man behauptet, am Ende so verfeinert ist, daß sie unnütz geworden ist.*

Die komplexen Zahlen sind jedoch weit davon entfernt, unnütz zu sein. Rafael Bombelli, ein Ingenieur und Zeitgenosse Cardanos, hat die grundlegenden Regeln für die Arithmetik der komplexen Zahlen aufgestellt. Bombelli war es gleichgültig, ob sie existierten oder nicht. Für ihn waren diese Zahlen nützlich, weil sie ihn dazu befähigten, praktische Probleme aus dem Ingenieurswesen zu lösen. Bombelli machte sich keine Sorgen um die Philosophie hinter diesen Zahlen. Sein Standpunkt war pragmatisch: Sie funktionierten.

Trotz des Enthusiasmus von Bombelli behandelten die Mathematiker dieser Zeit die komplexen Zahlen meistens mit beachtlicher Vorsicht, die oft mit Mystizismus gepaart war. Gottfried Wilhelm Leibniz beschrieb sie als

> *ein feines und wundervolles Refugium des göttlichen Geistes, als wären sie eine Amphibie aus Existenz und Nichtexistenz.*

Trotz dieser anfänglichen Skepsis vertieften sich die Mathematiker immer mehr in das Studium der komplexen Zahlen. Im neunzehnten Jahrhundert hat sie Karl Friedrich Gauß *komplexe Zahlen* getauft, und dieser ziemlich einschüchternde Name hielt sich unglücklicherweise bis auf den heutigen Tag.

Wie wir bald verstehen werden, können die komplexen Zahlen als eine Erweiterung der reellen Zahlen angesehen werden. Insbesondere gelten die gewöhnlichen Regeln der Arithmetik auch für die komplexen Zahlen.

Die Geometrie der komplexen Zahlen

Als erstes muß festgehalten werden, daß die komplexen Zahlen Punkte in einer Ebene sind – in der *komplexen Zahlenebene*. Zweitens können Sie die komplexen Zahlen auf eine Art und Weise addieren und multiplizieren, die mit der Addition und Multiplikation der reellen Zahlen konsistent ist. Was die komplexe Zahlenebene selbst betrifft, so gibt es zwei Koordinatensysteme, mit deren Hilfe wir die komplexen Zahlen beschreiben können – *kartesische Koordinaten* und *Polarkoordinaten*.

Bei der Beschreibung der Arithmetik der komplexen Zahlen beginnen wir mit kartesischen Koordinaten und der Addition. Komplexe Zahlen können in der Gestalt $z = x + iy$ geschrieben werden, wobei x und y reelle Zahlen sind. Daher können wir den Punkt z als den Punkt (x, y) in der (x, y)-Ebene ansehen. Die reellen Zahlen x und y heißen die *kartesischen Koordinaten* von z (vgl. Abb. 5.7). Die reelle Zahl x wird der *Realteil* von z genannt und wird mit $\text{Re}(z)$ bezeichnet. Die reelle Zahl y heißt der *Imaginärteil* von z. Er wird mit $\text{Im}(z)$ bezeichnet. Ist $y = 0$, dann ist die komplexe Zahl z gleich der reellen Zahl x. Auf diese Weise kann die reelle Zahlengerade als die horizontale x-Achse in der komplexen Zahlenebene angesehen werden. Die reelle Zahl Null ist der Ursprung der komplexen Zahlenebene. In Abbildung 5.7 wird sie mit O bezeichnet.

Komplexe Addition

Um zwei komplexe Zahlen $z_1 = x_1 + iy_1$ und $z_2 = x_1 + iy_2$ zu addieren, addieren wir die reellen und die imaginären Teile separat, d.h.

$$z_1 + z_2 = (x_1 + x_2) + i(y_1 + y_2).$$

Sind z_1 und z_2 reell, d.h. ist $y_1 = y_2 = 0$, dann reduziert sich die Addition von komplexen Zahlen zur Addition von reellen Zahlen.

Die Summe von zwei komplexen Zahlen wird in Abbildung 5.8 geometrisch dargestellt. Ordnen Sie z_1 und z_2 das in der Abbildung eingezeichnete Parallelogramm zu. Die Summe $z_1 + z_2$ ist die Ecke des Parallelogramms, die dem Ursprung gegenüberliegt.

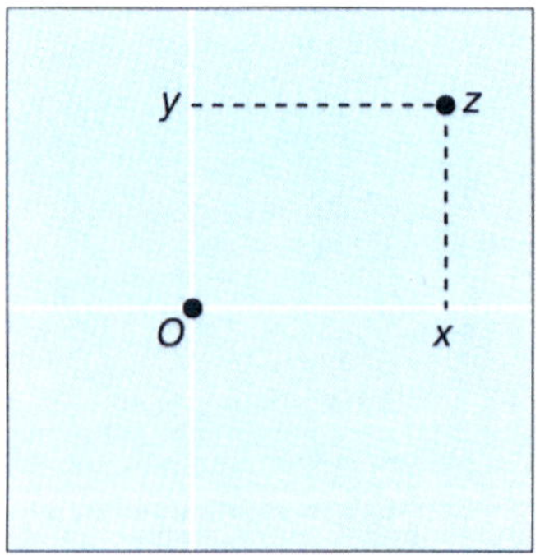

Abb. 5.7: Kartesische Koordinaten einer komplexen Zahl.

Polarkoordinaten
Als nächstes behandeln wir Polarkoordinaten. Sei z eine komplexe Zahl und r der Abstand von z zum Ursprung. Die Zahl r heißt die *Magnitude* von z. Aus dem Satz des Pythagoras folgt, daß

$$r = \sqrt{x^2 + y^2}$$

gilt.

Nun sei θ der Winkel, den die Gerade durch z und den Ursprung mit der horizontalen x-Achse bildet (vgl. Abb. 5.9). Ist $z = 0$, sagen wir, der Winkel sei nicht definiert. Der Winkel θ wird die *Phase* von z genannt. Das Paar (r, θ) heißt die *Polarkoordinaten* von z. Auch in Polarkoordinaten kann die reelle Achse leicht identifiziert werden: Die positiven reellen Zahlen besitzen die Phase $\theta = 0°$ und die negativen reellen Zahlen die Phase $\theta = 180°$.

Komplexe Multiplikation
Unter der Verwendung von Polarkoordinaten ist es sehr leicht, die komplexe Multiplikation zu erläutern. Nehmen Sie an, z_1 und z_2 sind komplexe Zahlen mit Magnitude und Phase (r_1, θ_1) bzw. (r_2, θ_2). Dann ist das Produkt $z_1 z_2$ die komplexe Zahl mit der Magnitude $r_1 r_2$ und der Phase $\theta_1 + \theta_2$ (vgl. Abb. 5.10). Für die komplexe Multiplikation ist die Regel in Polarkoordinaten einfach: *Multipliziere* die Magnituden und *addiere* die Phasen.

Sind nun z_1 und z_2 die reellen Zahlen x_1 und x_2, dann ist das Produkt $z_1 z_2$ ebenfalls reell und entspricht genau der reellen Zahl $x_1 x_2$. Die Phase von $z_1 z_2$ ist $0°$, falls x_1 und x_2 das gleiche Vorzeichen besitzen, und $180°$, falls ihre Vorzeichen entgegengesetzt sind.

Als Beispiel betrachten wir die komplexe Zahl z mit der Magnitude 1 und der Phase $90°$. Die Zahl z^2 ist dann eine komplexe Zahl mit der Magnitude 1 und der Phase $180°$. Dies ist aber gerade die reelle Zahl -1. Wir haben also gezeigt, daß z eine Lösung für die Gleichung $z^2 = -1$ ist. Die Zahl z ist die *imaginäre* Zahl i. Unter diesem Gesichtspunkt ist $i = \sqrt{-1}$ eine *Tatsache* und keine *Definition*.

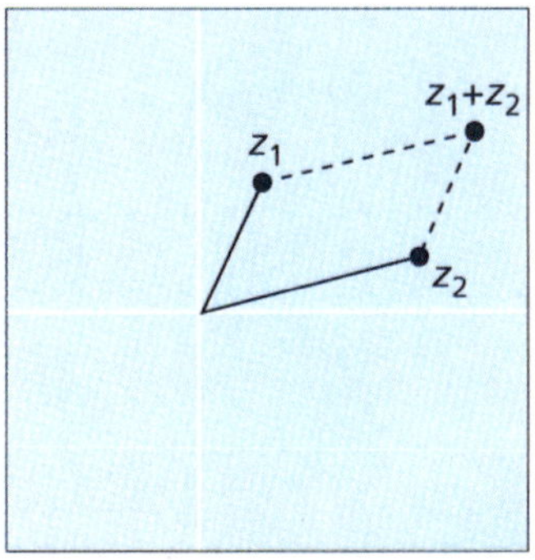

Abb. 5.8: Die Addition von komplexen Zahlen.

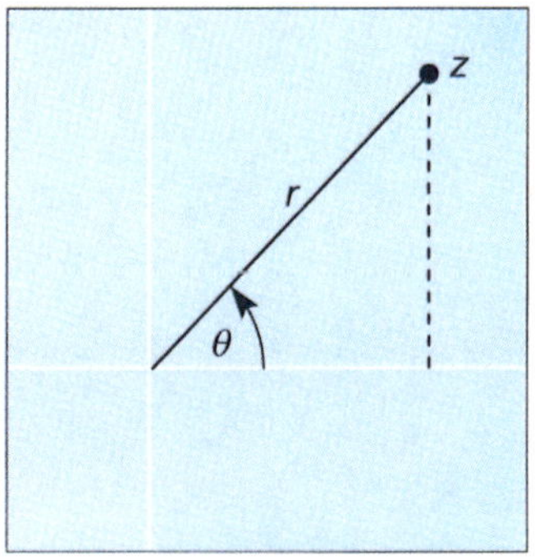

Abb. 5.9: Die Polarkoordinaten einer komplexen Zahl.

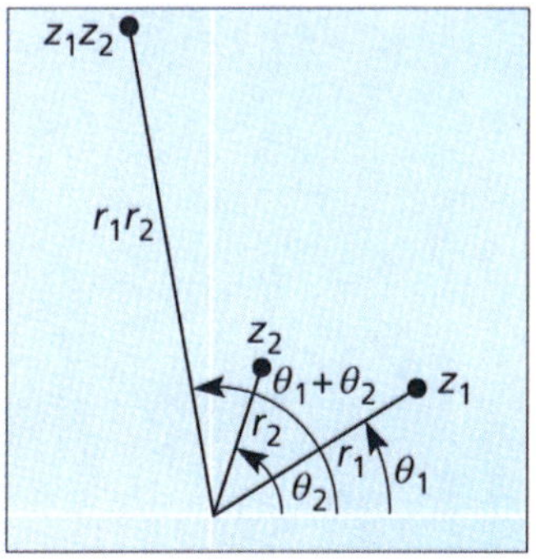

Abb. 5.10: Die Multiplikation von komplexen Zahlen.

Einer der Vorteile unserer Definition der komplexen Zahlen mit Hilfe von Polarkoordinaten ist, daß wir die Drehung als eine Multiplikation mit einer komplexen Zahl der Magnitude 1 auffassen können. Diese Interpretation einer Drehung wird uns später bei der Betrachtung der Symmetrie nutzen. Aus diesem Grund werden wir sie nun näher erklären: Sei ρ eine komplexe Zahl mit der Magnitude 1 und der Phase ψ. Multiplizieren wir die komplexe Zahl z mit ρ, so ist es das gleiche, als würden wir z entgegen dem Uhrzeigersinn um den Winkel ψ drehen. Denn die Magnitude von ρz ist gleich der Magnitude von z, und die Phase von ρz erhalten wir, indem wir ψ zur Phase von z addieren. Deshalb ist die Abbildung

$$R(z) = \rho z$$

genau die Drehung um den Winkel ψ.

Im allgemeinen bedeutet die Multiplikation mit einer komplexen Zahl ρ gleichzeitig eine Drehung um die Phase von ρ und eine Streckung um die Magnitude von ρ. Wenn man diese geometrische Tatsache berücksichtigt, ist es einfach zu zeigen, daß die Multiplikation und die Addition von komplexen Zahlen die Regeln der gewöhnlichen Multiplikation und Addition von reellen Zahlen erfüllen.

Wir können nun eine Formel für die komplexe Multiplikation in kartesischen Koordinaten angeben. Für $z_1 = x_1 + iy_1$ und $z_2 = x_2 + iy_2$ ist

$$\begin{aligned} z_1 z_2 &= (x_1 + iy_1)(x_2 + iy_2) \\ &= x_1 x_2 + i x_1 y_2 + i y_1 x_2 + i^2 y_1 y_2. \end{aligned}$$

Da $i^2 = -1$, ist

$$z_1 z_2 = (x_1 x_2 - y_1 y_2) + i(x_1 y_2 + x_2 y_1).$$

Diese etwas merkwürdig aussehende Formel besitzt, wie wir nun wissen, eine natürliche Interpretation als Drehung und Streckung. In kartesischen Koordinaten ist es jedoch eine einfache Formel, mit der wir unsere Berechnungen durchführen können.

Komplexe Konjugation

Es gibt bei den komplexen Zahlen eine Operation, die sich als sehr nützlich erwiesen hat: Die *komplexe Konjugation*. Die komplex konjugierte Zahl zu $z = x + iy$ ist $\bar{z} = x - iy$. In Polarkoordinaten besitzt $\bar{z}$ die gleiche Magnitude wie z und die entgegengesetzte Phase. Ist $z = (r, \theta)$ in Polarkoordinaten, dann ist $\bar{z} = (r, -\theta)$ (vgl. Abb. 5.11). (Bis jetzt haben wir für die Winkel positive Zahlen verwendet. Diese messen die Winkel entgegen dem Uhrzeigersinn. Wenn wir für Winkel negative Zahlen verwenden, messen wir diese im Uhrzeigersinn.) Es folgt, daß $z \cdot \bar{z} = r^2$ ist, also gleich dem Quadrat der Magnitude von z.

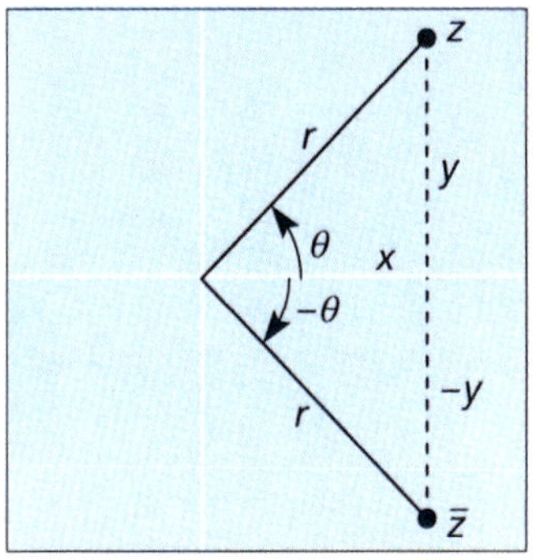

Abb. 5.11: Die zu einer komplexen Zahl konjugierte Zahl.

Geometrisch gesehen bedeutet die Abbildung

$$\kappa(z) = \bar{z}$$

eine Spiegelung an der x-Achse.

Wir haben versucht, auf wenigen Seiten etwas vom historischen Hintergrund unseres zeitgenössischen Begriffs der Zahl zusammenzufassen. Dieser Begriff wurde in Tausenden von Jahren von den größten Wissenschaftlern entwickelt. Zum Schluß möchten wir zwei Punkte festhalten. Der erste ist: Sogar für ausgesprochen praxisorientierte Probleme müssen wir unseren Begriff der Zahl so erweitern und abstrahieren, wie es sich die Mathematiker der Antike nie hätten träumen lassen. Alfred Whitehead hat diesen Aspekt 1925 gut zusammengefaßt:

> *Das Paradox hat sich nun bestätigt. Die äußersten Abstraktionen bilden die wahren Waffen zur Kontrolle unserer Gedanken über die konkreten Tatsachen.*

Der zweite Punkt ist: Obwohl wir meinen, die Mathematik sei verstanden und vollständig, wurden an den entscheidenden Stellen in der Entwicklung der Mathematik und der Wissenschaft mathematische Ideen verwendet, die in keiner Weise verstanden wurden. Das Kriterium war und ist pragmatisch: Falls es funktioniert, verwende es! Dies war so bei Bombelli und den komplexen Zahlen und gilt heute noch immer bei der Verwendung der

Quantentheorie. Diese Aufteilung zwischen Nutzen und Verständnis hat sich als eine der treibendenden Kräfte in der Entwicklung der Wissenschaft und der Mathematik erwiesen.

Diedrische Symmetrie

Mit Hilfe der komplexen Multiplikation ist es nun einfach, die Symmetrien der Diedergruppe $\mathbf{D}_n$ aufzulisten. Die Diedergruppe $\mathbf{D}_n$ wird von zwei Elementen erzeugt: Einer Spiegelung κ und einer Drehung R um $360°/n$. Die Spiegelung können wir als Spiegelung an der reellen x-Achse auffassen. In komplexer Notation bedeutet dies

$$\kappa(z) = \bar{z}.$$

Sei ρ die komplexe Zahl mit der Magnitude 1 und der Phase $360°/n$. Unter Verwendung der komplexen Multiplikation ist dann

$$R(z) = \rho z.$$

Diedrische logistische Abbildungen

Da wir nun die komplexen Zahlen und einige ihrer Eigenschaften eingeführt haben, ist die versprochene Präsentation unserer Formeln eine einfache Aufgabe. Wir erweitern zunächst die ungerade logistische Abbildung so auf die Ebene, daß sie die volle Symmetrie des Kreises besitzt. Hierzu definieren wir

$$G(z) = \lambda z(1 - z\bar{z}).$$

Schreibe z in der Form $z = x + iy$ mit den kartesischen Koordinaten (x, y). Die komplexe logistische Abbildung G lautet dann in x und y ausgedrückt:

$$G(x, y) = \lambda[1 - (x^2 + y^2)]\,(x, y).$$

Setzen wir hier $y = 0$, dann erhalten wir die ungerade logistische Abbildung auf der x-Achse:

$$G(x,0) = \big(\lambda(1-x^2)x, 0\big) = \big(g_0(x), 0\big)\,.$$

Setzen wir dagegen $x = 0$, erscheint die ungerade logistische Abbildung auf der y-Achse:

$$G(0,y) = \big(0, \lambda(1-y^2)y\big) = \big(0, g_0(y)\big)\,.$$

Die ungerade logistische Abbildung erscheint nicht nur hier, sondern auf jeder Geraden durch den Ursprung.

Die Bemerkungen im vorhergehenden Abschnitt zeigen, daß die Erweiterung der ungeraden logistischen Abbildung auf die Ebene an sich nicht sehr interessant ist. Nehmen Sie an, wir iterieren G von einem Anfangspunkt z_0 aus, der ungleich Null ist. Dann liegen alle Iterierten dieser Abbildung auf der Geraden, die durch z_0 und den Ursprung verläuft; auf dieser Geraden ist die Dynamik die gleiche wie die der ungeraden logistischen Abbildung, die wir im vorhergehenden Kapitel beschrieben haben. Von der Dynamik her gäbe es also keinen Grund, diese erweiterte Abbildung zu betrachten.

Als nächstes möchten wir diese Abbildung so abändern, daß sie anstelle der kreisförmigen Symmetrie lediglich diedrische Symmetrie besitzt. Hierzu müssen wir zur Symmetrie einer Abbildung zurückkehren, wie wir sie oben eingeführt haben.

Die Diedergruppe $\mathbf{D}_n$ wird von zwei Symmetrien erzeugt: Der Spiegelung κ und der Drehung R um $360°/n$ entgegen dem Uhrzeigersinn.

Eine Abbildung F der Ebene ist genau dann $\mathbf{D}_n$-symmetrisch, falls für alle F gilt:

$$F(\kappa(z)) = \kappa F(z) \quad \text{und} \quad F(R(z)) = RF(z).$$

Die explizite Angabe von Abbildungen der Ebene, die $\mathbf{D}_n$-symmetrisch sind, ist schwieriger als die Angabe von ungeraden Abbildungen der Geraden. Im Augenblick wollen wir nur festhalten, daß $\bar{z}^{n-1}$ der Term von niedrigstem Grad ist, der symmetrisch bezüglich $\mathbf{D}_n$ ist. Es gilt $F(\kappa z) = \kappa F(z)$, also $F(\bar{z}) = \overline{F(z)}$. In Polarkoordinaten gilt $F(z) = (r^{n-1}, -(n-1)\theta)$. Es folgt

$$F(Rz) = \left(r^{n-1}, -(n-1)(\theta + 360^\circ / n)\right).$$

Dagegen ist

$$RF(z) = \left(r^{n-1}, -(n-1)\theta + 360^\circ / n\right).$$

Die Magnituden dieser beiden Zahlen sind gleich. Aber was ist mit ihren Phasen? Die Differenz der Phasen ist

$$\begin{aligned} &-(n-1)(\theta + 360^\circ / n) - [-(n-1)\theta + 360^\circ / n] \\ &\quad = -(n-1)360^\circ / n - 360^\circ / n \\ &\quad = -360^\circ. \end{aligned}$$

Aber zwei Winkel, die sich um 360° unterscheiden, sind gleich. Deshalb besitzen $F(Rz)$ und $RF(z)$ die gleiche Phase.

Addieren wir den Term $\bar{z}^{n-1}$ zu G, erhalten wir die Gleichung

$$g(z) = \lambda(1 - z\bar{z})z + \gamma\bar{z}^{n-1}.$$

Hierbei sind λ und γ reelle Zahlen. Abbildungen dieser Art sind die einfachsten Abbildungen, die durch Symmetrieerzeugung symmetrische Objekte in der Ebene produzieren können. Wir können diese Abbildungen als eine natürliche Erweiterung der ungeraden logistischen Abbildung in die Klasse der $\mathbf{D}_n$-symmetrischen Abbildungen auffassen.

Für unsere Untersuchung der symmetrischen Objekte, die wir durch symmetrieerzeugende Bifurkationen erhalten haben, haben wir die verschiedensten Variationen dieser Grundformel verwendet. Die meisten der symmetrischen Objekte wurden durch die bezüglich $\mathbf{D}_n$ symmetrische Abbildung

$$F(z) = [\lambda + \alpha|z|^2 + \beta\,\mathrm{Re}(z^n)]z + \gamma\bar{z}^{n-1}$$

erhalten, wobei λ, α, β und γ reelle Zahlen sind. Als neuen Term haben wir $\beta\,\mathrm{Re}(z^n)z$ hinzugefügt. Ist $\beta = 0$ und $\alpha = -\lambda$, dann ist die Abbildung F gerade die oben definierte Abbildung g. Wir haben diesen Term addiert, weil er der Term mit zweitniedrigstem Grad ist, der symmetrisch bezüglich $\mathbf{D}_n$ ist. In Anhang C zeigen wir detaillierter, wie man polynomiale Abbildungen findet, die $\mathbf{D}_n$-symmetrisch sind.

Diedrische logistische Abbildungen in kartesischen Koordinaten

Wenn wir den Iterationsprozeß mit der arithmetischen Vorschrift F durchführen, fassen wir z als einen Punkt in der Ebene auf, der die kartesischen Koordinaten x und y besitzt. Ebenso zerlegen wir die komplexe Zahl $F(z)$ in ihren Realteil (u) und in ihren Imaginärteil (v), also in $F = u + iv$. So betrachtet, ist unsere Abbildung eine arithmetische Vorschrift, die uns angibt, wie man den Punkt (x, y) in den Punkt (u, v) bewegt. Wie wir schon bemerkt haben, stammt die Kürze der vorhergehenden Formel aus der Verwendung der komplexen Multiplikation. Zur Veranschaulichung schreiben wir die Formel für F in kartesischen Koordinaten auf, wobei $n = 3$ und 4 ist. Es gilt

$$\bar{z}^2 = (x^2 - y^2) - i(2xy) \quad \text{und} \quad \mathrm{Re}(z^3) = x^3 - 3xy^2.$$

Ist daher F symmetrisch bezüglich $\mathbf{D}_3$, können wir $F(z)$ in kartesischen Koordinaten schreiben als

$$F(x, y) = \big(I_3 x + \gamma(x^2 - y^2), I_3 y - \gamma(2xy)\big)$$

mit

$$I_3 = \lambda + \alpha(x^2 + y^2) + \beta(x^3 - 3xy^2).$$

Ist F symmetrisch bezüglich $\mathbf{D}_4$, lautet die Formel in kartesischen Koordinaten

$$F(x, y) = \big(I_4 x + \gamma(x^3 - 3xy^2), I_4 y - \gamma(3x^2 y - y^3)\big)$$

mit

$$I_4 = \lambda + \alpha(x^2 + y^2) + \beta(x^4 - 6x^2y^2 + y^4).$$

Mit wachsendem n wird es immer komplexer, $F(z)$ in kartesischen Koordinaten anzugeben. Wir widerstehen der Versuchung, die Formel für $n > 4$ niederzuschreiben. Beachten Sie, um wieviel einfacher es ist, diese Formeln mit Hilfe von komplexen Zahlen anzugeben.

Die Verwendung von komplexen Zahlen ist auch hilfreich beim Berechnen von $F(z)$, denn wir können $\bar{z}^{n-1}$ und $\mathrm{Re}(z^n)$ induktiv durch komplexe Multiplikation bestimmen. Auf diesen Punkt wird in Anhang B näher eingegangen. Dort geben wir ein Basic-Programm zur Berechnung dieser Objekte.

Allgemeinere Abbildungen, die $\mathbf{D}_n$-symmetrisch sind

Für einige der symmetrischen Objekte haben wir eine kompliziertere symmetrische Abbildung verwendet, die nicht polynomial ist. Wir haben zu unserer $\mathbf{D}_n$-symmetrischen Standardabbildung F einen nichtpolynomialen Term addiert:

$$F(z) = \{\lambda + \alpha z\bar{z} + \beta\,\mathrm{Re}(z^n) + \delta\,\mathrm{Re}([z/|z|]^{np})|z|\}z + \gamma\bar{z}^{\,n-1}.$$

Hierbei sind λ, α, β, γ und δ reelle Zahlen, und $p \geq 0$ ist eine ganze Zahl.

Die Addition dieses nichtpolynomialen Terms bewirkt des öfteren eine Änderung des symmetrischen Objekts in der Nähe des Ursprungs. Wir illustrieren dieses Phänomen in Abbildung 5.12.

Abb. 5.12 (Seite 139): Die Wirkung der Addition eines nichtpolynomialen Terms: mit (oben) und ohne (unten) nichtpolynomialen Term.

Abbildungen, die $\mathbf{Z}_n$-symmetrisch sind

Bis jetzt haben wir uns auf Abbildungen beschränkt, die symmetrisch bezüglich der gesamten Gruppe $\mathbf{D}_n$ sind. Sowohl aus ästhetischen als auch mathematischen Gründen lohnt es sich, den Effekt zu betrachten, der entsteht, wenn wir einen Term addieren, der die in $\mathbf{D}_n$ enthaltene Spiegelungssymmetrie bricht, jedoch die Drehungssymmetrien der zyklischen Gruppe $\mathbf{Z}_n$ erhält. Ein solcher Term ist zum Beispiel $\omega i z$. Es ist leicht zu zeigen, daß $G(z) = iz$ nicht symmetrisch bezüglich κ ist. Denn $G(\kappa z) = G(\bar{z}) = i\bar{z}$ und $\kappa G(z) = \overline{iz} = -i\bar{z}$. Dagegen ist G symmetrisch bezüglich der Drehungen, denn

$$G(Rz) = G(\rho z) = i\rho z = \rho G(z) = RG(z).$$

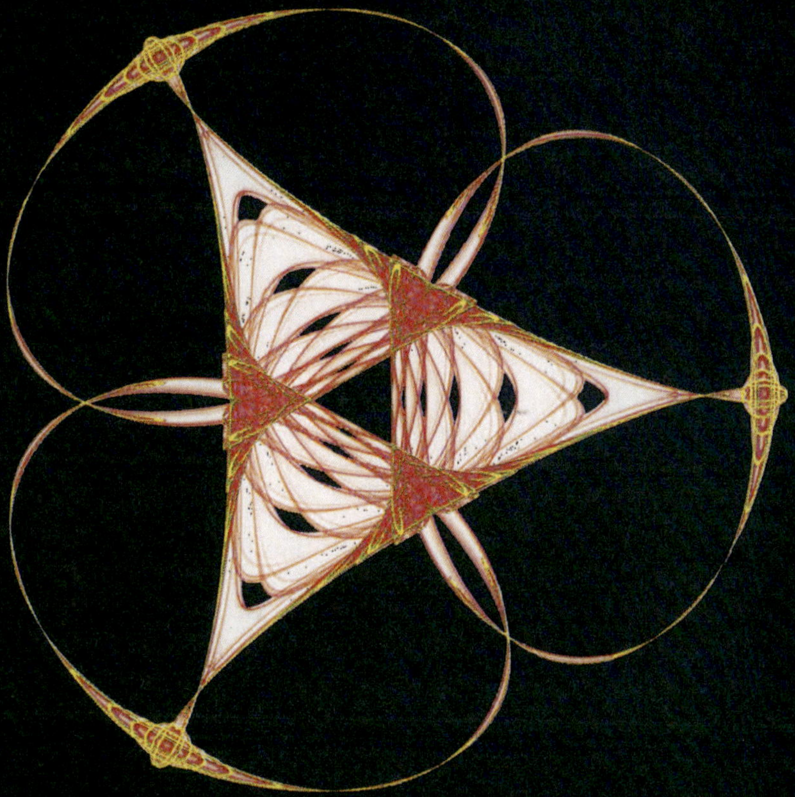

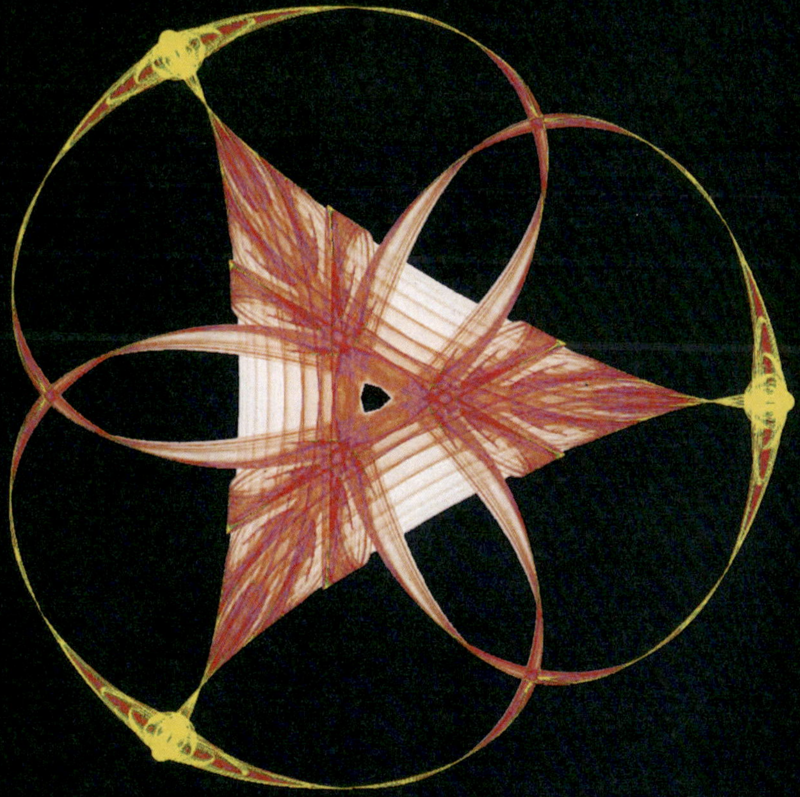

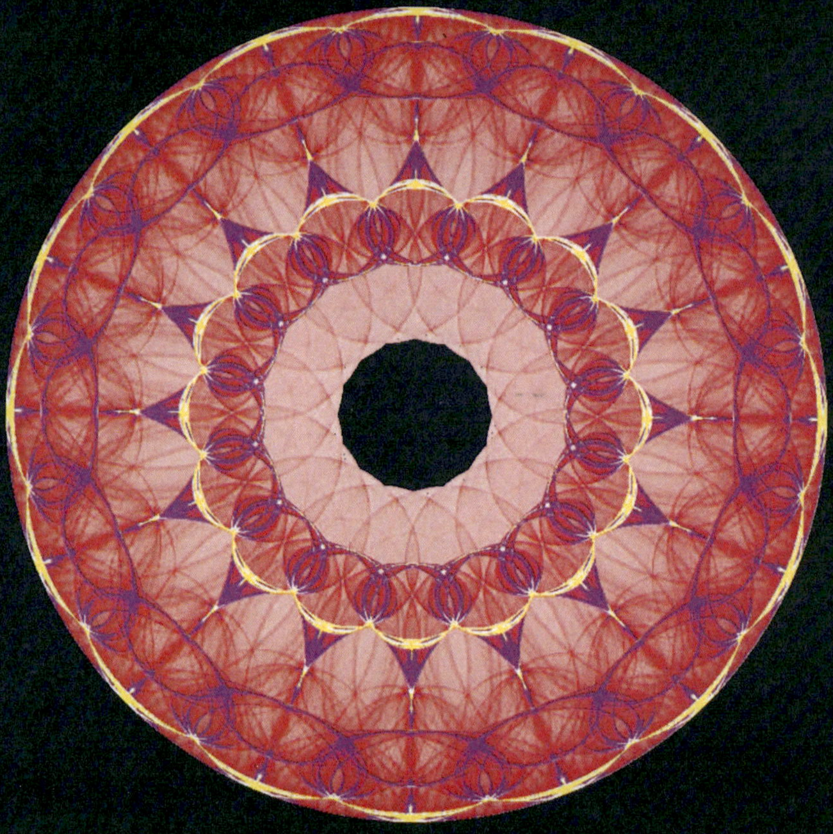

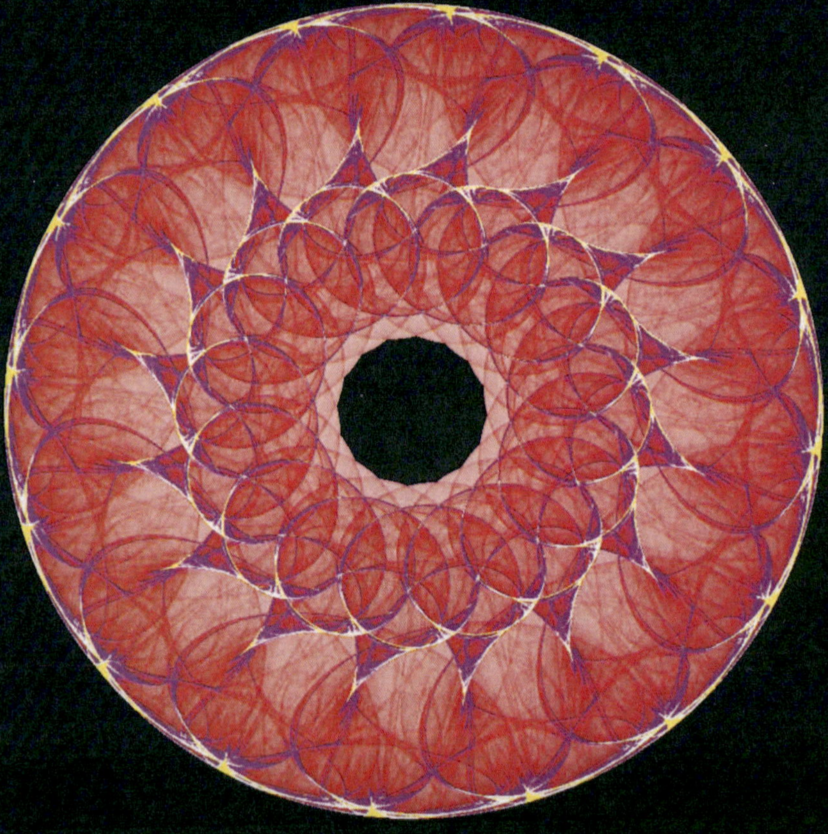

Abb. 5.13 (Seite 140): Brechung der Symmetrie eines Attraktors von $\mathbf{D}_{16}$ (oben) zu $\mathbf{Z}_{16}$ (unten).

Wir betrachten nun die $\mathbf{Z}_n$-symmetrische Abbildung

$$F_{\mathbf{Z}}(z) = (\lambda + \alpha z\bar{z} + \beta \operatorname{Re}(z^n) + \omega i)z + \gamma\bar{z}^{n-1},$$

wobei λ, α, β, γ und ω reelle Zahlen sind. Die Abbildung $F_{\mathbf{Z}}$ ist symmetrisch bezüglich der Drehungen, die durch die Drehung um $360° / n$ erzeugt werden. Sie ist jedoch nicht symmetrisch bezüglich einer Spiegelung, solange ω ungleich Null ist. Es folgt, daß die Attraktoren, die unter Verwendung dieser Abbildung entstehen, keinerlei Spiegelungssymmetrie besitzen.

In Abbildung 5.13 zeigen wir die Wirkung von $\omega i z$ auf den Attraktor. Oben sehen Sie das vollständig symmetrische Objekt, das man erhält, wenn $\omega = 0$ ist. Unten sehen Sie den Attraktor für $\omega = -0,15$. Es ist interessant, daß wir durch die Addition einer kleinen Asymmetrie (ω ist klein) in die Lage versetzt werden, die Spiegelungssymmetrien in dem ursprünglichen Attraktor zu zerstören.

Symmetrieerzeugung in der Ebene

Wir betrachten nun einige der Konsequenzen, die die Existenz der $\mathbf{D}_n$-Symmetrie auf die Dynamik von $F(z)$ besitzt. Sei S eine beliebige Symmetrie in der Gruppe $\mathbf{D}_n$. Da F $\mathbf{D}_n$-symmetrisch ist, gilt

$$F(Sz) = SF(z).$$

Diese Bedingung für F hat zur Folge, daß wir eine Relation zwischen den Iterierten erhalten, wenn wir diese für die beiden Punkte z und Sz berechnen:

$$z,\ F(z),\ F(F(z)),\ F(F(F(z))), \ldots$$

$$Sz,\ F(Sz),\ F(F(Sz)),\ F(F(F(Sz))), \ldots$$

Aus der Symmetrie folgt, daß jeder Punkt in der zweiten Folge durch Anwendung der Symmetrie S auf den entsprechenden Punkt der ersten Folge erhalten werden kann. In Abbildung 5.14 zeigen wir das Ergebnis der Iteration einer Abbildung, die symmetrisch bezüglich $\mathbf{D}_3$ ist, wobei von drei

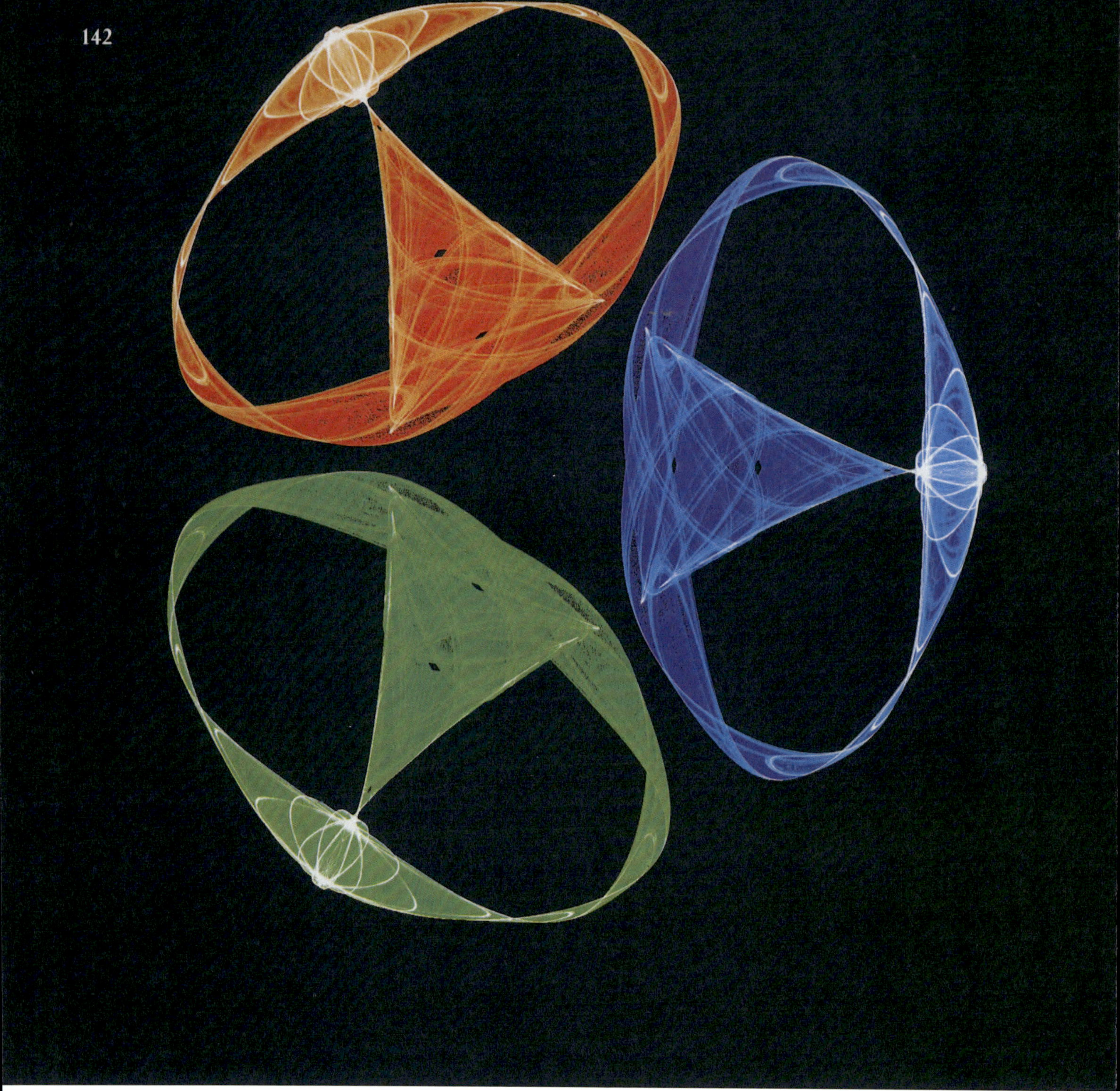

Abb. 5.14: Drei zueinander konjugierte Attraktoren einer Abbildung mit Dreieckssymmetrie.

symmetrisch plazierten Anfangspunkten ausgegangen wurde. Jeder Punkt hat seine eigene Farbe.

Als nächstes betrachten wir, welche Folgen die Symmetrie für die Bilder hat, die wir erhalten, wenn wir eine symmetrische Abbildung F verwenden. Lassen Sie uns mit einem Anfangspunkt z beginnen, dann iterieren wir so lange, bis sich das Langzeitverhalten einstellt, und zeichnen danach ein Bild, das wir mit A bezeichnen. Hätten wir unseren Iterationsprozeß mit

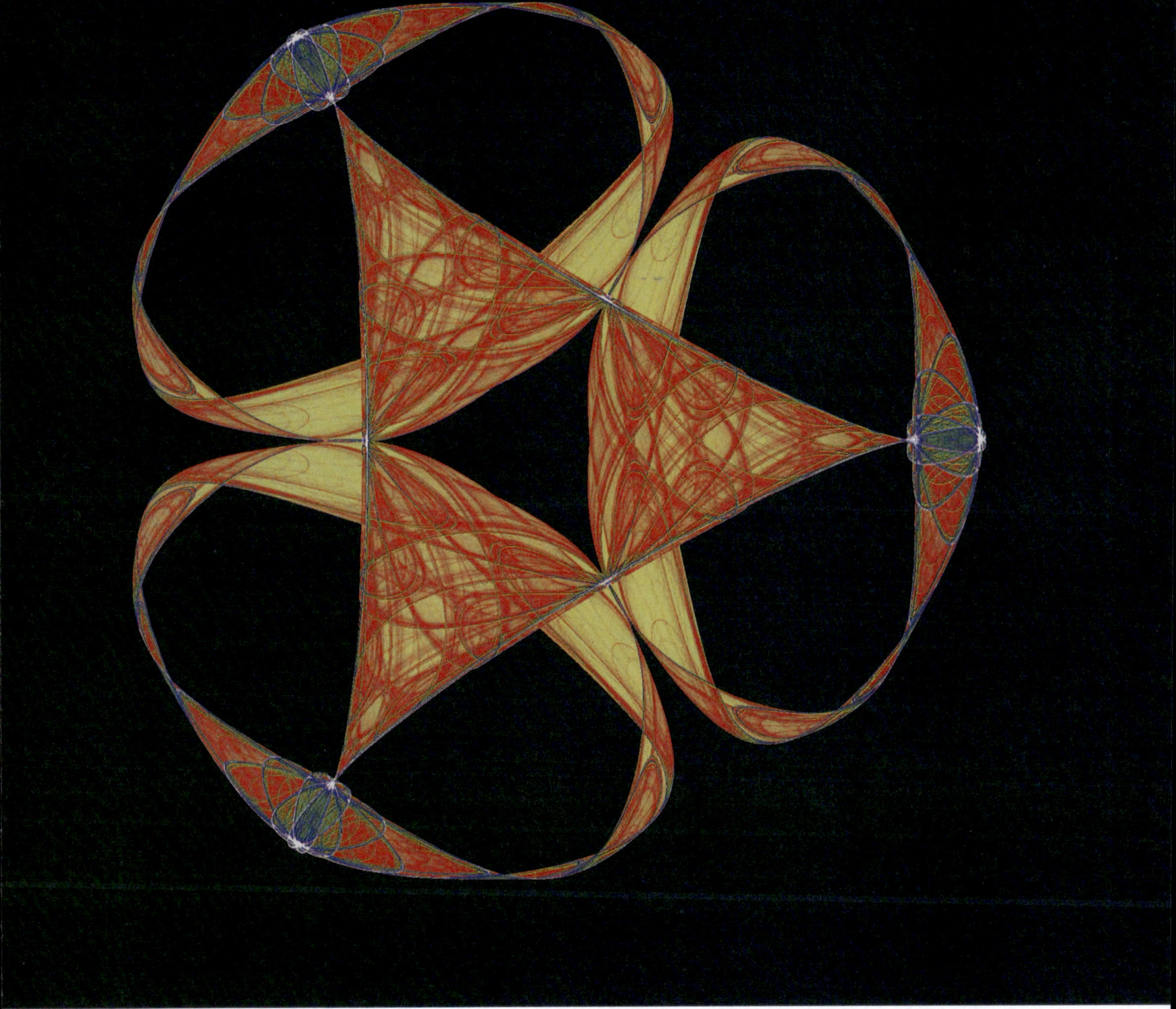

dem Punkt Sz begonnen, würden wir das Bild erhalten, das aus A entsteht, wenn wir die Symmetrie S anwenden. Dieses Bild nennen wir SA. Es gibt nun zwei Möglichkeiten: Die Bilder A und SA lassen sich unterscheiden oder nicht.

Abb. 5.15: Dreieinigkeit in Rot. Ein Attraktor mit voller Dreieckssymmetrie.

Wenn sie sich nicht unterscheiden lassen, besitzt A die Symmetrie S. In diesem Buch haben wir schon viele Bilder mit nichttrivialen Symmetrien gesehen. Lassen sie sich unterscheiden, kann man zeigen, daß sich A und SA

nicht schneiden. In diesem Fall nennen wir die Bilder A und SA *konjugiert*. Die drei Figuren in Abbildung 5.14 sind alle miteinander konjugiert. Wir können nun verstehen, wie Symmetrieerzeugung in der Ebene auftreten kann.

Wir wollen nun die Konstanten in der Abbildung $F(z)$ um einen kleinen Betrag ändern. Die konjugierten Attraktoren wie die in Abbildung 5.14 wachsen dabei etwas an. Bei einem kritischen Wert der Konstanten können sich die Attraktoren entlang einer Symmetriegeraden *berühren*. Es kann gezeigt werden, daß in diesem Fall der neue Attraktor symmetrisch bezüglich der Spiegelung ist, die dieser Symmetriegeraden entspricht. Zum Beispiel ist jeder Attraktor in Abbildung 5.14 spiegelungssymmetrisch; wenn die Attraktoren zusammenstoßen, wird den Symmetrien des neuen Attraktors eine zweite Spiegelungssymmetrie hinzugefügt. Da diese beiden Spiegelungen die gesamte Gruppe $\mathbf{D}_3$ erzeugen, resultiert ein neuer Attraktor, der symmetrisch bezüglich der gesamten $\mathbf{D}_3$ ist (vgl. Abb. 5.15). Dies ist unser erstes Beispiel für die Erzeugung von Symmetrie in der Ebene.

Kapitel 6

QUILTS

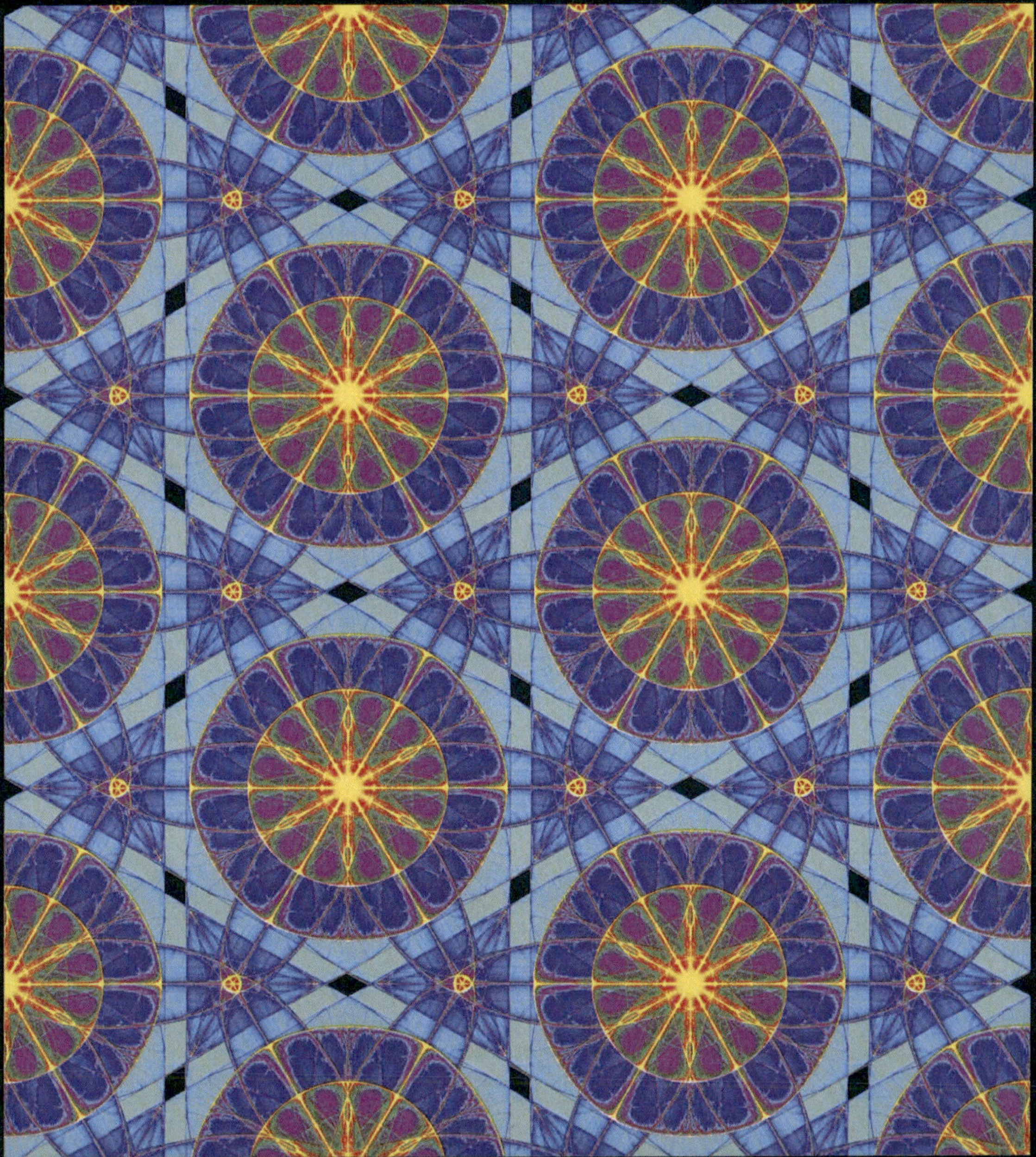

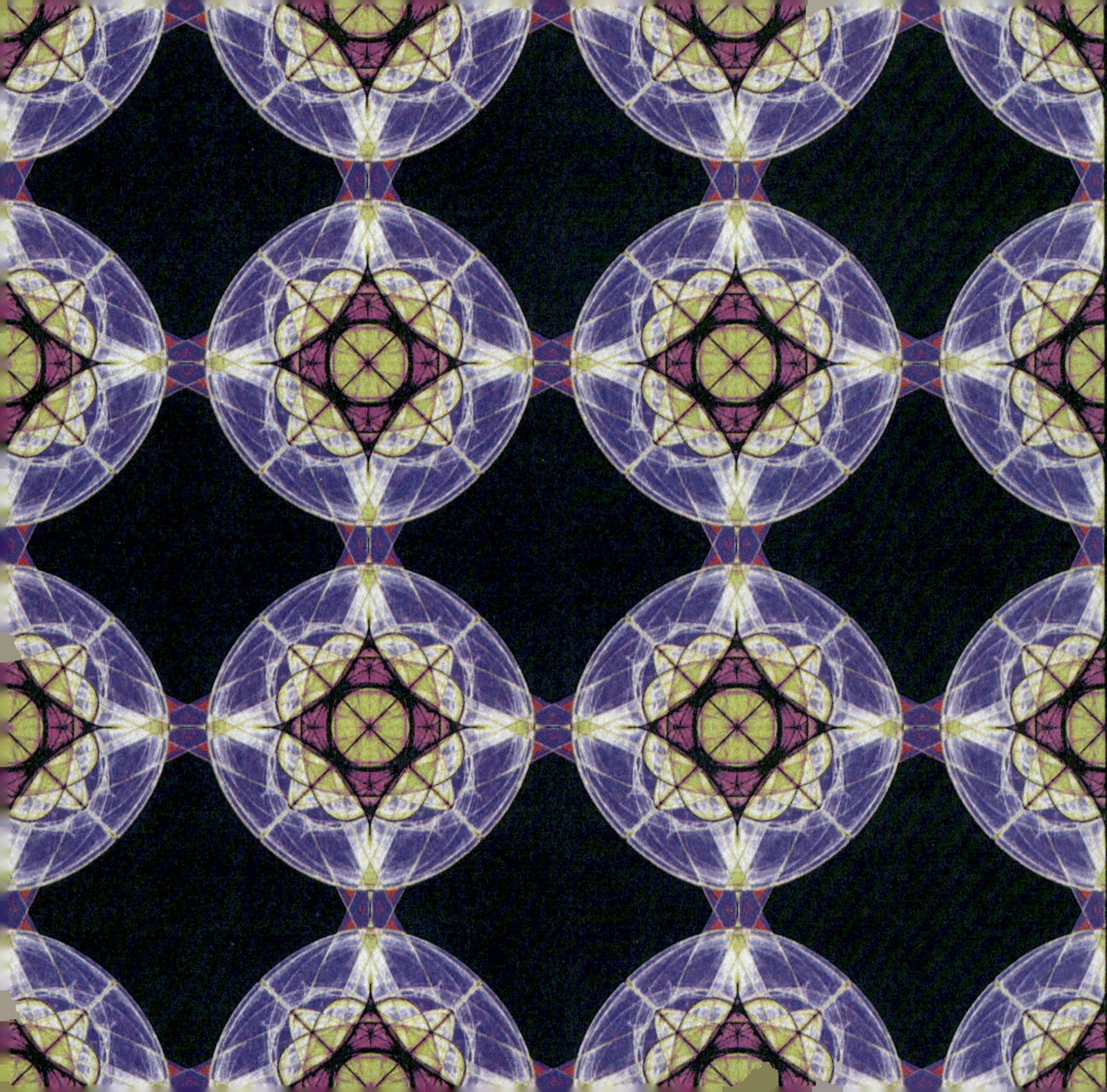

Als wir in Kapitel 2 die Symmetrien in der Ebene betrachtet haben, haben wir festgestellt, daß zwei verschiedene Typen von Symmetriegruppen in der Ebene existieren. Zunächst sind da die endlichen Symmetriegruppen. Diese Gruppen enthalten nur endlich viele Symmetrien und entstehen, wenn man die Symmetrien von geometrischen Figuren wie dem Quadrat oder von regelmäßigen Vielecken betrachtet. Eine endliche ebene Symmetriegruppe ist entweder eine Diedergruppe oder eine zyklische Gruppe. Betrachtet man die Symmetrien von sich wiederholenden Mustern in der Ebene, erhält man eine weitere Klasse von ebenen Symmetriegruppen. Diese Gruppen nennen wir Ornamentgruppen. Sie enthalten unendlich viele Elemente. Bilder von symmetrischem Chaos, die auf diesen beiden Typen von Symmetriegruppen basieren, führen zu vollkommen unterschiedlichen Figuren: den Objekten und den Quilts. Im vorhergehenden Kapitel haben wir die Formeln hergeleitet, mit deren Hilfe man symmetrische Objekte produzieren kann. Nun werden wir die Methoden beschreiben, mit denen wir Quiltmuster erzeugen.

Die Quilts werden mit einer ähnlichen Methode erzeugt wie die Objekte. Man muß jedoch beim Kreieren von Mustern, die die Ebene pflastern, darauf achten, daß diese ästhetisch wirken. Die Formeln, die zur Erzeugung von Quilts benötigt werden, sind komplizierter als die für Objekte und enthalten anstelle von Polynomen trigonometrische Funktionen.

Sich wiederholende Muster

Als Martin Golubitsky kürzlich durch halb Amerika flog, führte er eine kleine, äußerst unwissenschaftliche Erhebung durch. Wie sind Herrenhemden gemustert? Genauer: Welche Muster waren auf den Hemden, die die Männer in seinem Flugzeug trugen? Zugegebenermaßen bestand der größte Teil aus den unter dem Aspekt des Designs ziemlich langweiligen einfarbigen Hemden, wobei Weiß und Blau die gängigsten Farben waren. Nach

Abb. 6.1 (Seite 146): Gyroskope.

Abb. 6.2 (Seite 149): Katzenaugen. Ein Quilt auf einem quadratischen Gitter.

den einfarbigen kamen die gestreiften – manche breit, manche schmal, aber alle mit farbigen Bändern, die sich wiederholten. Den kleinsten Teil stellten die karierten, gewöhnlich durch eine Kombination aus horizontalen und vertikalen Streifen gebildeten Hemden dar. Alle diese Muster besitzen eine gemeinsame Eigenschaft: Sie können unendlich oft wiederholt werden. Im Zeitalter der Massenproduktion von Textilien sind die einzigen Muster, die kommerziell lebensfähig sind, diejenigen, die sich *ad infinitum* wiederholen lassen.

Die einfachsten sich wiederholenden Muster bestehen aus einem einzigen Quadrat, das horizontal und vertikal verschoben wird und so die gesamte Ebene ausfüllt. Alle diese Hemden besaßen ein derartiges Muster. Sogar der Boden des Flugzeugs war von einem sich wiederholenden Muster des gleichen Typs bedeckt. Der Teppich war kastanienbraun mit kleinen, quadratisch angeordneten fleischfarbenen Punkten.

Wenn man also erst einmal damit angefangen hat, nach sich wiederholenden Mustern zu suchen, findet man sie überall: die Muster der Kacheln auf Badezimmerböden und Küchenwänden, das sechseckige Muster der Honigwaben, das die Bienen so gerne bauen, und das quadratische Muster der Zäune, die Hinterhöfe verbinden. Nachdem wir so viele verschiedene symmetrische Objekte mittels des symmetrischen Chaos gefunden haben, scheint es natürlich zu sein, die gleiche Technik zu verwenden, um sich wiederholende Muster auf ebenen Gittern zu erzeugen. Zunächst betrachten wir das quadratische Gitter.

Das quadratische Gitter

Mit Hilfe der chaotischen Dynamik haben wir Muster gebildet, indem wir eine Abbildung gewählt und diese iteriert haben. Danach haben wir gezählt, wie oft ein Punkt (Pixel) bei der Iteration getroffen wurde, und ihn entsprechend dieser Anzahl eingefärbt. Um ein sich wiederholendes Muster zu erzeugen, müssen wir irgendwie die gleiche Zahl symmetrisch angeordneten Punkten zuordnen, in diesem Fall einem Gitter von symmetrisch angeordneten Punkten. Um dies zu erreichen, müssen wir etwas mogeln. Wir iterieren

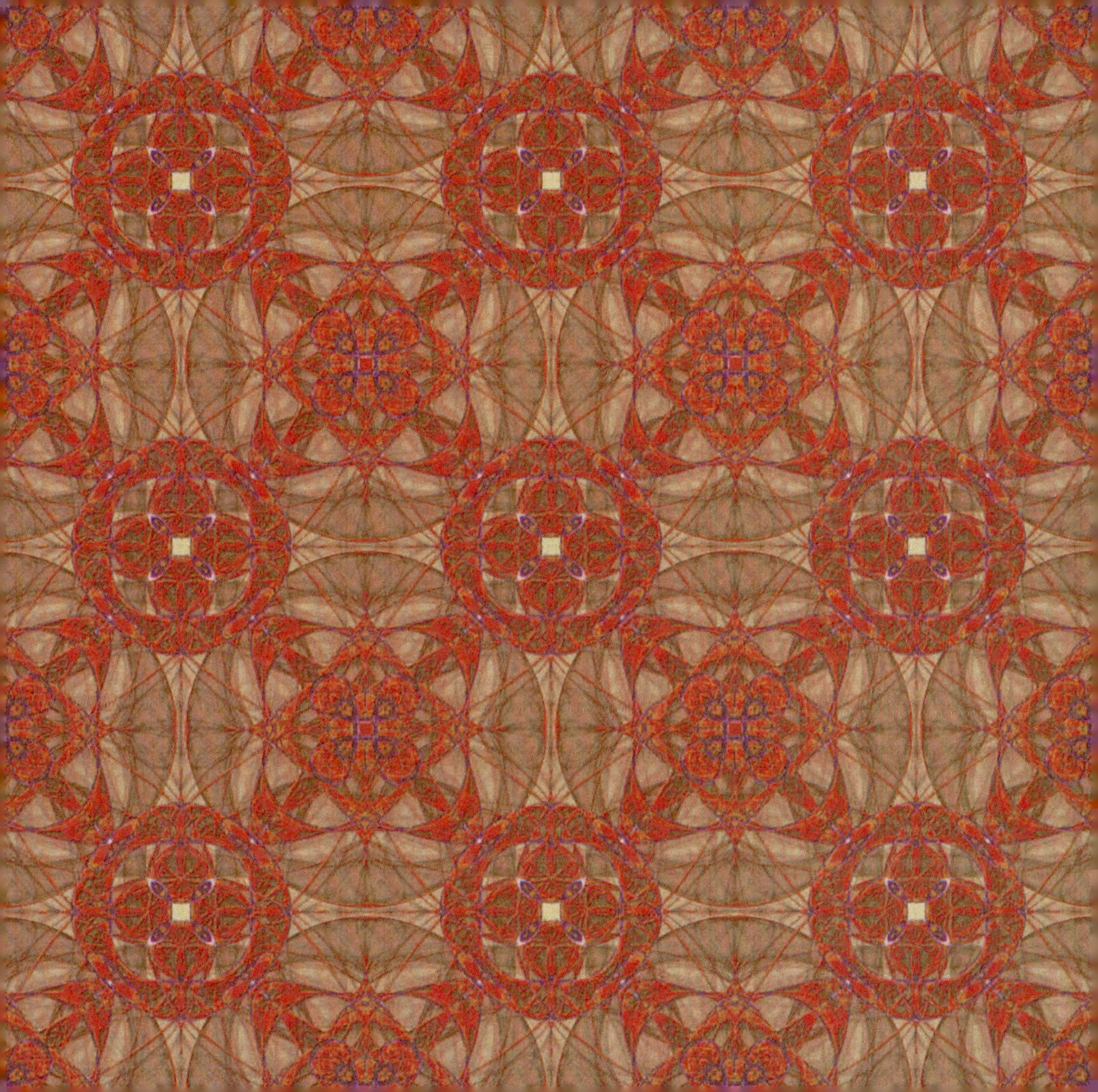

eine Abbildung des Einheitsquadrats und erzeugen so ein Muster in diesem Quadrat. Dann sagen wir dem Computer, er soll die Ebene ausfüllen (oder soviel von der Ebene, wie wir wollen), indem er dieses Muster verschiebt. Um die Formeln zu beschreiben, die wir zur Erzeugung von symmetrischen Quilts benötigen, zeigen wir zunächst, wie es möglich ist, Abbildungen des Einheitsquadrats explizit zu bilden. Wir bezeichnen das Einheitsquadrat in der Ebene mit S. Genauer gesagt: Ein Punkt $X = (x, y)$ liegt in S, falls seine Koordinaten zwischen 0 und 1 liegen, d.h. wenn $0 \leq x, y < 1$ gilt. Es gibt einen einfachen und natürlichen arithmetischen Weg, um die Punkte der Ebene in die Punkte von S zu überführen. Sei (A, B) ein Punkt in der Ebene. Wir schreiben A und B als ganzen Teil plus Dezimale, d.h. $(A, B) = (m, n) + (a, b)$ mit ganzen Zahlen m und n und $0 \leq a, b < 1$, (a, b) liegt also im Einheitsquadrat S. Geometrisch gesehen wird der Punkt (A, B) durch diesen Prozeß in den Punkt (a, b) des Einheitsquadrats überführt.

Jetzt können wir die Abbildungen von S niederschreiben. Sei $f : \mathbf{R}^2 \to \mathbf{R}^2$ eine Abbildung der Ebene, die wir auf einen Punkt (x, y) des Einheitsquadrats anwenden. Das Ergebnis ist dann ein Punkt (A, B) der Ebene. Wir können nun diesen Punkt, wie im vorhergehenden Abschnitt beschrieben, in den Punkt (a, b) des Quadrats S überführen. Auf diese Weise haben wir eine Abbildung $\hat{f}$ des Einheitsquadrats definiert, die den Punkt (x, y) auf den Punkt (a, b) abbildet. Wir schreiben hierfür symbolisch $\hat{f} : S \to S$.

Säume

Wie wir früher angedeutet haben, werden wir mittels $\hat{f}$ Quiltmuster erzeugen, indem wir das Muster auf S bilden und dann die Ebene durch Translationen dieses Musters ausfüllen. Bevor wir mit diesem Prozeß beginnen, müssen wir auf ein mögliches Problem hinweisen: *Säume*. Wir möchten nicht, daß das Muster an den Rändern des Quadrats häßliche Säume besitzt. Damit sich keine Säume zeigen, muß sich das Muster am rechten Rand von S stetig mit dem Muster am linken Rand von S vermischen. Genauso soll sich das Muster in der Nähe des oberen Randes von S stetig mit dem in der Nähe des unteren Randes mischen.

Wir können mathematisch gesehen Säume durch die Forderung vermeiden, die Abbildung f, von der wir ausgegangen sind, sei konsistent mit dem quadratischen Gitter. Genauer gesagt: Wir beginnen mit zwei Punkten X und Y in der Ebene, die auf den gleichen Punkt von S abgebildet werden. Dies geschieht, wenn sich die Koordinaten von X und Y um ganze Zahlen unterscheiden, falls also $Y = X + (m, n)$ mit ganzen Zahlen m und n gilt. Wir verlangen nun, daß auch $f(X)$ und $f(Y)$ auf den gleichen Punkt in S abgebildet werden, d.h. wir verlangen, daß $\hat{f}(X) = \hat{f}(Y)$ gilt. Dies bedeutet, daß es ganze Zahlen M und N gibt mit

$$f(X + (m, n)) = f(X) + (M, N).$$

Wenn Sie die Bilder von Quilts genauer betrachten, werden sie feststellen, daß das Einheitsquadrat beliebig gewählt werden kann. Wir können genausogut mit dem Quadrat S' anfangen, das aus allen Punkten (x', y') mit $0,11 \leq x' < 1,11$ und $1,43 \leq y' < 2,43$ besteht. Das Muster auf diesem Quadrat würde sich genauso stetig verändern wie das Muster auf dem ursprünglichen Quadrat.

Innere Symmetrie

Es gibt jedoch einen Unterschied zwischen den Mustern auf den beiden Einheitsquadraten S und S'. Das Muster, das wir auf dem Quadrat S erzeugt haben, besitzt im Gegensatz zum Muster auf dem Quadrat S' die Symmetrien eines Quadrats. Wie bei den symmetrischen Objekten müssen wir darauf achten, daß die Abbildung f die quadratische Symmetrie von S nicht verletzt, damit wir Muster mit dieser inneren Symmetrie des Quadrats erzeugen. Dies erreichen wir folgendermaßen:

Sei h eine Symmetrie des quadratischen Gitters. Dann muß $\hat{f}$ mit dieser Symmetrie vertauschbar sein. Für alle X muß also gelten

$$f(hX) = hf(X) + (K, L)$$

mit ganzen Zahlen K und L.

In Anhang D zeigen wir, wie man Abbildungen f bestimmt, die Muster auf dem Einheitsquadrat erzeugen, die keine Säume haben und die Symmetrien eines Quadrats besitzen. Die Formel, die diese quadratischen Quiltmuster erzeugt, ist etwas kompliziert, der Vollständigkeit halber geben wir sie hier an:

$$\begin{aligned} f(x,y) = m(x,y) + v &+ \lambda(\sin 2\pi x, \sin 2\pi y) \\ &+ \alpha(\sin 2\pi x \cos 2\pi y, \sin 2\pi y \cos 2\pi x) \\ &+ \beta(\sin 4\pi x, \sin 4\pi y) \\ &+ \gamma(\sin 6\pi x \cos 4\pi y, \sin 6\pi y \cos 4\pi x). \end{aligned}$$

Hierbei ist m eine ganze Zahl, λ, α, β und γ sind reelle Zahlen und für v gilt entweder $v = (0,0)$ oder $v = (\frac{1}{2}, \frac{1}{2})$. In Abbildung 6.1 und 6.2 geben wir Beispiele für Quilts auf einem quadratischen Gitter.

Das hexagonale Gitter

Wir hätten natürlich auch verlangen können, daß unser sich wiederholendes Muster auf einem beliebigen ebenen Gitter liegt. Wir haben zu Beginn das quadratische Gitter gewählt, weil es so häufig bei Pflasterungen und Quilts vorkommt. Zum Vergleich erzeugen wir auch sich wiederholende Muster, die auf dem hexagonalen Gitter basieren. Die Ideen, die zur Bestimmung der Abbildungen führen, die Muster auf dem hexagonalen Gitter erzeugen, sind die gleichen wie die, die zur Generierung der Abbildungen verwendet werden, die quadratische Quiltmuster hervorbringen. Aber die Details sind viel komplizierter. Auch diese Formel wird in Anhang D hergeleitet. Die Abbildung besitzt die vier reellen Parameter λ, α und den Vektor $\boldsymbol{a} = (\beta, \gamma)$ sowie eine ganzzahlige Konstante m. In der Definition von f werden die Vektoren $\boldsymbol{L} = (3, \frac{1}{\sqrt{3}})$, $\boldsymbol{M} = (2,0)$ und $\boldsymbol{N} = (1, -\frac{1}{\sqrt{3}})$ verwendet. R bezeichnet die Drehung um 120° gegen den Uhrzeigersinn und F bezeichnet die Spiegelung an der x-Achse, d.h. $F(x,y) = (x,-y)$. Schließlich definieren

Abb. 6.3 (Seite 153): Blumen mit Bändern.

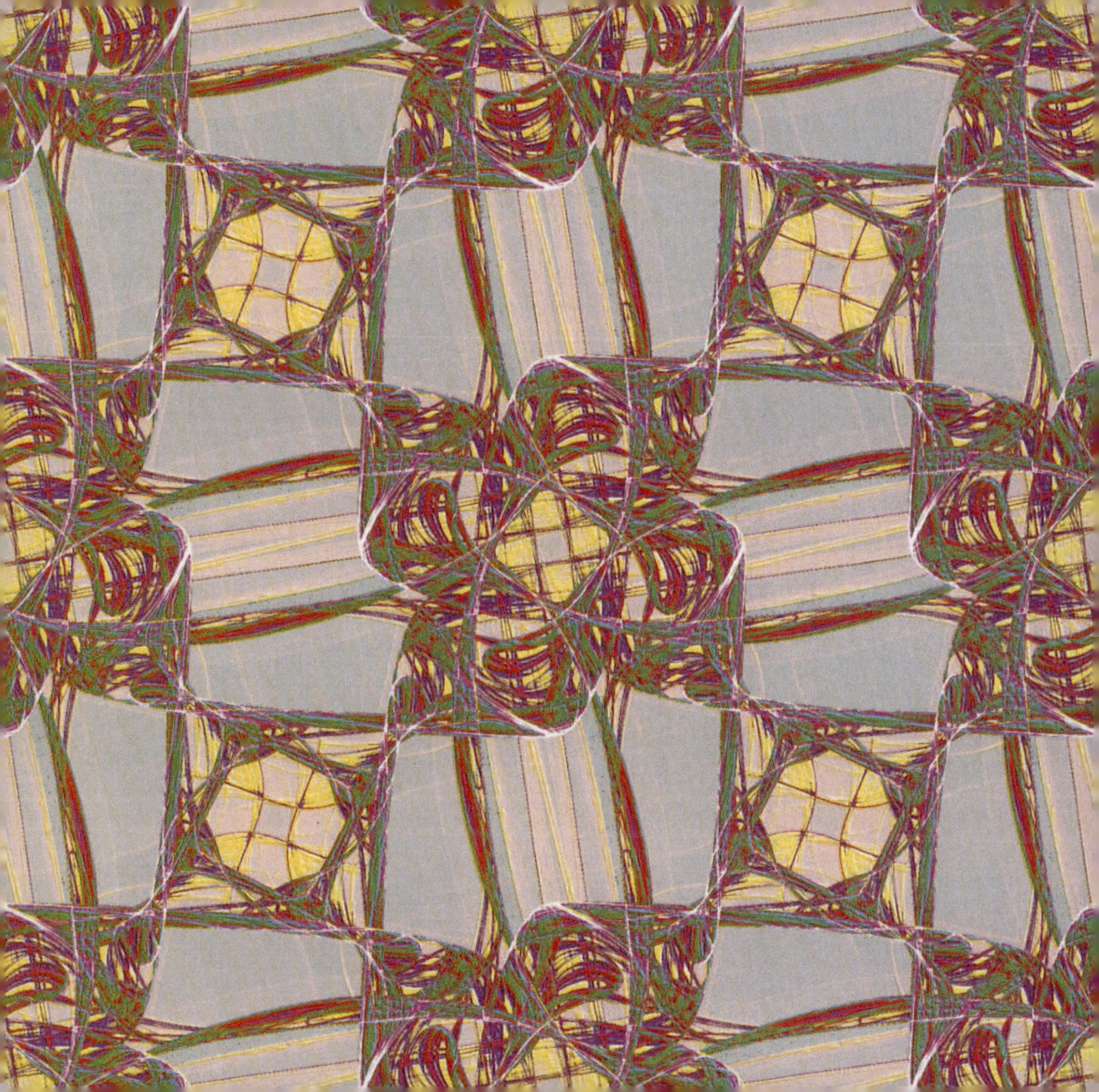

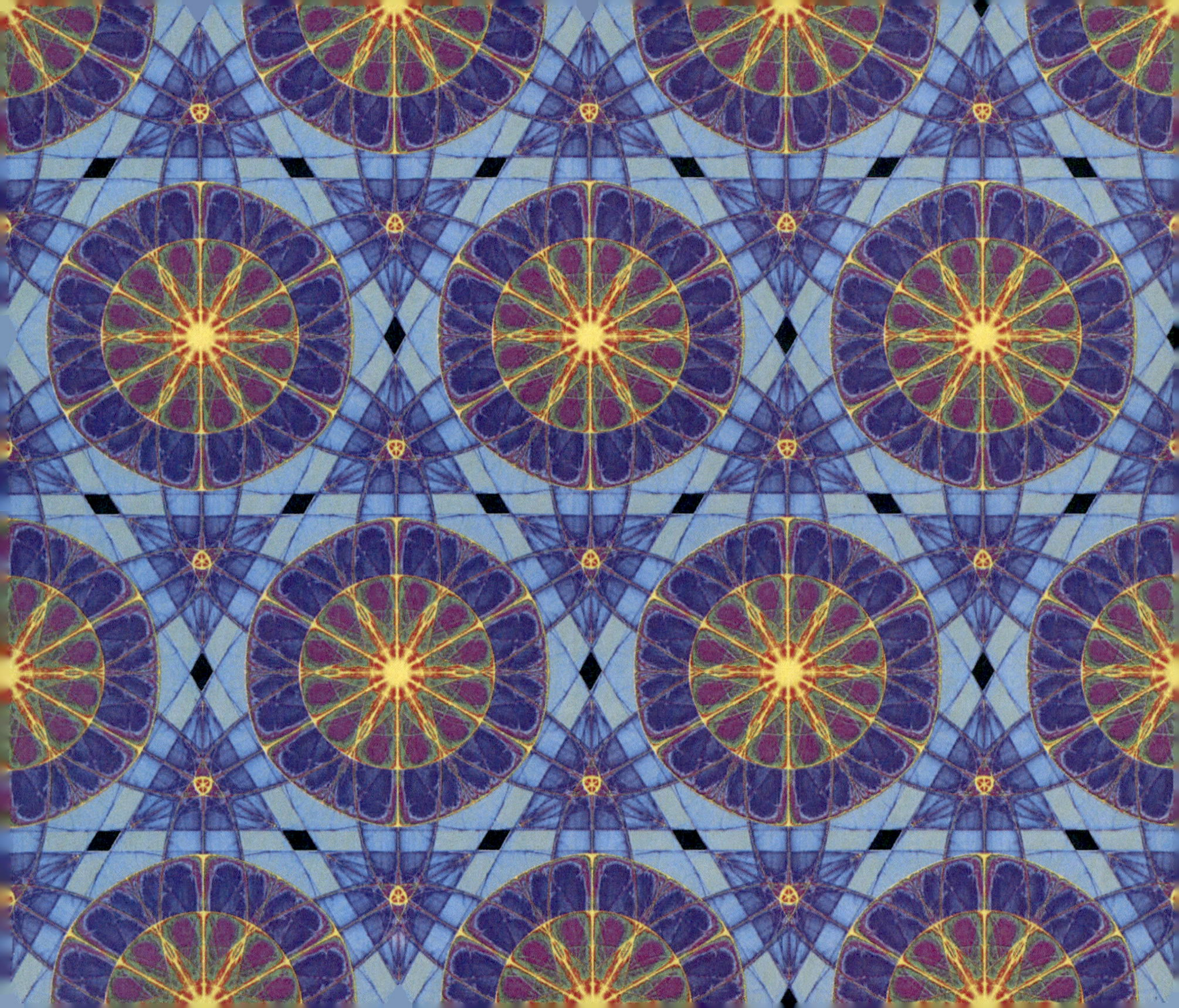

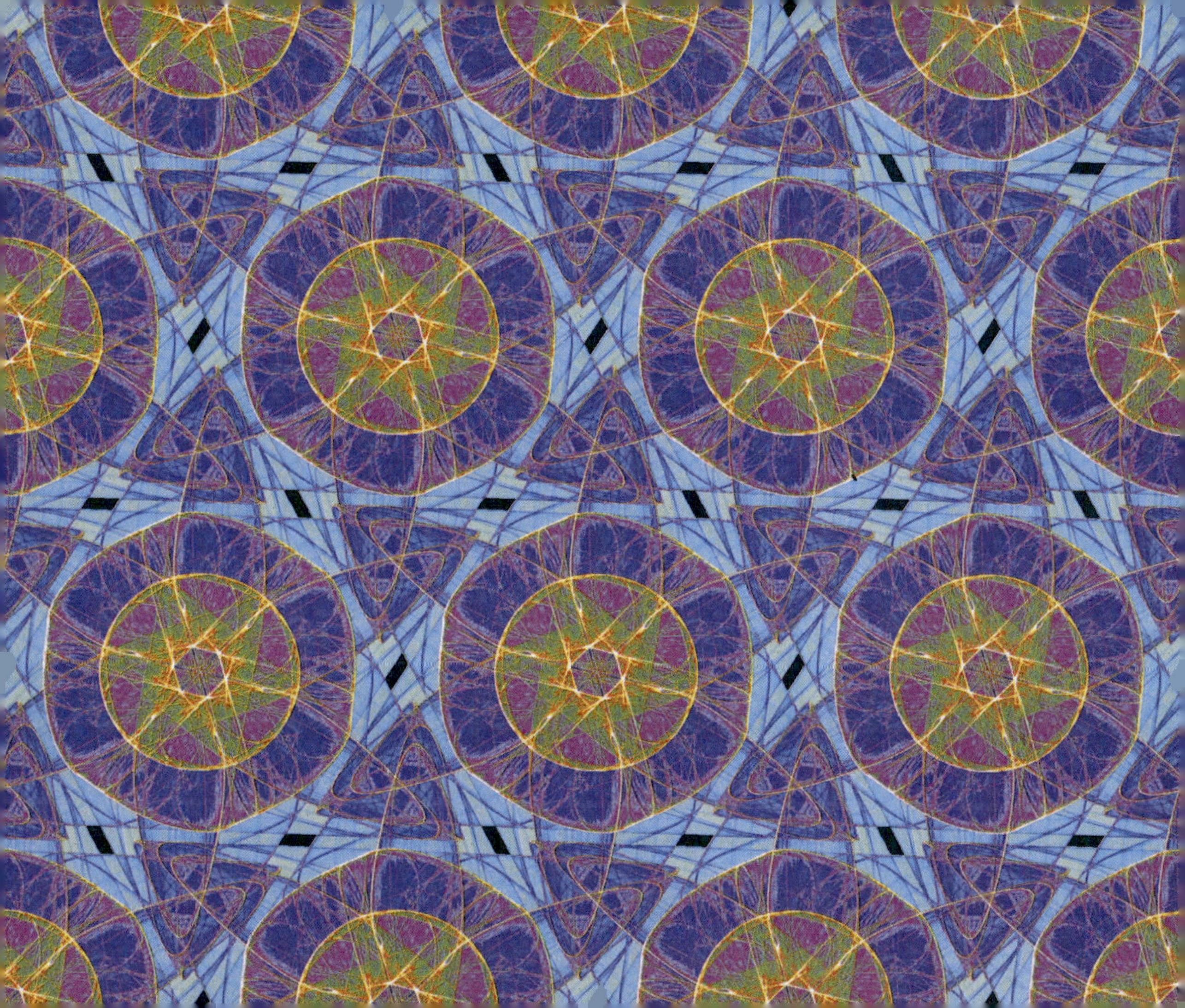

Abb. 6.4 (Seite 154): Sonnenuhren. Ein Quilt auf einem hexagonalen Gitter.

Abb. 6.5 (Seite 155): Zerbrochene Symmetrie.

wir für $\boldsymbol{N} = (n_1, n_2)$ und $\boldsymbol{X} = (x, y)$ noch das Produkt $\boldsymbol{N} \cdot \boldsymbol{X} = n_1 x + n_2 y$. Die Formel für f lautet dann

$$\begin{aligned} f(\boldsymbol{X}) = m\boldsymbol{X} + \lambda[&\sin(2\pi\boldsymbol{N} \cdot \boldsymbol{X})\boldsymbol{N} + \sin(2\pi R\boldsymbol{N} \cdot \boldsymbol{X})R\boldsymbol{N} \\ &+ \sin(2\pi R^2\boldsymbol{N} \cdot \boldsymbol{X})R^2\boldsymbol{N}] + \alpha[\sin(2\pi\boldsymbol{M} \cdot \boldsymbol{X})\boldsymbol{N} \\ &+ \sin(2\pi R\boldsymbol{M} \cdot \boldsymbol{X})R\boldsymbol{M} + \sin(2\pi R^2\boldsymbol{M} \cdot \boldsymbol{X})R^2\boldsymbol{M}] \\ &+ \sin(2\pi\boldsymbol{L} \cdot \boldsymbol{X})\boldsymbol{a} + \sin(2\pi R\boldsymbol{L} \cdot \boldsymbol{X})R\boldsymbol{a} + \sin(2\pi R^2\boldsymbol{L} \cdot \boldsymbol{X})R^2\boldsymbol{a} \\ &+ \sin(2\pi F\boldsymbol{L} \cdot \boldsymbol{X})F\boldsymbol{a} + \sin(2\pi RF\boldsymbol{L} \cdot \boldsymbol{X})RF\boldsymbol{a} \\ &+ \sin(2\pi R^2F\boldsymbol{L} \cdot \boldsymbol{X})R^2F\boldsymbol{a}. \end{aligned}$$

In Abbildung 6.4 wird ein Beispiel für einen Quilt gezeigt, der auf einem hexagonalen Gitter basiert.

Weniger innere Symmetrie

Wie bei den symmetrischen Objekten können auch hier die Formeln so abgeändert werden, daß die Attraktoren auf dem quadratischen Gitter symmetrisch bezüglich $\mathbf{Z}_4$ anstatt symmetrisch bezüglich $\mathbf{D}_4$ sind und auf dem hexagonalen Gitter symmetrisch bezüglich $\mathbf{Z}_6$ anstatt $\mathbf{D}_6$. Beispiele hierfür werden in den Abbildungen 6.3 und 6.5 gezeigt. Die Figur in Abbildung 6.5 entsteht, indem man der Formel, die zur Erzeugung der Figur in Abbildung 6.4 verwendet wurde, einen kleinen symmetriebrechenden Term hinzufügt.

Zum Schluß möchten wir festhalten, daß wir ebensogut ein rechteckiges oder ein rautenförmiges Gitter als Grundlage für unsere Bilder hätten wählen können. Aber für uns sind diese Gitter weniger interessant, da sie weniger natürliche Symmetrie als quadratische oder hexagonale Gitter besitzen.

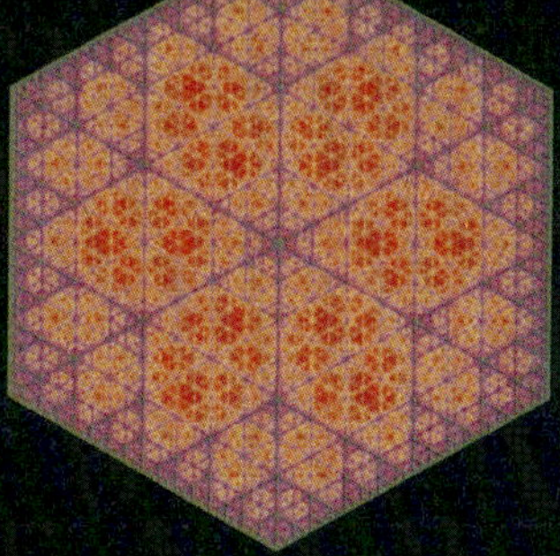

Kapitel 7

SYMMETRISCHE FRAKTALE

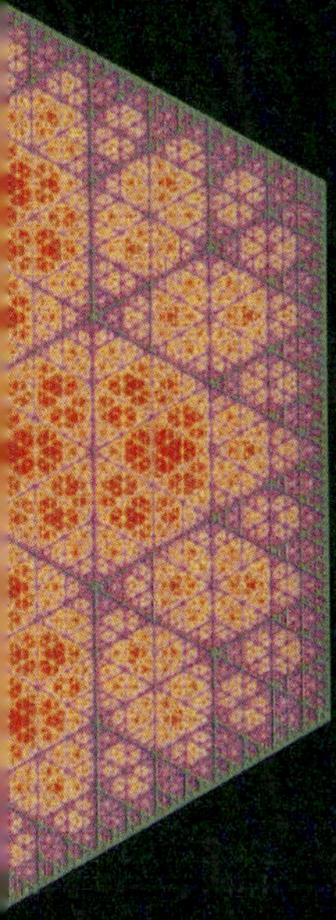

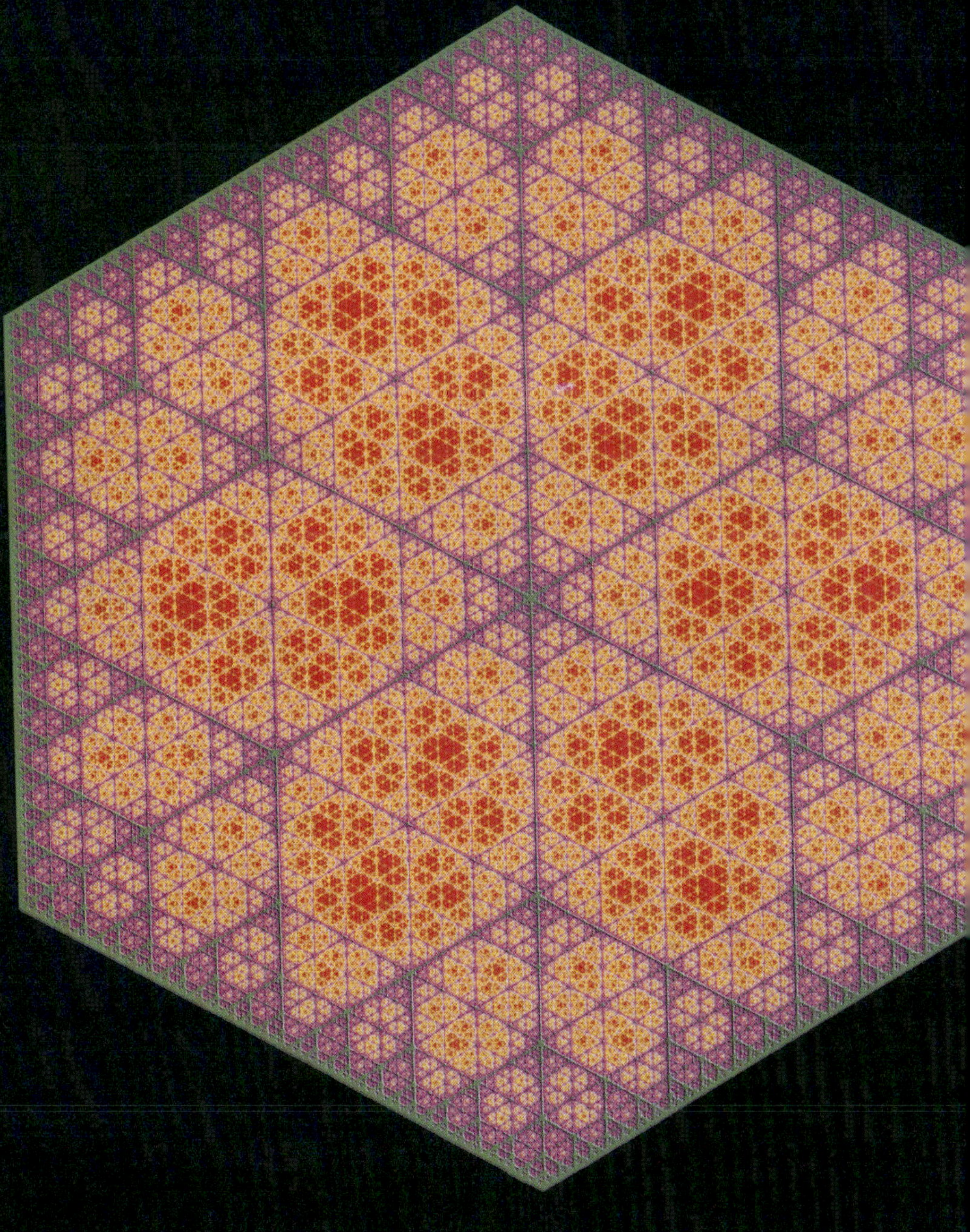

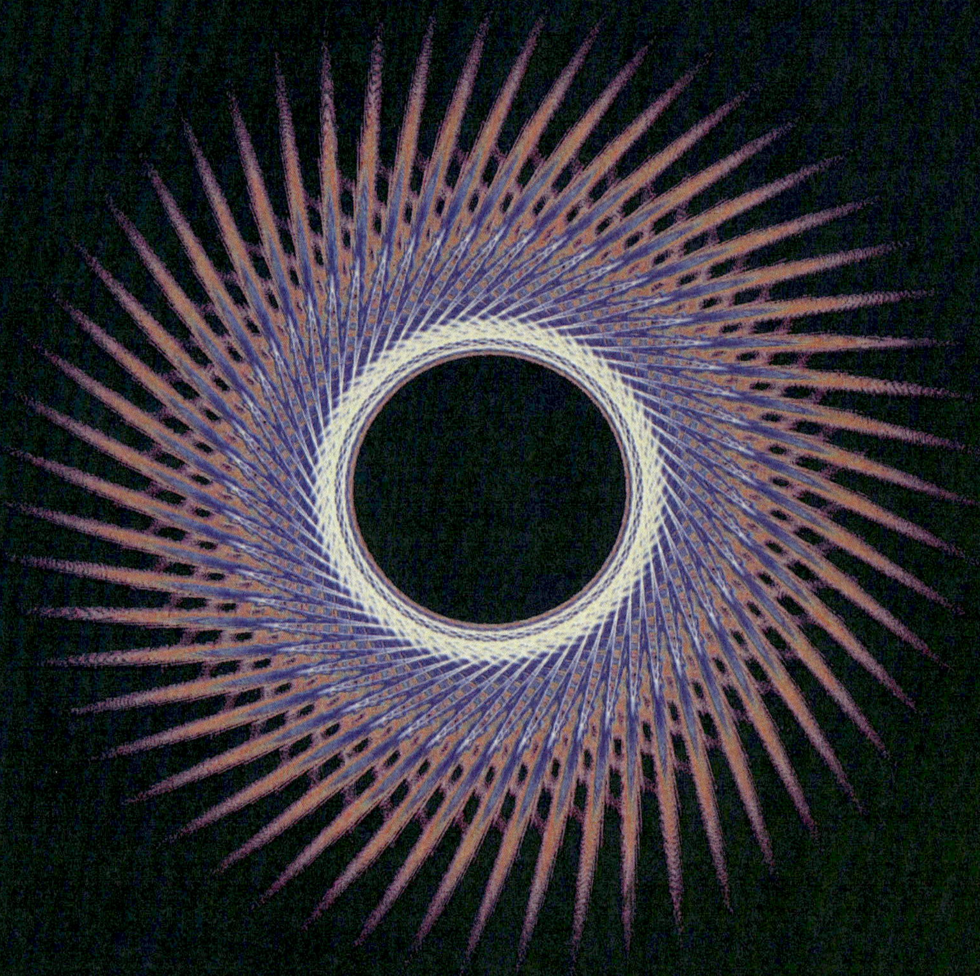

Um symmetrische Objekte zu konstruieren, haben wir eine recht komplizierte symmetrische polynomiale Abbildung gewählt und sie mit dem einfachen Prozeß der Iteration verbunden. Wie wir gezeigt haben, können hieraus geometrisch äußerst komplizierte Figuren entstehen. In diesem Kapitel benutzen wir eine ganz andere Methode. Wir arbeiten nicht mit einer einzigen komplizierten Abbildung, sondern wir verwenden mehrere sehr einfache Abbildungen der Ebene. Jede dieser Abbildungen besitzt genau einen Fixpunkt und erzeugt den entsprechenden punktförmigen Attraktor, wenn sie iteriert wird. Den Prozeß der Iteration einer einzigen Abbildung ersetzen wir durch einen raffinierteren iterativen Prozeß, bei dem aus unserer gegebenen Menge von einfachen Abbildungen nach dem *Zufallsprinzip* Abbildungen ausgewählt werden.

Wenn wir unsere Menge von einfachen Abbildungen symmetrisch wählen, erhalten wir eine symmetrische Figur in der Ebene. Wir nennen die resultierenden Figuren *symmetrische Fraktale*. In Abbildung 7.1 zeigen wir ein Fraktal mit 55facher Symmetrie, dem wir den Namen *Dreikäsehoch* gegeben haben. Wie Sie leicht feststellen können, unterscheiden sich diese symmetrischen Fraktale in Ausdruck und Struktur gewaltig von den symmetrischen Objekten. Dies resultiert aus der Tatsache, daß sie mit vollkommen anderen Methoden als die Objekte und Quilts erzeugt wurden.

Fraktale

In den letzten Jahren ist die auf Fraktalen basierende Computerkunst wahrhaft explodiert. Als Beispiele für Bücher, die diese Kunstwerke zeigen, seien genannt: *Die fraktale Geometrie der Natur* von Benoît Mandelbrot, *The Beauty of Fractals* von Heinz-Otto Peitgen und Peter H. Richter und *Fractals Everywhere* von Michael Barnsley. Die Methoden zur Erzeugung von

Abb. 7.1 (Seite 158): Dreikäsehoch.

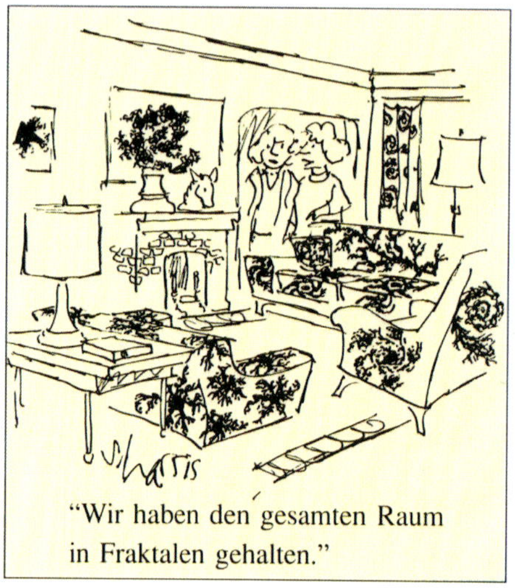

Abb. 7.2: Ein Cartoon von Sidney Harris, der Fraktale zum Thema hat.

fraktalen Landschaften und Bildern wurden in vielen Hollywood-Filmen für Spezialeffekte verwendet, am eindrücklichsten vielleicht in der *Star Wars*-Trilogie und in *Star Trek: The Wrath of Khan*. Die Fraktale sind sogar so allgemein bekannt geworden, daß sie in populären Magazinen und Zeitungen als Themen für Karikaturen dienen (vgl. Abb. 7.2).

Die Fraktale besitzen eine seltsame mathematische Eigenschaft: Sie besitzen in allen Maßstäben im wesentlichen die gleiche Struktur. Diese Eigenschaft wurde zu Beginn des zwanzigsten Jahrhunderts von mehreren Mathematikern entdeckt und untersucht. Der polnische Mathematiker Wroclaw Sierpiński hat 1915 die ersten Bilder einer Figur veröffentlicht, die wir heute unter dem Namen Sierpiński-Dreieck kennen (Abb. 7.3). Wenn wir das Dreieck genauer betrachten, stellen wir fest, daß es aus drei kleineren Dreiecken besteht, von denen jedes eine Kopie des ursprünglichen Dreiecks ist. Wenn wir eines dieser kleineren Dreiecke um den Faktor zwei vergrößern, erhalten wir wieder das ursprüngliche Dreieck. Sierpiński hat gezeigt, daß man diesen Prozeß *ad infinitum* wiederholen kann: Jedes der kleineren Dreiecke besteht wiederum aus drei verkleinerten Kopien seiner selbst. Das Sierpiński-Dreieck kann als mathematische Manifestation des französischen Bonmots "plus ça change, plus c'est la même chose" verstanden werden.

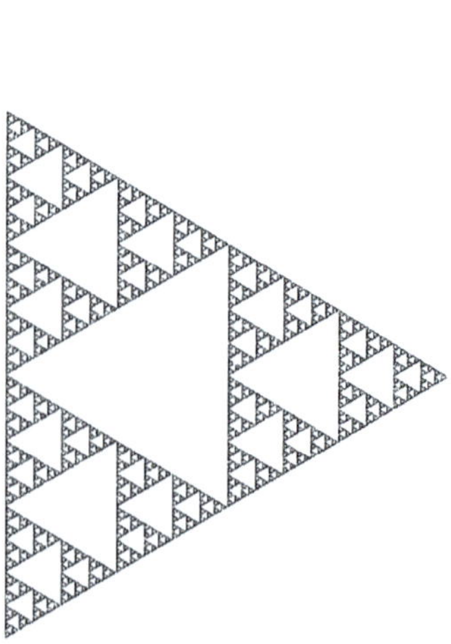

Abb. 7.3: Das Sierpiński-Dreieck.

Das Sierpiński-Dreieck

Heutzutage nennen wir Figuren, die die Eigenschaft unendlicher Reproduzierbarkeit besitzen, *Fraktale*. Man könnte meinen, daß man zur Herstellung von Fraktalen wie dem Sierpiński-Dreieck unendlich komplizierte Vorschriften benötigen würde. Dies ist jedoch nicht so: Eine der bemerkenswerten

Eigenschaften der Fraktale ist, daß sie durch einfache Vorschriften oder Algorithmen erzeugt werden können.

Wir möchten dies anhand des Algorithmus verdeutlichen, der zur Konstruktion eines Sierpiński-Dreiecks benötigt wird. Das Neue an dieser Konstruktion ist, daß sie auf der Wahl einer Folge von *Zufallszahlen* basiert.

Zunächst wählen wir uns ein gleichseitiges Dreieck in der Ebene. Wir bezeichnen die Ecken mit A, B und C und wählen einen Punkt im Inneren des Dreiecks aus. Nun wählen wir nach dem Zufallsprinzip eine der Ecken A, B oder C aus. Ist dies zum Beispiel B, bewegen wir den Punkt im Inneren zur Hälfte in die Richtung von B. Ist A die zufällig gewählte Ecke, bewegen wir den Punkt in die Richtung von A, ist C die Ecke, in die von C. Nun wiederholen wir diesen Prozeß. Wir erhalten so eine Folge von Punkten, die auf dem Computerbildschirm gezeichnet werden können.

Auf diese Weise haben wir einen dynamischen Prozeß definiert. Dieser ist *nicht deterministisch*. Wenn wir jedoch die Punkte zeichnen, die bei diesem Zufallsprozeß entstehen, und dabei das vorübergehende Verhalten ignorieren, erhalten wir trotzdem *immer* (mit der Wahrscheinlichkeit eins) die gleiche Figur: das *Sierpiński-Dreieck*.

Es ist sehr bemerkenswert, daß diese Prozedur funktioniert und uns immer wieder das Sierpiński-Dreieck liefert. Es ist jedoch noch überraschender, wenn wir diese Methode der zur Erzeugung der symmetrischen Objekte gegenüberstellen. In Kapitel 1 haben wir erklärt, wie ein deterministischer Prozeß zum Begriff Chaos und zu einem scheinbaren Zufallsprodukt führen kann. Nun behaupten wir, daß ein Zufallsprozeß zu einer Figur führen kann, die ausgeprägt regelmäßig ist. Sie kennen sicher das alte Sprichwort: "Man kann nicht alles haben." — Nun, in der Mathematik geht dies manchmal doch.

Die Wahrscheinlichkeit und Zufallszahlen

Wir wollen nun ein wenig abschweifen und erläutern die oben verwendeten Begriffe *zufällig* und *mit der Wahrscheinlichkeit eins*.

Wir beginnen mit dem Begriff Wahrscheinlichkeit. In Australien gibt es ein berühmtes (und illegales) Glücksspiel namens *two-up*. Dabei wird gewettet, ob zwei geworfene Münzen mit der gleichen Seite nach oben landen. Nennen wir die eine Seite der Münze Kopf und die andere Zahl, so wird darauf gewettet, ob beide Münzen gleichzeitig Kopf oder gleichzeitig Zahl zeigen. Wenn wir davon ausgehen, daß die Münzen nicht manipuliert sind (ein strittiger Punkt bei illegalen Spielen), dann ist die Wahrscheinlichkeit dafür, daß beide Münzen Zahl zeigen, $\frac{1}{4}$. Dies bedeutet nicht, daß bei einem Wurf beide Münzen Zahl zeigen, wenn wir die Münzen viermal werfen. Der Begriff Wahrscheinlichkeit basiert auf einem Mittel über die Zeit. Wenn wir sagen, daß die Wahrscheinlichkeit dafür, daß beide Münzen Zahl zeigen, $\frac{1}{4}$ beträgt, bedeutet dies folgendes: Wenn wir die Münzen sehr oft werfen, sagen wir hunderttausendmal, können wir erwarten, daß bei ungefähr einem Viertel der Würfe beide Münzen Zahl zeigen. Beachten Sie das Wort *erwarten*. Es ist möglich, jedoch *sehr unwahrscheinlich*, daß beide Münzen bei jedem dieser Würfe Zahl zeigen. Allerdings sind die Chancen hierfür sehr gering. Sie betragen ungefähr 1 zu 10^{60000}. Wenn wir sagen, die Wahrscheinlichkeit beträgt $\frac{1}{4}$, so bedeutet dies, daß wir im Mittel bei einem von vier Münzwürfen erwarten können, daß beide Münzen Zahl zeigen.

Nehmen Sie an, wir wollen eine Folge von ganzen Zahlen zwischen 1 und 10 wählen, sagen wir mal eine Folge von hunderttausend solcher Zahlen. Wie können wir sie erhalten? Eine Möglichkeit wäre, hunderttausend Leute zu bitten, eine solche Zahl zu nennen und das Ergebnis aufzuzeichnen. Würden wir hierdurch eine *zufällige* Auswahl erhalten? Die Antwort ist so gut wie sicher "nein". Die Zahlen besitzen oft kulturelle Assoziationen, und es gibt möglicherweise Vorlieben für gewisse Zahlen wie 3 oder 7. Daher fragen wir nochmals: Wie können wir Zahlen zwischen 1 und 10 auf "zufällige" Art erzeugen? Eine Möglichkeit wäre, sich einen imaginären zehnseitigen Würfel vorzustellen, dessen Seiten die Zahlen von 1 bis 10 tragen. Dann können wir Zufallszahlen zwischen 1 und 10 erzeugen, indem wir würfeln und immer die oberste Zahl nehmen. Wir würden dann erwarten, daß nach genügend Würfen jede Zahl ungefähr gleich oft erscheint. Anders gesagt: Die Wahrscheinlichkeit dafür, daß eine gegebene Zahl zwischen 1 und 10 zuoberst erscheint, sollte $\frac{1}{10}$ betragen. In der Praxis ist es schwierig, einen zehnseitigen und vollkommen gleichmäßigen Würfel zu konstruieren. Daher benutzen wir statt dessen einen Computer, um Zufallszahlen zwischen 1 und 10 oder zwischen 1 und irgendeiner natürlichen Zahl zu erzeugen.

Für das Sierpiński-Dreieck wählen wir Zufallszahlen zwischen 1 und 3. Hierbei entspricht 1 der Ecke A, 2 der Ecke B und 3 der Ecke C. Auf diese Art wählen wir im Mittel jede der Ecken A, B und C gleich oft. Wir können uns jedoch vorstellen, daß wir eventuell bei jeder Iteration die Ecke B erwischen. In diesem Fall resultiert als Figur (wenn das vorübergehende Verhalten ignoriert wird) genau die Ecke B und nicht das Sierpiński-Dreieck. Wenn wir sagen, daß das Sierpiński-Dreieck mit der Wahrscheinlichkeit eins auf dem Bildschirm erscheint, verlangen wir implizit, daß die Wahrscheinlichkeit dafür, daß immer die Ecke B gewählt wird, sehr klein ist.

Tatsächlich verlangen wir noch mehr. Wir nennen eine Folge von Ecken *schlecht*, wenn sie zu einer anderen Figur als dem Sierpiński-Dreieck führt. Wir behaupten nun, daß eine zufällig gewählte Folge von Ecken praktisch keine Chance besitzt, schlecht zu sein. Es gibt viele schlechte Folgen, nämlich unendlich viele. Wie ist dies also möglich?

Wahrscheinlichkeit eins

Gehen wir einmal davon aus, daß wir unsere Frage über Zahlen zwischen 1 und 10 abändern und daß eine beliebige Zahl genannt werden kann, sei sie ganzzahlig oder nicht. Was wird passieren, wenn wir wiederum eine große Zahl von Leuten bitten, eine Zahl zwischen 1 und 10 zu nennen? Nun ist es "weniger sicher", was die "meisten Leute" antworten werden. Um ein Gefühl dafür zu bekommen, machten wir einen Versuch mit einigen unserer Freunde. Mehrere von ihnen wählten erneut ganze Zahlen, einige kühnere dagegen nannten Brüche wie $1\frac{7}{8}$ oder $8\frac{2}{3}$ und andere Dezimalzahlen wie 3,14 oder 5,28. Es schien so, als hätten die Leute Zahlen gewählt, die sich gleichmäßig zwischen 1 und 10 verteilen. War ihre Auswahl jedoch *wahrscheinlich*? Zunächst lassen sich die gewählten Dezimalzahlen genausogut als Brüche schreiben. Zum Beispiel ist $3,14 = 3\frac{7}{50}$ und $5,28 = 5\frac{7}{25}$. In Kapitel 5 haben wir erwähnt, daß alle Brüche eine spezielle Gestalt besitzen, wenn sie als Dezimalzahl dargestellt werden: Die Dezimalentwicklung "endet" in einer Folge von Ziffern, die sich *ad infinitum* wiederholt. Im einfachsten Fall (wie zum Beispiel $7\frac{1}{2} = 7,500000$) endet die Dezimalentwicklung mit der Ziffer 0, die sich unendlich oft wiederholt. Endet umgekehrt eine Dezimalzahl in einer sich wiederholenden Ziffernfolge, dann kann sie als Bruch ausgedrückt werden. So ist zum Beispiel die Dezimalzahl

$$1,0588235294117647\,0588235294117647\,05882352\ldots$$

gleich dem Bruch $1\frac{1}{17}$. Zahlen wie $\sqrt{2}$, die nicht diese Eigenschaft besitzen, heißen irrationale Zahlen.

Unter diesem Aspekt scheint es sehr unwahrscheinlich zu sein, daß eine zufällig zwischen 1 und 10 gewählte Zahl ein Bruch ist. Denken wir in Begriffen der Dezimalentwicklung, dann bedeutet ein Bruch, daß wir eine Dezimalentwicklung wählen müssen, die mit einer Folge sich wiederholender Ziffern endet. So eine Wahl wäre nicht nur *unwahrscheinlich*, sie käme auch so gut wie nie vor, wenn wir die Dezimalentwicklung einer Zahl dadurch konstruieren, daß wir jede Ziffer, also eine ganze Zahl zwischen 0 und 9, nach dem Zufallsprinzip auswählen. Deshalb behaupten wir, daß die Wahrscheinlichkeit dafür, daß eine zufällig zwischen 1 und 10 ausgewählte Zahl ein Bruch ist, gleich null ist. Hieraus folgt dann, daß die Wahrscheinlichkeit dafür, daß eine zufällig zwischen 1 und 10 ausgewählte Zahl irrational ist, gleich eins ist. Auf analoge Weise kann man zeigen, daß der oben beschriebene Iterationsalgorithmus mit der Wahrscheinlichkeit eins zum Sierpiński-Dreieck führt.

Sierpiński-Polygone

Unser Algorithmus zur Konstruktion des Sierpiński-Dreiecks basierte auf der Festlegung eines gleichseitigen Dreiecks oder genauer auf der Festlegung der Ecken dieses Dreiecks. Es ist nur natürlich, diesen Algorithmus etwas abzuändern und das Dreieck durch ein Quadrat oder ein anderes regelmäßiges Vieleck zu ersetzen. Nehmen Sie zum Beispiel an, wir hätten in der Ebene ein regelmäßiges Fünfeck gewählt. Dann hätten wir einen Anfangspunkt im Inneren des Fünfecks bestimmt und unseren Algorithmus dadurch definiert, daß wir eine Zufallsfolge der Ecken auswählen und bei jeder Iteration den Punkt zur Hälfte in die Richtung der gewählten Ecke schieben. In Abbildung 7.4 zeigen wir die Figuren, die man bei einem regelmäßigen Fünfeck bzw. Sechseck erhält. Das Quadrat betrachten wir später.

Wir betrachten nun die Vorschriften, die wir zur Konstruktion des Sierpiński-Dreiecks verwendet haben, etwas genauer. Wir wählen in der Ebene das gleichseitige Dreieck mit den Ecken $A = (1, 0)$, $B = (-\frac{1}{2}, \frac{\sqrt{3}}{2})$ und $C = (-\frac{1}{2}, -\frac{\sqrt{3}}{2})$. Das Zentrum dieses Dreiecks ist der Ursprung.

Nun wählen wir einen Punkt $X = (x, y)$. In der Zufallsfolge der Ecken sei die Ecke A an der Reihe. Dann bewegen wir den Punkt X zur Hälfte in die Richtung von A, indem wir die Koordinaten von A und X arithmetisch mitteln. Dies führt zu der Abbildung

$$\rho_A(x, y) = \left(\tfrac{1}{2}x + \tfrac{1}{2}, \tfrac{1}{2}y\right).$$

Da B die Koordinaten $(-\frac{1}{2}, \frac{\sqrt{3}}{2})$ besitzt, wird die Abbildung, die X zur Hälfte in die Richtung von B bewegt, beschrieben durch

$$\rho_B(x, y) = \left(\frac{1}{2}x - \frac{1}{4}, \frac{1}{2}y + \frac{\sqrt{3}}{4}\right),$$

und die, die X in die Richtung von C bewegt, durch

$$\rho_C(x, y) = \left(\frac{1}{2}x - \frac{1}{4}, \frac{1}{2}y - \frac{\sqrt{3}}{4}\right).$$

Die Abbildung ρ_A besitzt genau einen Fixpunkt, nämlich A. Wenn wir bei der Iteration nur die Abbildung ρ_A verwenden, kommen die Iterier-

Abb. 7.4
(Seite 166):
Das Sierpiński-Fünfeck;
(Seite 167):
Das Sierpiński-Sechseck.

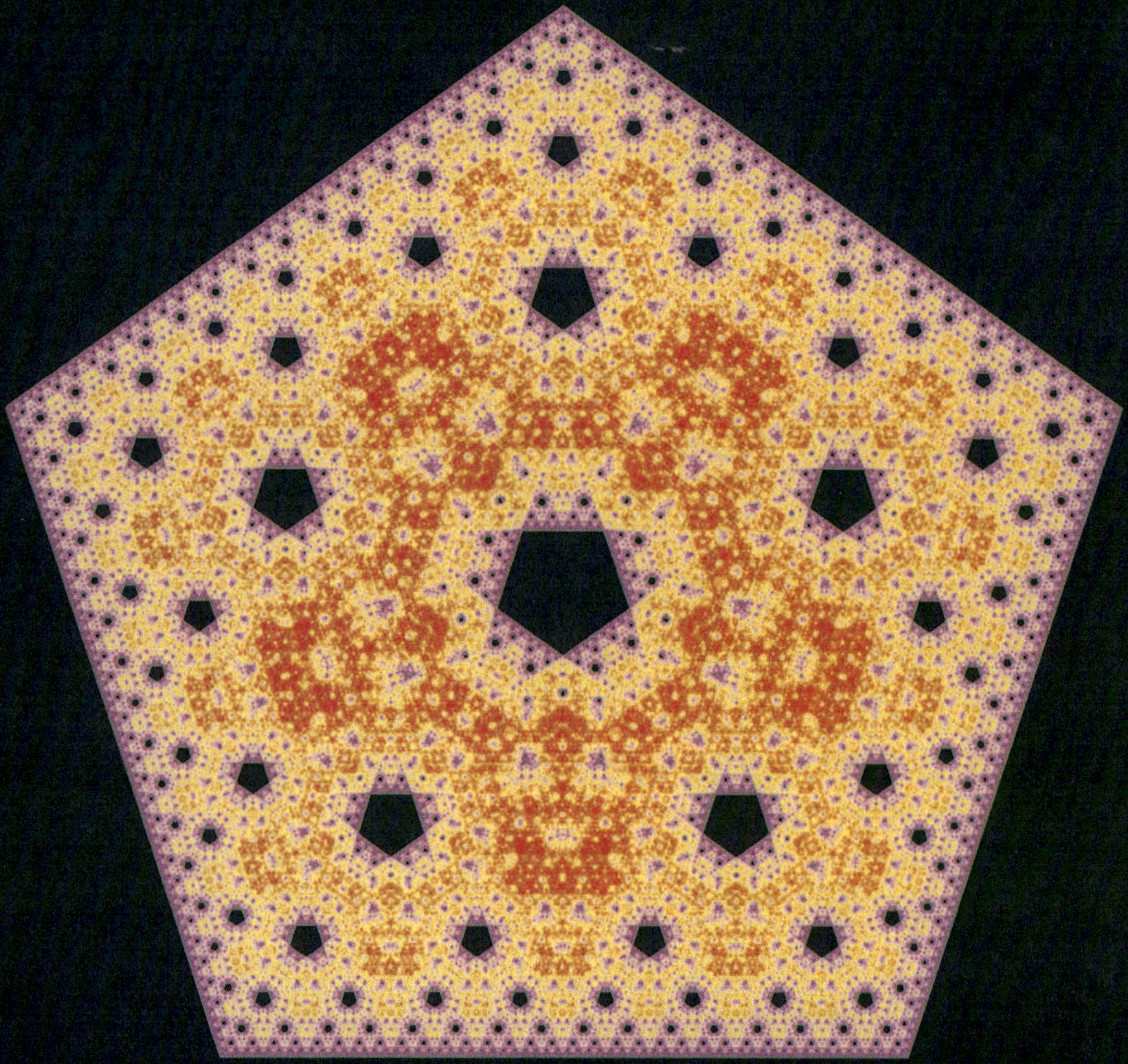

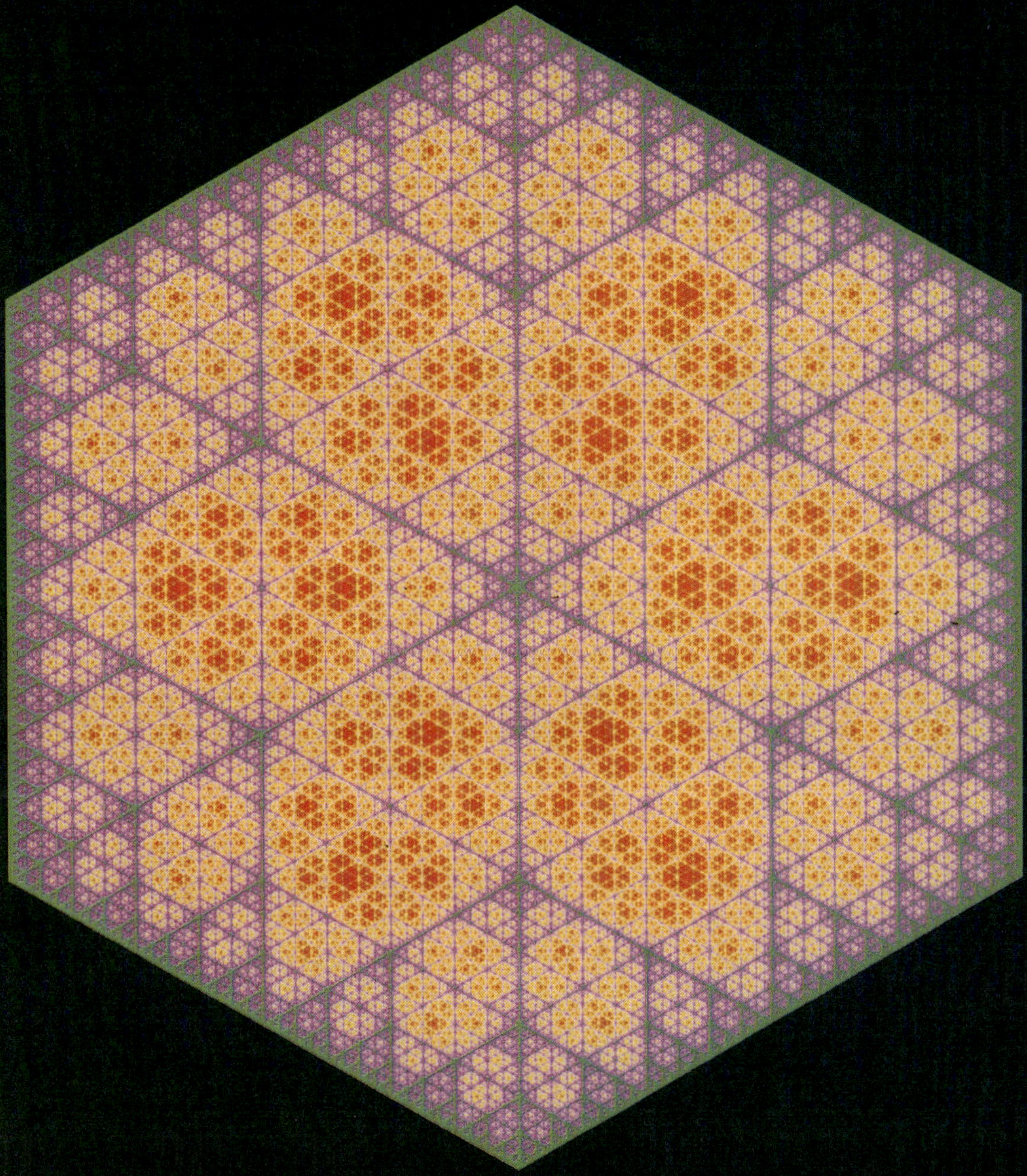

ten von X immer näher an A heran. A ist also ein Attraktor für die durch ρ_A definierte Iteration. Ähnliche Bemerkungen gelten für die Abbildungen ρ_B und ρ_C. Für sich allein betrachtet, besitzt jede dieser Abbildungen ein ähnliches dynamisches Verhalten wie die "Halbierungsabbildung". Wir möchten betonen, daß die Abbildungen ρ_A, ρ_B und ρ_C sehr einfach sind, besonders im Vergleich mit den symmetrischen polynomialen Abbildungen, die wir zur Konstruktion von symmetrischen Objekten verwendet haben.

Affine Abbildungen

Die Abbildungen ρ_A, ρ_B und ρ_C sind Beispiele für *affine Abbildungen*. Eine affine Abbildung der Ebene besitzt immer die Gestalt

$$\rho(x, y) = (ax + by + \alpha, cx + dy + \beta)$$

mit reellen Zahlen a, b, c, d, α und β.

In den vergangenen Jahren wurde die Methode, die wir zur Konstruktion des Sierpiński-Dreiecks beschrieben haben, verallgemeinert. Auf diese Weise wurden die unterschiedlichsten fraktalen Bilder erzeugt. Wir werden die hierbei verwendeten grundlegenden Gedanken erläutern, für Details sei auf das Buch von Michael Barnsley verwiesen.

Wir wählen eine endliche Menge $\rho_1, \ldots, \rho_k$ von affinen Abbildungen und bilden einen ähnlichen dynamischen Prozeß wie den im Zusammenhang mit dem Sierpiński-Dreieck beschriebenen. Zunächst wählen wir einen Anfangspunkt X in der Ebene. Dann wählen wir nach dem Zufallsprinzip eine ganze Zahl j zwischen 1 und k. Der neue Punkt wird durch $\rho_k(X)$ definiert. Diese Konstruktion definiert den iterativen Prozeß. Erfüllen nun die affinen Abbildungen eine zusätzliche Bedingung, dann konvergiert dieser Prozeß mit der Wahrscheinlichkeit eins gegen ein Fraktal.

Es sollte klar sein, daß wir an die affinen Abbildungen $\rho_1, \ldots, \rho_k$ zusätzliche Bedingungen stellen müssen. Wären z.B. alle Abbildungen alle gleich der Abbildung $\rho(x, y) = (ax, ay)$, wobei a eine gegebene reelle Zahl ist, und ist hierbei a größer als 1, dann würden die Punkte bei der Iteration unbeschränkt wachsen. Da wir immer die gleiche Abbildung anwenden würden, wäre der Prozeß in diesem Fall ähnlich wie der bei der Verdoppelungsabbildung. Wäre andrerseits a positiv, aber kleiner als 1, dann würden die Punkte gegen den Ursprung konvergieren und der Prozeß wäre ähnlich wie der bei der Halbierungsabbildung.

Kontraktionen

Wir betrachten nun Abbildungen der Ebene, die *Kontraktionen* sind. Um sich eine Kontraktion vorzustellen, sei ρ eine Abbildung der Ebene und k eine positive Zahl, die kleiner als 1 ist. Wir nennen dann ρ eine *Kontraktion* mit *Kontraktionsrate* k, falls für jedes Paar X und Y von Punkten in der Ebene der Abstand zwischen $\rho(X)$ und $\rho(Y)$ kleiner oder gleich k mal dem Abstand zwischen X und Y ist. Bei der Iteration einer Kontraktion werden Paare von Punkten näher zusammengeführt, denn die Abstände werden um den Faktor k verkleinert. Alle Abbildungen ρ_A, ρ_B und ρ_C, mit denen wir das Sierpiński-Dreieck konstruiert haben, sind Kontraktionen, denn sie halbieren die Abstände zu den entsprechenden Ecken.

Man kann zeigen, daß jede polynomiale Abbildung der Ebene, die eine Kontraktion ist, eine affine Abbildung sein muß. Insbesondere ist keine der Abbildungen, die wir zur Konstruktion von symmetrischen Objekten verwendet haben, eine Kontraktion. Mit etwas mehr Aufwand kann man ferner zeigen, daß die affine Abbildung

$$\rho(x, y) = (ax + by + \alpha, cx + dy + \beta)$$

genau dann eine Kontraktion ist, wenn gilt:

$$a^2 + c^2 < 1,$$
$$b^2 + d^2 < 1,$$
$$a^2 + b^2 + c^2 + d^2 < 1 + (ad - cb)^2.$$

Iterierte Funktionensysteme und Fraktale

Nach Barnsley heißt eine Menge $\rho_1, \ldots, \rho_k$ von affinen Kontraktionen ein *iteriertes Funktionensystem*. Wir können diesen Begriff zur Definition eines

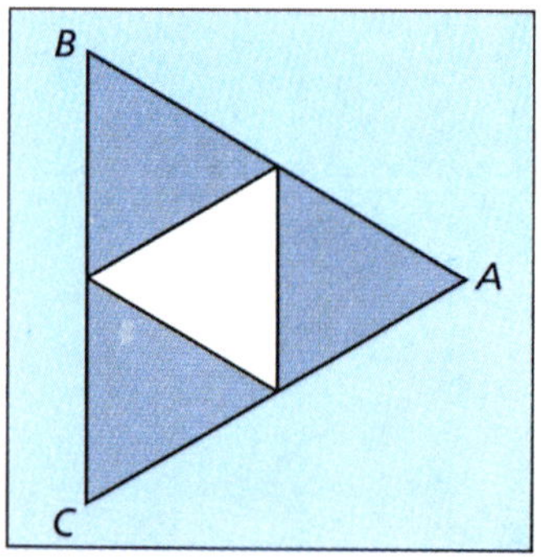

Abb. 7.5: Aus einem Dreieck entstehen neue.

Fraktals verwenden. Wir nennen eine Menge L von Punkten in der Ebene ein *Fraktal*, wenn es ein iteriertes Funktionensystem $\rho_1, \ldots, \rho_k$ gibt, so daß die Punkte in L genau die Punkte sind, die in mindestens einer der Mengen $\rho_1(L), \ldots, \rho_k(L)$ liegen. Unter Verwendung von mathematischen Standardnotationen können wir dies ökonomischer ausdrücken, indem wir hierfür schreiben:

$$L = \rho_1(L) \cup \ldots \cup \rho_k(L).$$

Dies bedeutet, daß L die *Vereinigung* der Mengen $\rho_1(L), \ldots, \rho_k(L)$ ist. Da die Abbildung ρ_1 eine Kontraktion ist, können wir $\rho_1(L)$ als maßstabsverkleinerte oder geschrumpfte Kopie von L ansehen. Das gleiche gilt für die anderen Mengen $\rho_2(L), \ldots, \rho_k(L)$. Ein Fraktal ist folglich die Vereinigung von (endlich vielen) maßstabsverkleinerten Kopien seiner selbst.

Man kann zeigen, daß ein Fraktal immer die Eigenschaft hat, in allen Maßstäben eine ähnliche Struktur zu besitzen. Wie wir später erläutern werden, *kann* diese Eigenschaft auf eine sehr einfache und uninteressante Art auftreten. Jedoch ist der Typ von Struktur, den das Sierpiński-Dreieck besitzt, für die meisten Fraktale charakteristisch. Daher werden wir den Begriff des Fraktals anhand des Sierpiński-Dreiecks erläutern.

Lassen Sie uns als Beispiel genauer betrachten, wie die Kontraktionen ρ_A, ρ_B und ρ_C tatsächlich wirken und wie sie Stücke des Dreiecks verkleinern. Um unsere Notation etwas zu vereinfachen, bezeichnen wir das gleichseitige Dreieck mit den Ecken A, B und C mit S. Die Menge $\rho_A(S)$ besteht aus allen Punkten $\rho_A(X)$ mit X aus S. Analog definieren wir $\rho_B(S)$ und $\rho_C(S)$. Die Kontraktion ρ_A verkleinert S um die Hälfte. Deshalb ist $\rho_A(S)$ ein gleichseitiges Dreieck, dessen Seiten halb so lang sind wie die des ursprünglichen Dreiecks A. Das gleiche gilt für $\rho_B(S)$ und $\rho_C(S)$. In Abbildung 7.5 stellen wir dar, wie $\rho_A(S)$, $\rho_B(S)$ und $\rho_C(S)$ innerhalb S liegen. Das gleichseitige Dreieck S aus Abbildung 7.5 ist kein Fraktal, denn die Menge $\rho_A(S) \cup \rho_B(S) \cup \rho_C(S)$ liegt zwar in S, ist aber nicht gleich S. Die Menge enthält nicht die Punkte, die innerhalb des mittleren weißen Dreiecks liegen.

Um zu verstehen, wie das Sierpiński-Dreieck nun entsteht, wiederholen wir diesen Prozeß, wobei wir jedoch S durch die Menge S_1 ersetzen, die aus allen Punkten besteht, die in einer der Mengen $\rho_A(S)$, $\rho_B(S)$ oder $\rho_C(S)$ liegen. Wir schreiben hierfür symbolisch

$$S_1 = \rho_A(S) \cup \rho_B(S) \cup \rho_C(S).$$

Nun ist $\rho_A(S_1)$ wie auch $\rho_B(S_1)$ und $\rho_C(S_1)$ eine maßstabsverkleinerte Version von S_1. In Abbildung 7.6 sehen Sie die Punkte von

$$S_2 = \rho_A(S_1) \cup \rho_B(S_1) \cup \rho_C(S_1).$$

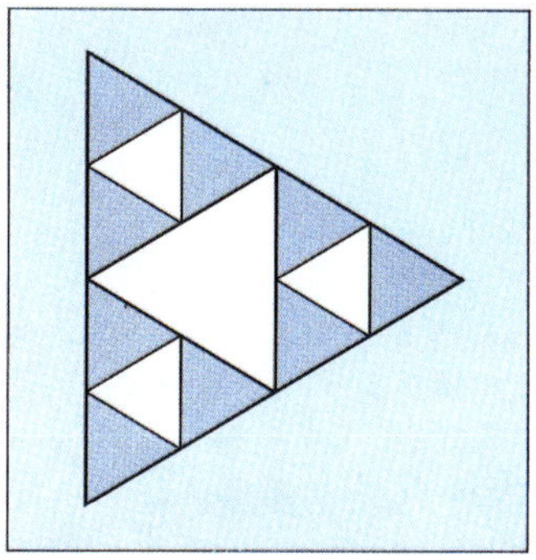

Abb. 7.6: Auf dem Weg zum Sierpiński-Dreieck.

Wir sind zwar immer noch sehr weit vom Sierpiński-Dreieck entfernt, aber es gibt bereits eine definitive Ähnlichkeit.

Wiederum ist S_2 kein Fraktal, denn die kleineren weißen Dreiecke fehlen. Wir können jedoch mit diesem Prozeß immer weiter fortfahren und erreichen als Grenzwert eine Menge S_∞. Diese Menge ist das Sierpiński-Dreieck. Sie besitzt die Eigenschaft, daß sie in allen Maßstäben die gleiche Art von weißen Dreiecken nicht enthält. Es ist nicht sehr überraschend, daß

$$S_\infty = \rho_A(S_\infty) \cup \rho_B(S_\infty) \cup \rho_C(S_\infty)$$

gilt. Deshalb ist S_∞ ein Fraktal.

Strikte Fraktale und überlagerte Fraktale

Wenn die Mengen $\rho_1(L), \ldots, \rho_k(L)$ *disjunkt* sind, wenn sie also keine gemeinsamen Punkte besitzen, nennen wir L ein *striktes Fraktal*. Das Sierpiński-Dreieck ist nicht weit davon entfernt, ein striktes Fraktal zu sein. Zum Beispiel besitzen $\rho_A(S_\infty)$ und $\rho_B(S_\infty)$ nur einen gemeinsamen Punkt, nämlich den Mittelpunkt der Seite AB des ursprünglichen Dreiecks. In unserer Definition eines Fraktals verlangen wir im allgemeinen nicht, daß die Mengen $\rho_1(L), \ldots, \rho_k(L)$ disjunkt sind. Schneiden sich die Mengen, heißt das Fraktal

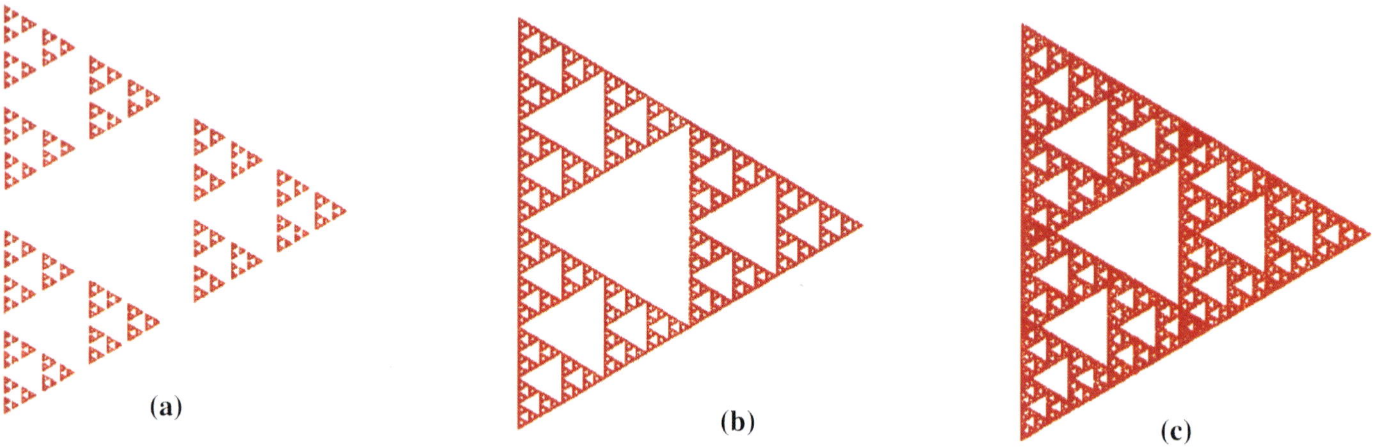

(a) (b) (c)

Abb. 7.7: Strikte und überlagerte Fraktale.

überlagert. Die meisten symmetrischen Fraktale, die wir in diesem Buch abbilden, sind von dieser Art. In Abbildung 7.7 zeigen wir, wie sich eine Abänderung der Vorschrift zur Konstruktion des Sierpiński-Dreiecks auswirkt. In Abbildung 7.7a haben wir ρ_A, ρ_B und ρ_C definiert, indem ein Punkt mit dem Faktor 0,55 in die Richtung von A, B bzw. C bewegt wird. In Abbildung 7.7b beträgt dieser Faktor 0,5, in Abbildung 7.7c ist er 0,45. Wie man leicht sieht, erhalten wir in a ein striktes Fraktal, in b das Sierpiński-Dreieck und in c ein überlagertes Fraktal.

Zwei grundlegende Theoreme

Im Buch von Barnsley finden sich zwei wunderschöne Theoreme über iterierte Funktionensysteme. Das erste Theorem besagt, daß jedes iterierte Funktionensystem einem eindeutig bestimmten Fraktal entspricht, das heißt, es gibt eine eindeutig bestimmte beschränkte Menge S mit

$$S = \rho_1(S) \cup \ldots \cup \rho_k(S).$$

Das zweite Theorem liefert eine effektive Art, dieses Fraktal zu konstruieren. Wenn wir mit einem Punkt in der Ebene beginnen und den oben beschriebenen dynamischen Zufallsprozeß durchführen, erhalten wir mit der Wahrscheinlichkeit eins das Fraktal S.

Auf den ersten Blick mag es überraschend sein, daß man die Existenz einer Menge S nachweisen kann, die die Bedingungen des ersten Theorems erfüllt. Daß man in der Lage ist, eine solche Aussage zu treffen, illustriert eine der Stärken der mathematischen Denkweise. Da die Idee, die hinter

Abb. 7.8 (Seite 173): Kreissäge.

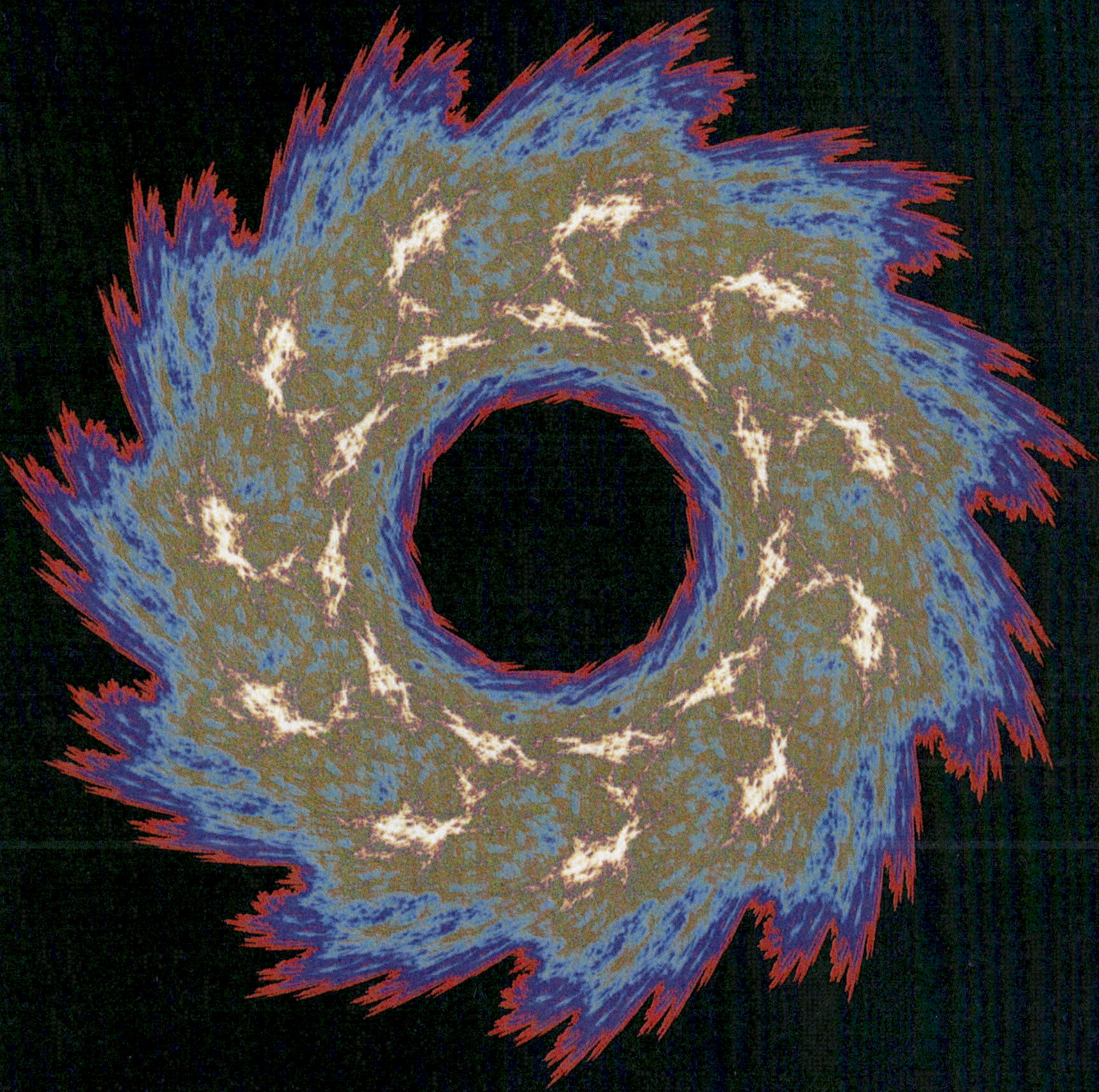

Abb. 7.9 (Seite 175): Feuerrad.

diesem Beweis steckt, sehr elegant ist, wollen wir beschreiben, warum das Resultat gültig ist.

Eine der charakteristischen Eigenschaften von Kontraktionen ist, daß sie einen eindeutig bestimmten Fixpunkt besitzen und daß die Iterierten eines beliebigen Anfangspunktes immer gegen diesen Fixpunkt konvergieren. Die grundlegende Idee zum Beweis des ersten Theorems besteht darin, mit Hilfe des iterierten Funktionensystems eine Kontraktion auf der Menge aller beschränkten Teilmengen der Ebene zu definieren. Dies ist sicherlich ein anspruchsvoller Gedanke, denn es ist nicht unmittelbar klar, wie man den Abstand zweier Mengen in der Ebene definieren sollte. Es ist jedoch einfach, die Abbildung von den Teilmengen der Ebene in die Teilmengen der Ebene zu definieren. Ist ein iteriertes Funktionensystem $\rho_1, \ldots, \rho_k$ und eine Teilmenge L der Ebene gegeben, definieren wir eine neue Teilmenge $\rho(L)$ der Ebene durch die Formel

$$\rho(L) = \rho_1(L) \cup \ldots \cup \rho_k(L).$$

Beim Sierpiński-Dreieck zum Beispiel, wo wir das gleichseitige Dreieck mit S bezeichnet haben, ist $\rho(L)$ gerade die Menge S_1. Es kann gezeigt werden, daß diese Transformation der Teilmengen der Ebene eine Kontraktion ist. Sie besitzt also einen eindeutig bestimmten Fixpunkt. Dieser ist eine Menge, die wir mit S bezeichnen. Da S ein Fixpunkt von ρ ist, haben wir

$$S = \rho_1(S) \cup \ldots \cup \rho_k(S).$$

Deshalb ist S ein Fraktal, das die Bedingungen des Theorems erfüllt.

Die Konstruktion des Fraktals S kann durch eine Iteration erfolgen. Der Unterschied zu unserer Konstruktion der symmetrischen Objekte besteht darin, daß die Transformation ρ eine Kontraktion und daher einfach ist. Dagegen ist die Menge, auf der sie operiert, kompliziert, und deshalb können wir bei einem äußerst komplexen geometrischen Gebilde landen. Beim Sierpiński-Dreieck bilden die Iterierten von ρ gerade die Mengen S_k, und die Grenzmenge S_∞ ist das Sierpiński-Dreieck.

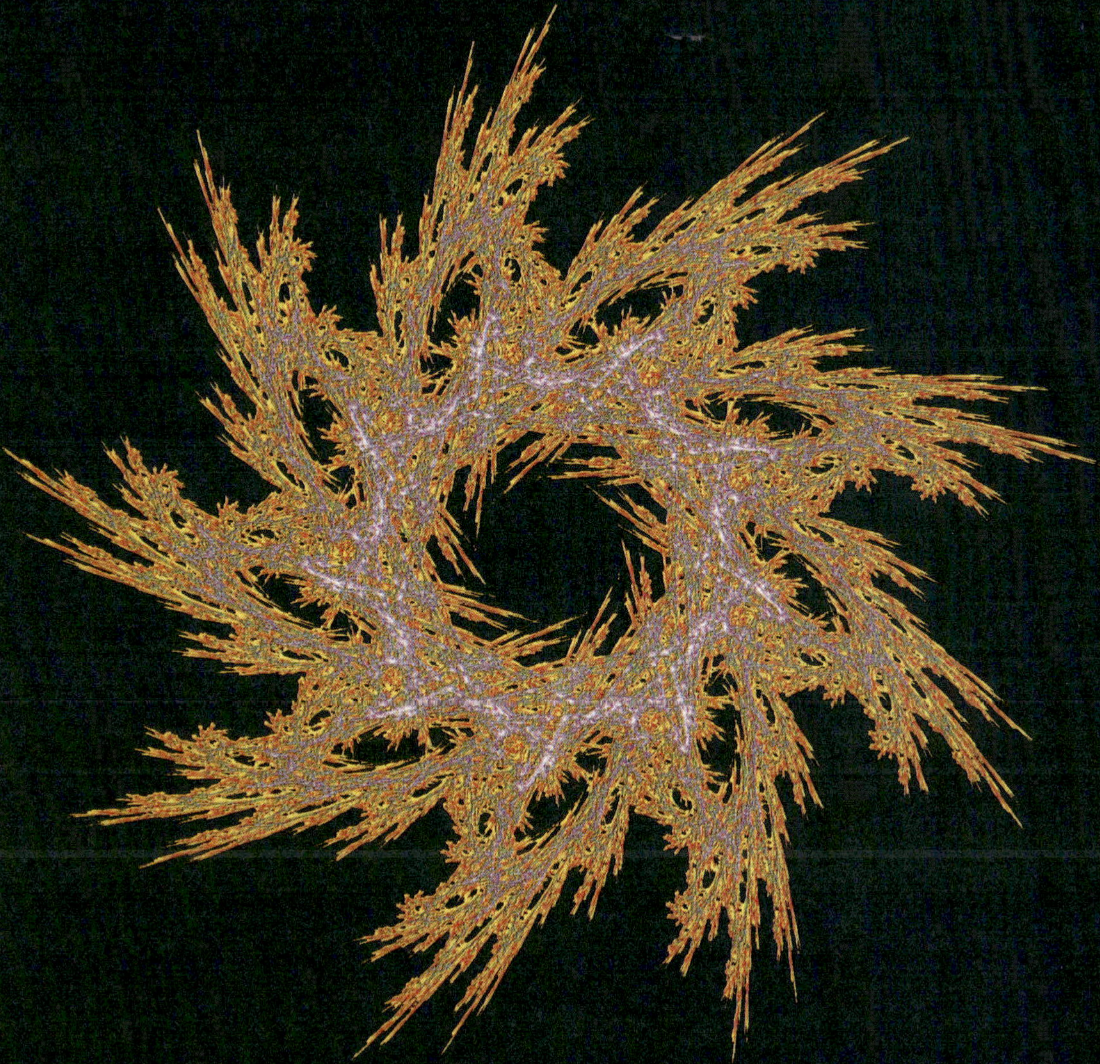

Abb. 7.10 (Seite 177): Die Biene.

Die Methode, die zum Beweis des ersten Theorems verwendet wurde, suggeriert eine Möglichkeit, das einem iterierten Funktionensystem entsprechende Fraktal zu konstruieren: Man nimmt eine Teilmenge S der Ebene und iteriert mit Hilfe der oben beschriebenen Abbildung ρ. Theoretisch gesehen funktioniert diese Methode gut. In der Praxis jedoch benötigt sie einen enormen Rechenaufwand. Das Wesentliche des zweiten Theorems ist, daß wir das Fraktal konstruieren können, indem wir lediglich einen beliebigen Punkt in der Ebene wählen und den oben beschriebenen dynamischen Prozeß ausführen. Etwas phantasievoller ausgedrückt, können wir das Fraktal, das wir durch den ersten Prozeß erhalten, als Mittel über den *Raum* ansehen, und das Fraktal, das wir durch den zweiten Prozeß erhalten, als Mittel über die *Zeit*. Das zweite Theorem sagt aus, daß das Mittel über den Raum und das Mittel über die Zeit gleich sind. Dieses Resultat ist ein Beispiel für einen *Ergodensatz*. Obwohl dieses Thema unseren Rahmen sprengt, möchten wir doch festhalten, daß der Begriff der Ergodizität für die moderne Theorie der dynamischen Systeme eine zentrale Bedeutung besitzt.

Das Sierpiński-Quadrat

Wie wir schon erwähnt haben, ist es in einem Fall sehr einfach, das aus dem ersten Prozeß resultierende Fraktal zu beschreiben. Stellen Sie sich ein Quadrat mit den Ecken A, B, C und D vor. Als iteriertes Funktionensystem wählen wir die affinen Kontraktionen $\rho_A, \ldots, \rho_D$, bei denen die Punkte zur Hälfte in die Richtung der entsprechenden Ecken bewegt werden. Dies sind gerade die affinen Kontraktionen, die wir bei der Behandlung der Sierpiński-Polygone betrachtet haben. Nun bezeichnen wir das Quadrat mit S und unterteilen S in vier Quadrate, wie es in Abbildung 7.11 dargestellt wird. Die Menge $\rho_A(S)$ ist dann gerade das kleine Quadrat, das die Ecke A enthält. Es ist in Abbildung 7.11 dunkel eingezeichnet. Analog sind die Mengen $\rho_B(S)$, $\rho_C(S)$ und $\rho_D(S)$ die kleinen Quadrate, die die Ecken B, C bzw. D enthalten. Daher erfüllt S die Bedingung

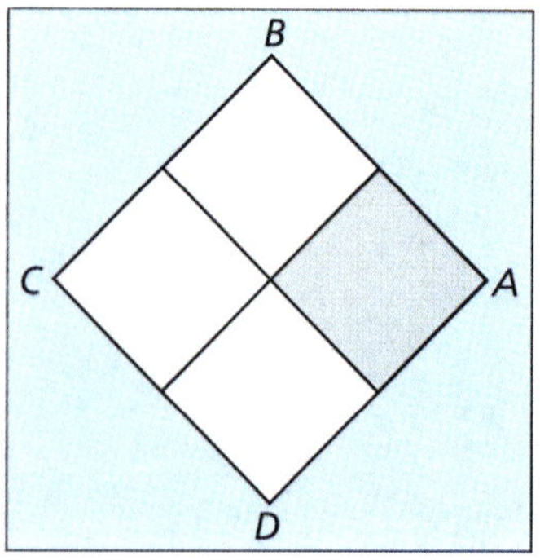

Abb. 7.11: Unterteilungen beim Sierpiński-Quadrat.

$$S = \rho_A(S) \cup \rho_B(S) \cup \rho_C(S) \cup \rho_D(S).$$

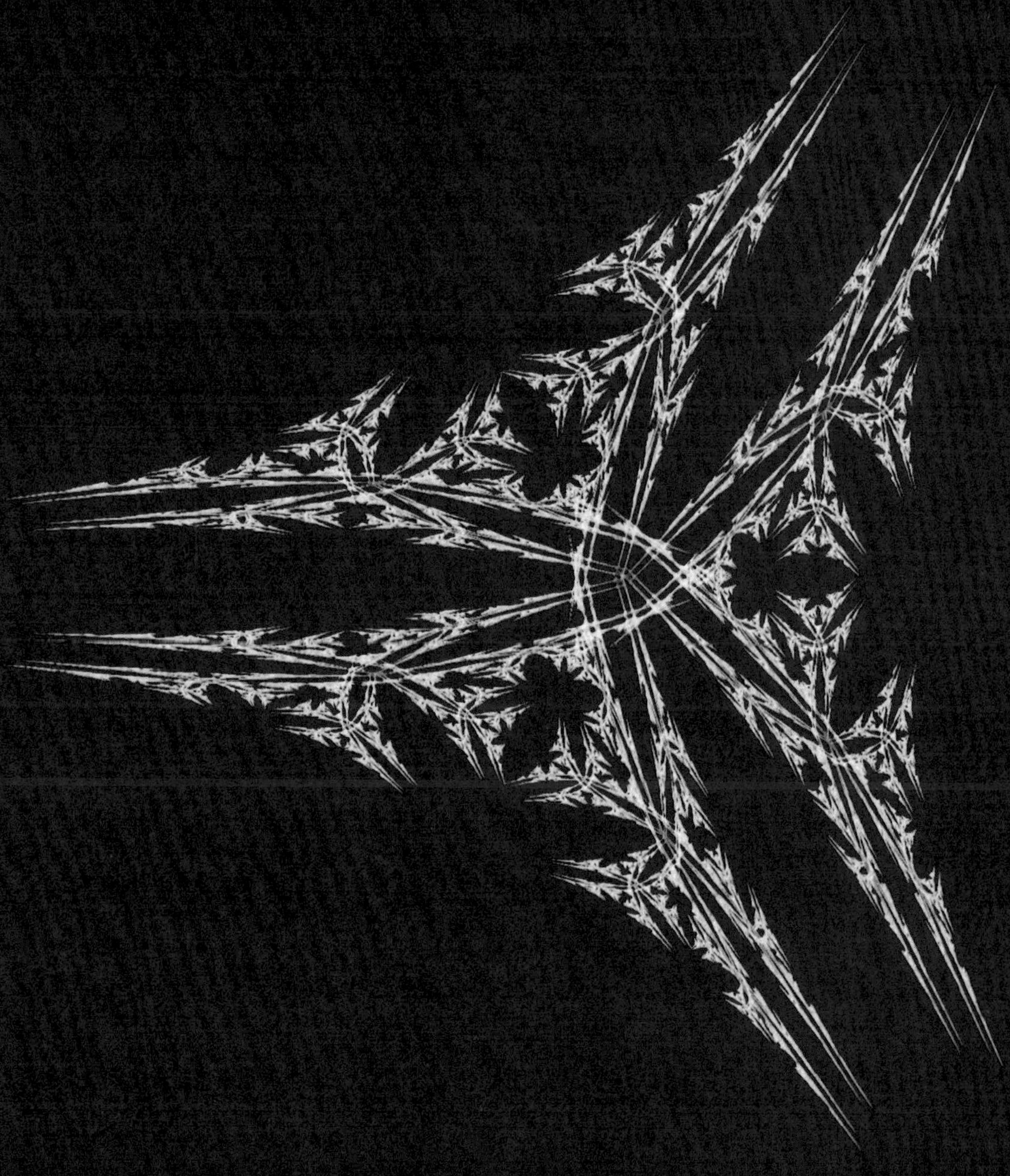

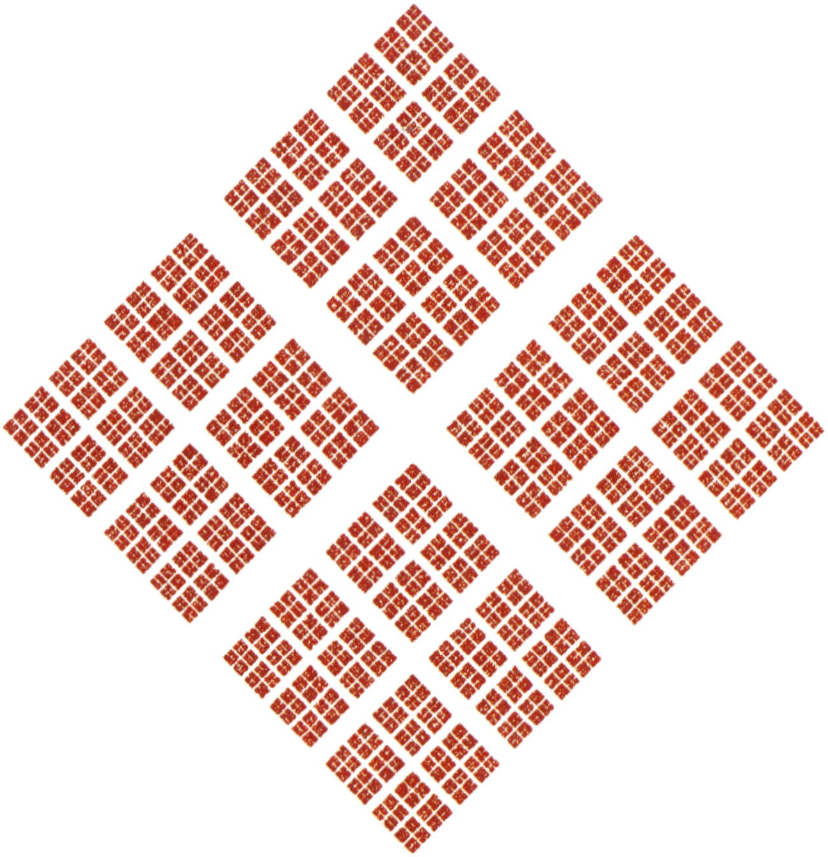

Abb. 7.12: Variationen beim Sierpiński-Quadrat.

Folglich ist S ein Fraktal, jedoch ein sehr uninteressantes, wenn man es mit den anderen Sierpiński-Polygonen vergleicht.

Soll diese Konstruktion funktionieren, müssen die affinen Abbildungen sorgfältig gewählt werden. In Abbildung 7.12 zeigen wir als Beispiel das Fraktal, das entsteht, wenn wir die Punkte nicht zur Hälfte in die Richtung der Ecken bewegen, sondern den Abstand zur jeweiligen Ecke mit dem Faktor 0,46 reduzieren.

Symmetrische Fraktale

Abb. 7.13 (Seite 179): Das Deckchen.

Wir werden nun zeigen, wie man gewisse spezielle Typen von iterierten Funktionensystemen verwenden kann, um damit *symmetrische Fraktale* zu

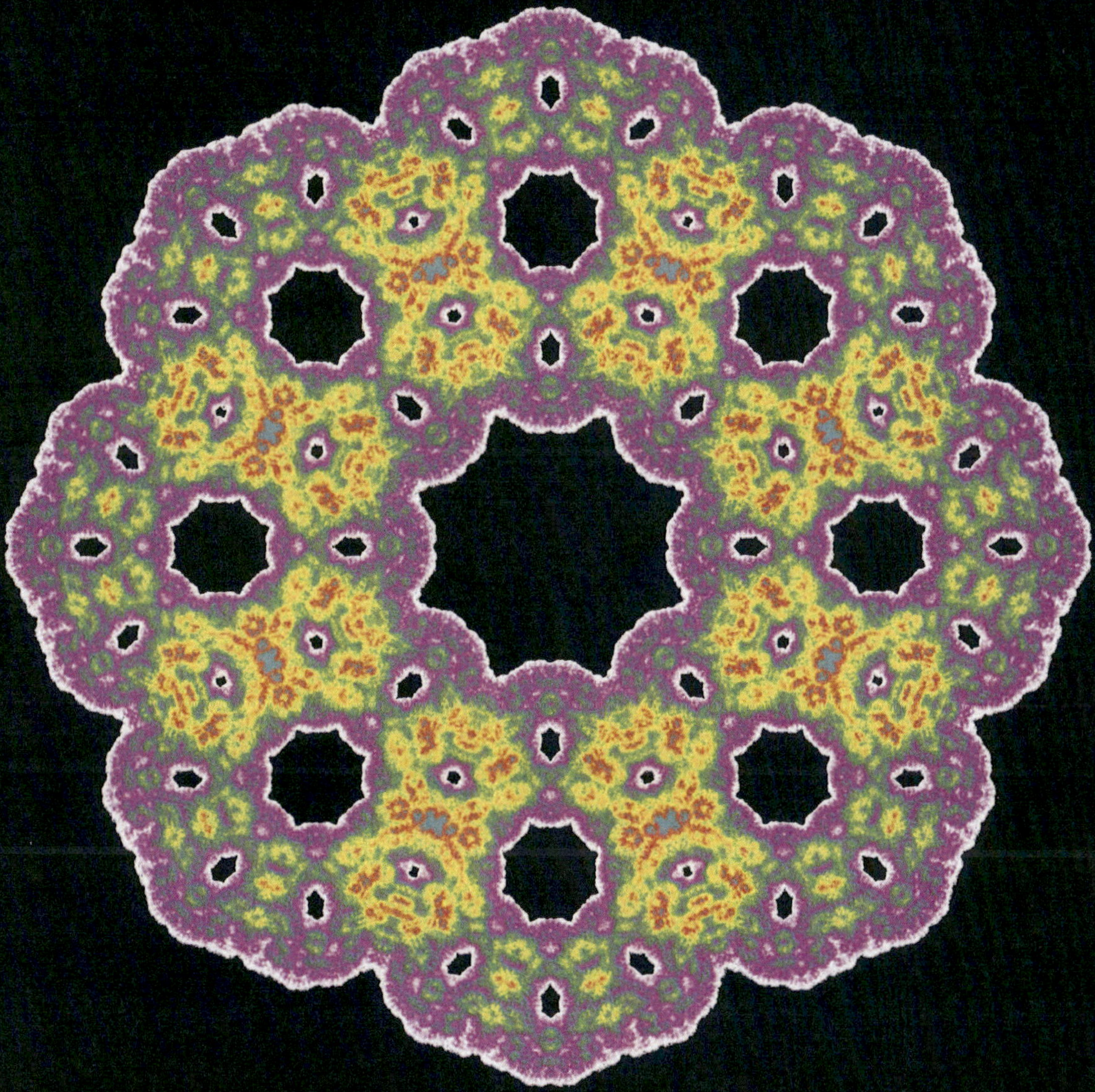

Abb. 7.14 (Seite 181): Astigmatismus.

bilden. Wir wählen eine affine Kontraktion ρ. Sei G die ebene Symmetriegruppe $\mathbf{D}_n$ oder $\mathbf{Z}_n$. Dann kann man zeigen, daß die Abbildung $g\rho$ für jedes Element g aus G wieder eine affine Kontraktion ist. Wir können deshalb als iteriertes Funktionensystem die Menge wählen, die aus allen affinen Abbildungen $g\rho$ mit g aus G besteht. Bei dieser Konstruktion des iterierten Funktionensystems muß das resultierende Fraktal symmetrisch sein.

Wir illustrieren das an dem Fall, in dem G die zyklische Gruppe $\mathbf{Z}_3$ ist. Wenn wir mit r_{120} die Drehung um 120° bezeichnen, dann besteht $\mathbf{Z}_3$ aus der Identität, r_{120} und r_{240}. Für eine affine Kontraktion ρ besteht das entsprechende iterierte Funktionensystem folglich aus den affinen Kontraktionen ρ, $r_{120}\rho$ und $r_{240}\rho$. Nach dem ersten Theorem gibt es ein assoziiertes Fraktal S, das durch die Eigenschaft

$$S = \rho(S) \cup r_{120}\rho(S) \cup r_{240}\rho(S)$$

charakterisiert wird. Beachten Sie, daß jedes Element von $\mathbf{Z}_3$ die Mengen $\rho(S)$, $r_{120}\rho(S)$ und $r_{240}\rho(S)$ permutiert. Wenden wir zum Beispiel r_{120} auf diese drei Mengen an, erhalten wir $r_{120}\rho(S)$, $r_{120}r_{120}\rho(S)$ und $r_{120}r_{240}\rho(S)$. Da $r_{120}r_{120} = r_{240}$ und $r_{120}r_{240}$ die Identität ist, sind die neuen Mengen $r_{120}\rho(S)$, $r_{240}\rho(S)$ und $\rho(S)$. Deshalb ist $r_{120}(S) = S$, und das resultierende Fraktal muß $\mathbf{Z}_3$-symmetrisch sein.

Um symmetrische Fraktale zu berechnen, verwenden wir das zweite Theorem. Sei ρ eine affine Kontraktion und G eine ebene Symmetriegruppe wie oben. Nehmen Sie an, wir hätten die Punkte $X_1, \ldots, X_n$ gezeichnet. Danach zeichnen wir den nächsten Punkt X_{n+1}, indem wir nach dem Zufallsprinzip ein Element g aus G wählen und X_{n+1} als den Punkt $g\rho(X_n)$ definieren. Nach dem ersten Theorem ist S *immer* G-symmetrisch.

Wir präsentieren Ihnen nun einige Beispiele für symmetrische Fraktale. Sie wurden auf die gleiche Weise wie die symmetrischen Objekte eingefärbt: Die Farbe eines Pixels entspricht der Wahrscheinlichkeit, mit der das Pixel während der Iteration getroffen wird (vgl. Kapitel 1).

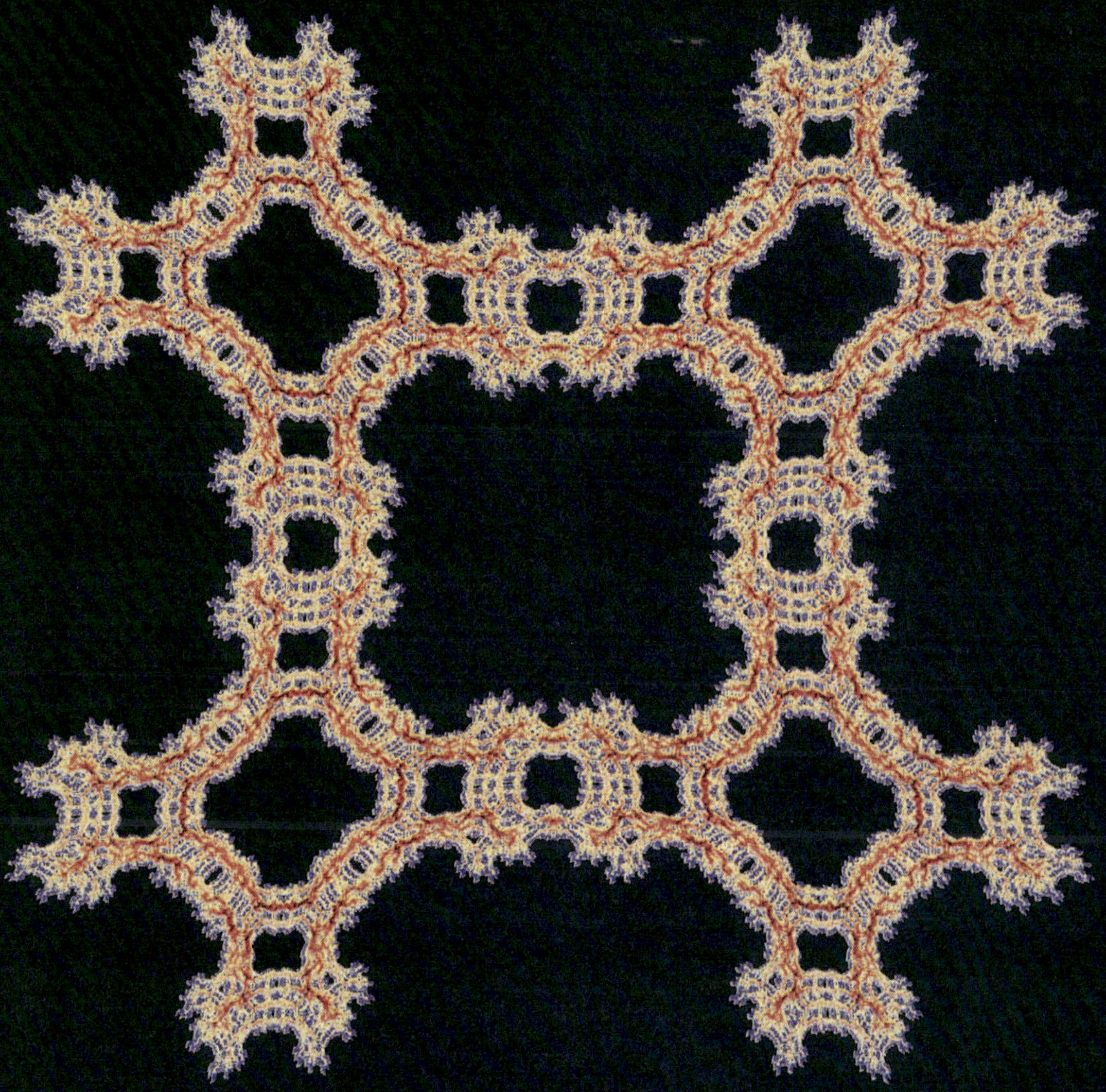

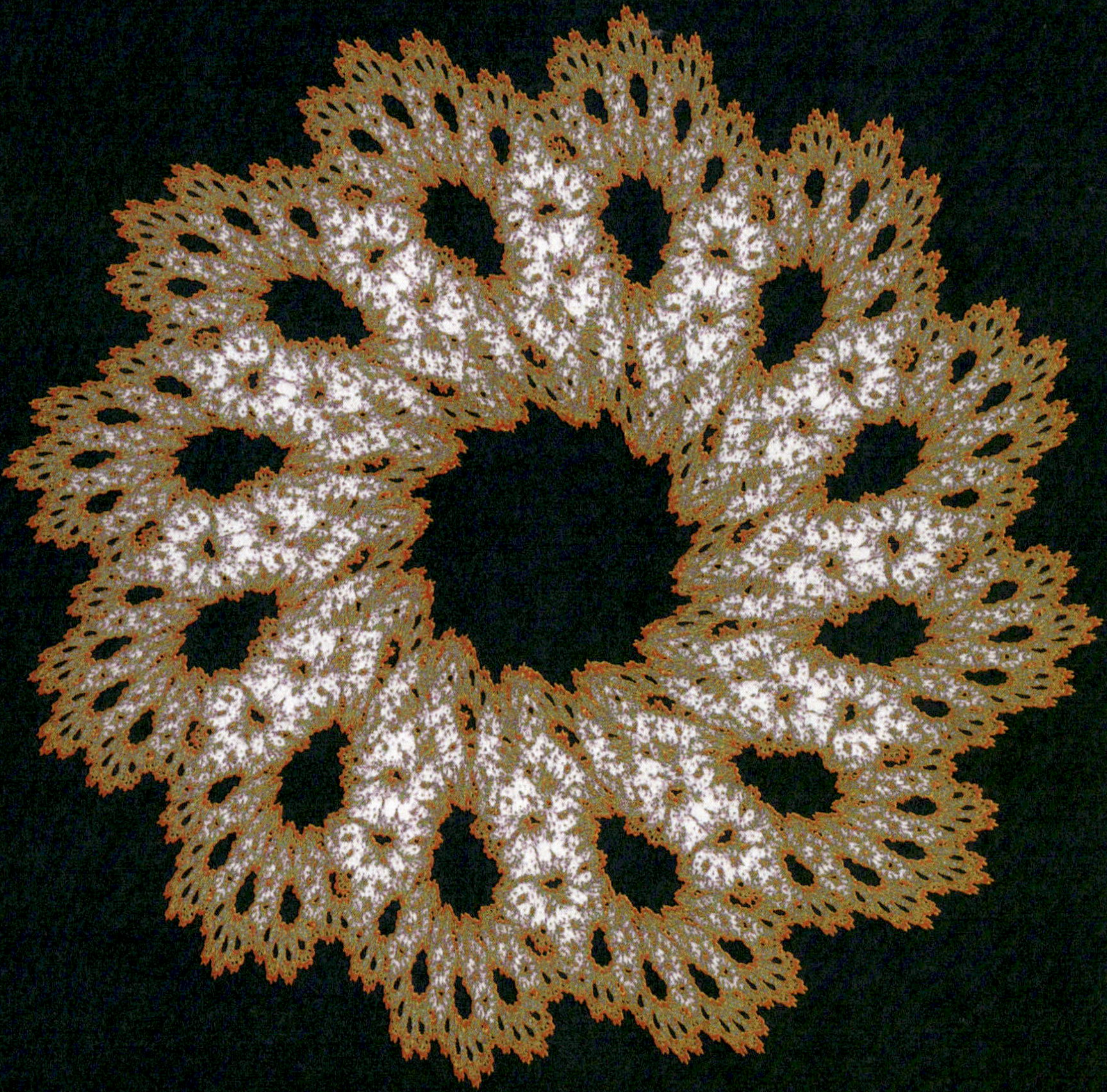

Abb. 7.15 (Seite 182): Paisley.

Das Sierpiński-Dreieck ist symmetrisch

Obwohl es eine Tatsache ist, daß das in Abbildung 7.3 dargestellte Sierpiński-Dreieck $\mathbf{D}_3$-symmetrisch ist, ist der Grund für diese Symmetrie nicht genau der gleiche wie der, aus dem die im letzten Abschnitt konstruierten Fraktale symmetrisch sind. Wenn wir diesen Unterschied genauer beleuchten, werden wir feststellen, daß zwei verschiedene iterierte Funktionensysteme das *selbe* Fraktal erzeugen können. Auf dem Weg hierzu werden wir auch feststellen, daß das erste Theorem, demzufolge für jedes iterierte Funktionensystem ein eindeutig bestimmtes Fraktal existiert, wirklich mathematische Tiefe besitzt.

Wir haben bereits gezeigt, wie das Sierpiński-Dreieck mit Hilfe des geometrisch definierten iterierten Funktionensystems ρ_A, ρ_B und ρ_C konstruiert werden kann. Eine Konsequenz der aus dem ersten Theorem folgenden Eindeutigkeit ist, daß jede beschränkte Menge Z von Punkten der Ebene, die die Bedingung

$$Z = \rho_A(Z) \cup \rho_B(Z) \cup \rho_C(Z) \qquad \text{(SIER)}$$

erfüllt, das Sierpiński-Dreieck sein muß. Wir werden nun zeigen, daß das Sierpiński-Dreieck tatsächlich symmetrisch ist, indem wir eine symmetrische Menge Z suchen, die die Bedingung (SIER) erfüllt.

Zunächst suchen wir eine Menge, die $\mathbf{Z}_3$-symmetrisch ist. Sei r_{120} die Drehung um 120°. Dann besteht $\mathbf{Z}_3$ aus der Identität, r_{120} und r_{240}. Nun verwenden wir unser Rezept zur Konstruktion von symmetrischen Fraktalen und betrachten das iterierte Funktionensystem ρ_A, $r_{120}\rho_A$ und $r_{240}\rho_A$. Diesem iterierten Funktionensystem entspricht ein eindeutig bestimmtes Fraktal Z, das $\mathbf{Z}_3$-symmetrisch ist und durch die Eigenschaft

$$Z = \rho_A(Z) \cup r_{120}\rho_A(Z) \cup r_{240}\rho_A(Z)$$

charakterisiert wird. Erfüllt aber Z die Bedingung (SIER) und ist Z daher das Sierpiński-Dreieck? Geometrisch gesehen bewegt die Abbildung $r_{120}\rho_A$ den Punkt X zur Hälfte in die Richtung der Ecke A und dreht ihn dann

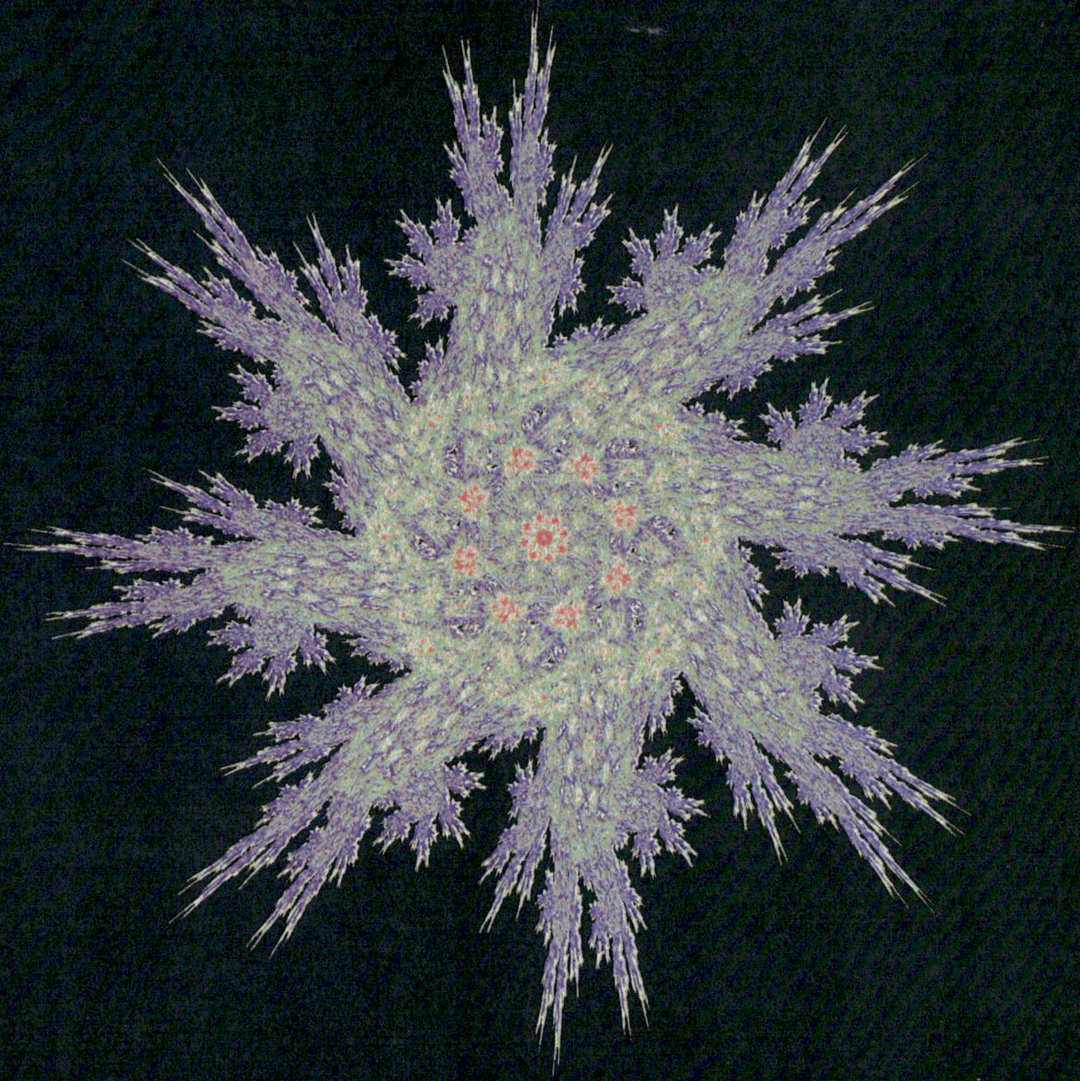

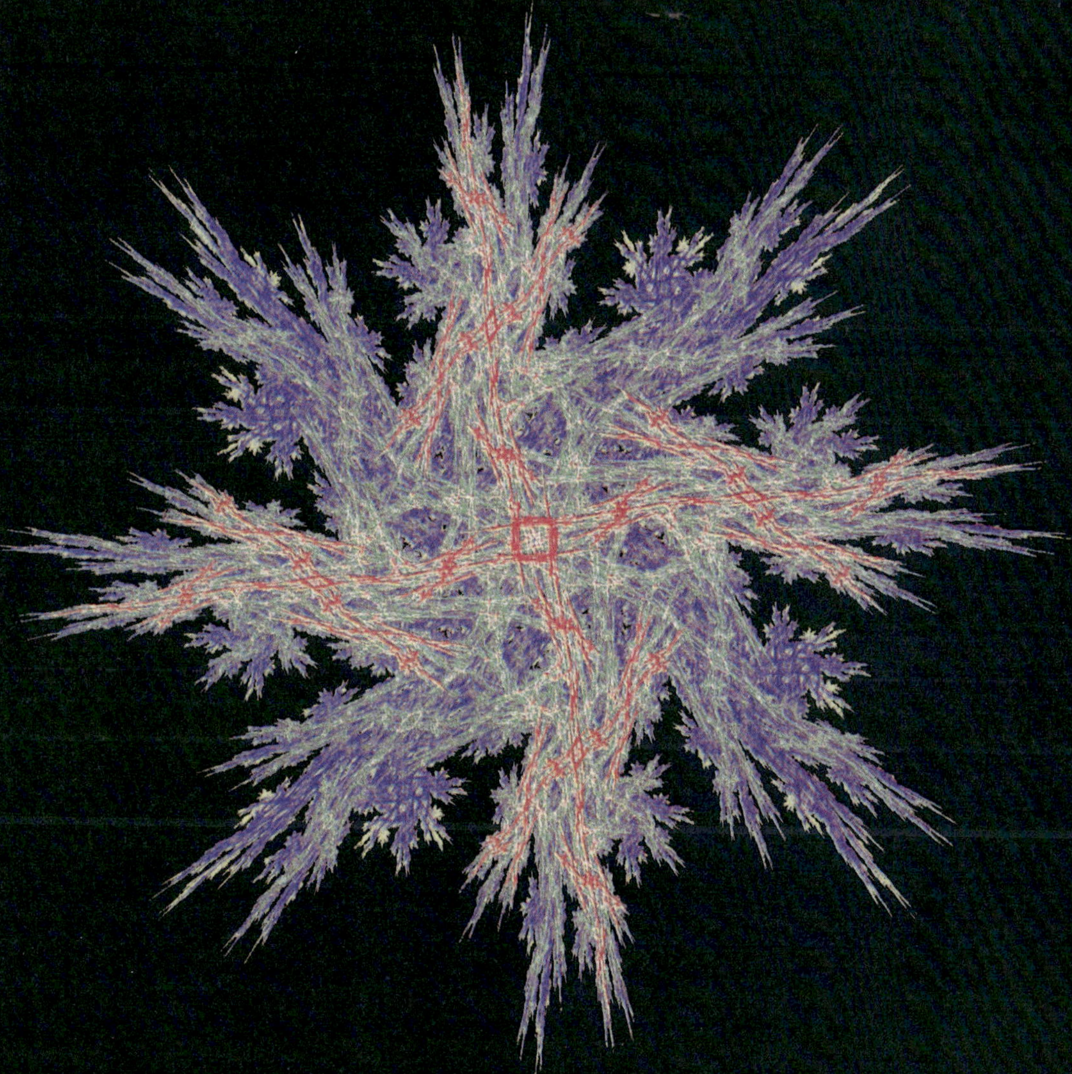

Abb. 7.16 (Seite 184): Symmetrisches Fraktal mit symmetrischer und (Seite 185) asymmetrischer Farbgebung.

um 120°. Betrachtet man die Geometrie, sieht man relativ leicht, daß dies so ist, als würde man X zuerst um 120° drehen und dann zur Hälfte in die Richtung der Ecke B bewegen. Symbolisch bedeutet dies $r_{120}\rho_A = \rho_B r_{120}$. Analog gilt $r_{240}\rho_A = \rho_C r_{240}$.

Da Z symmetrisch bezüglich $\mathbf{Z}_3$ ist, gilt $r_{120}(Z) = Z$ und $r_{240}(Z) = Z$. Daher ist

$$r_{120}\rho_A(Z) = \rho_B r_{120}(Z) = \rho_B(Z),$$

$$r_{240}\rho_A(Z) = \rho_C r_{240}(Z) = \rho_C(Z).$$

Jedoch ist $Z = \rho_A(Z) \cup r_{120}\rho_A(Z) \cup r_{240}\rho_A(Z)$. Wir haben also gezeigt, daß Z die Bedingung (SIER) erfüllt: $Z = \rho_A(Z) \cup \rho_B(Z) \cup \rho_C(Z)$. Wie wir oben erläutert haben, folgt hieraus, daß Z das Sierpiński-Dreieck ist.

Es ist also einsichtig, daß das Sierpiński-Dreieck $\mathbf{Z}_3$-symmetrisch ist. Es ist jedoch auch $\mathbf{D}_3$-symmetrisch, und wir zeigen diese Extrasymmetrie mit einem ähnlichen Argument. Sei R die Spiegelung an der x-Achse. Wir wissen bereits, daß das Sierpiński-Dreieck gleich der Menge Z ist, die $\mathbf{Z}_3$-symmetrisch ist. Um zu beweisen, daß sie $\mathbf{D}_3$-symmetrisch ist, müssen wir somit nur zeigen, daß $R(Z) = Z$ gilt. Wir können leicht nachprüfen, daß $R\rho_A = \rho_A R$, $R\rho_B = \rho_C R$, und $R\rho_C = \rho_B R$ gilt. Hieraus folgt $R\rho_A(Z) = \rho_A R(Z)$, $R\rho_B(Z) = \rho_C R(Z)$ und $R\rho_C(Z) = \rho_B R(Z)$. Daher gilt

$$R(Z) = \rho_A R(Z) \cup \rho_B R(Z) \cup \rho_C R(Z).$$

Da jedoch nach dem ersten Theorem die Menge mit dieser Eigenschaft eindeutig bestimmt ist, folgt als weitere Anwendung $R(Z) = Z$.

Struktur in allen Maßstäben

Struktur in allen Maßstäben zu besitzen, ist vielleicht die aufregendste Eigenschaft der Fraktale. Obwohl wir dieses Thema hier nicht weiter vertiefen können, möchten wir dieses Phänomen doch an zwei Bildern verdeutlichen (Abb. 7.17). Das rechte Bild zeigt einen vergrößerten Ausschnitt des linken. Beachten Sie, wie sich in der rechten Figur im neuen Maßstab die Symmetrie erneut zeigt. Im Bild links ist der Ausschnitt des Fraktals, den wir

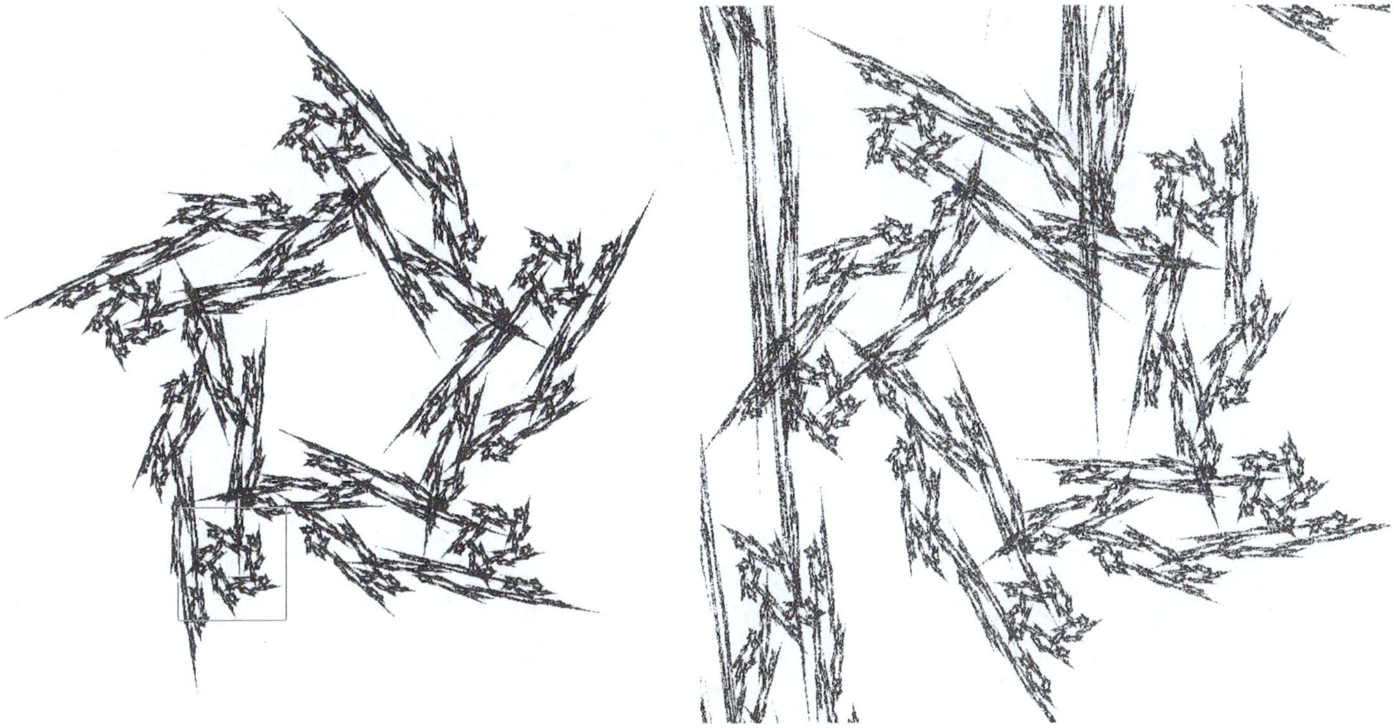

(a) (b)

vergrößert haben, durch einen Kasten markiert. Das rechte Bild zeigt diesen etwa fünffach vergrößert.

Abb. 7.17: Ein Fraktal wird vergrößert.

Noch mehr Beispiele

Wir möchten dieses Kapitel mit einigen weiteren Folgerungen aus den beiden Theoremen über iterierte Funktionensysteme beenden. Beachten Sie, daß das erste Theorem, das die Existenz von symmetrischen Fraktalen garantiert, die Begriffe Zufall oder Wahrscheinlichkeit nicht verwendet. Unter diesem Aspekt lohnt es sich über die Art und Weise nachzudenken, auf die wir die Fraktale konstruiert haben. Hierzu haben wir nach dem Zufallsprinzip Kontraktionen aus einem iterierten Funktionensystem ausgewählt. Nehmen Sie zum Beispiel an, wir hätten ein iteriertes Funktionensystem, das aus den drei affinen Kontraktionen ρ_1, ρ_2 und ρ_3 besteht. Anstatt jede Kontraktion mit der gleichen Wahrscheinlichkeit auszuwählen, wählen wir nun ρ_1 mit der Wahrscheinlichkeit $\frac{1}{2}$ und ρ_2 sowie ρ_3 mit der Wahrscheinlichkeit $\frac{1}{4}$. Dies können wir zum Beispiel erreichen, indem wir nach dem Zufallsprinzip eine ganze Zahl zwischen 1 und 4 ziehen und ρ_1 nehmen, falls diese Zahl gleich 1 oder 4 ist, ρ_2, falls sie gleich 2 ist, und ρ_3, falls sie gleich 3

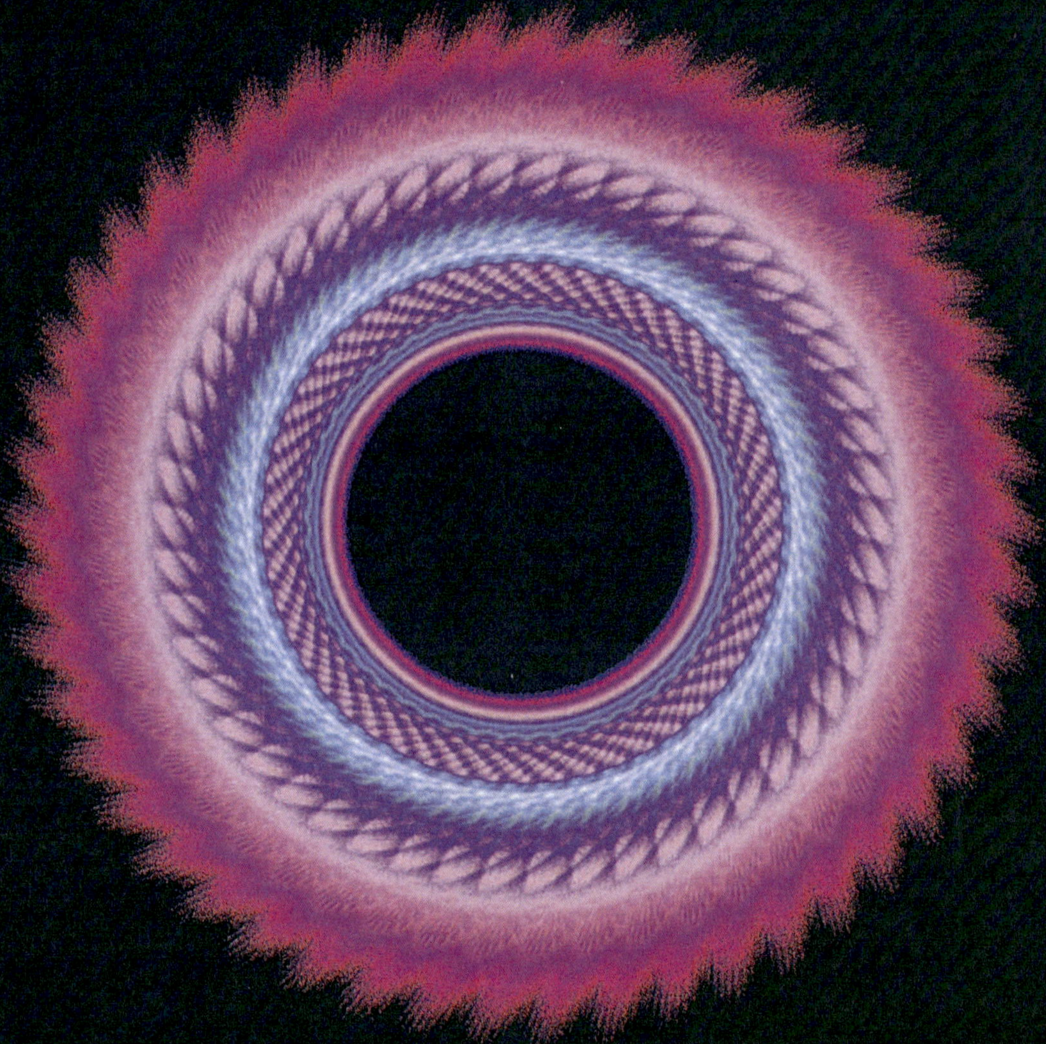

ist. Man kann zeigen, daß auch dieser Prozeß mit der Wahrscheinlichkeit eins gegen das durch ρ_1, ρ_2 und ρ_3 definierte Fraktal konvergiert. Da wir jedoch ρ_1 öfter wählen als die übrigen Abbildungen, erhalten wir eine andere Einfärbung. Dies wird in Abbildung 7.16 illustriert. Das Fraktal auf Seite 184 wurde auf die übliche Weise konstruiert und sowohl das Fraktal als auch die Farben besitzen achtfache Symmetrie. Auf Seite 185 haben wir bei der Iteration das zweite, vierte, sechste und achte Element des iterierten Funktionensystems mit der doppelten Wahrscheinlichkeit gewählt wie das erste, dritte, fünfte oder siebte Element. Die resultierende Figur besitzt die gleiche Gestalt wie die erste. Ihre Farbe besitzt jedoch nun nur noch vierfache Symmetrie.

Abb. 7.18 (Seite 188): Kaschmir.

ANHANGE

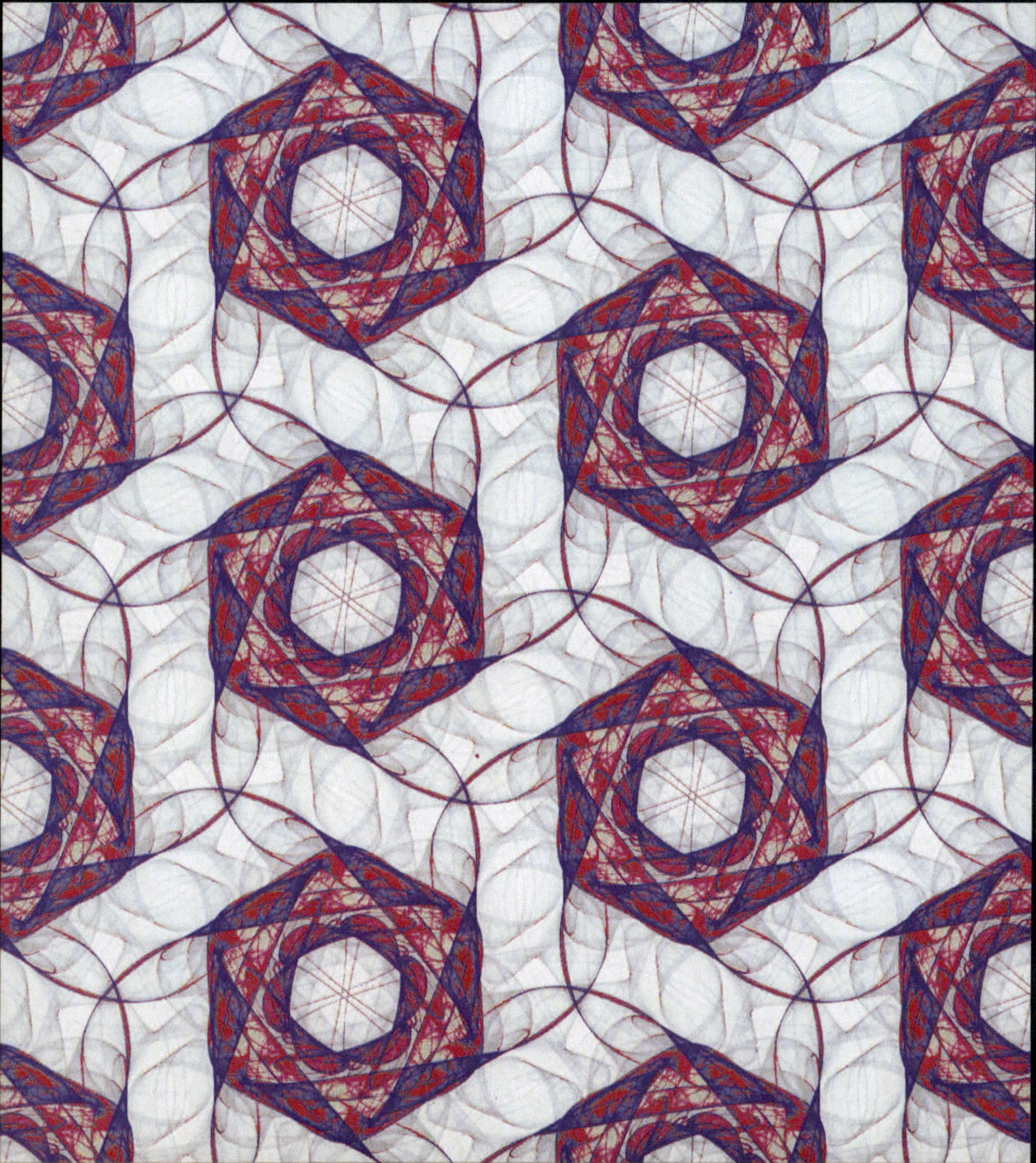

Anhang A

PARAMETER FÜR DIE BILDER

In diesem Anhang werden wir alle Abbildungen und Parameterwerte auflisten, die wir zur Herstellung der dargestellten Bilder des symmetrischen Chaos verwendet haben. Diese Informationen sind in den unten aufgeführten Tabellen enthalten. Wenn es relevant ist, haben wir auch die Namen angeführt, die wir den Figuren gegeben haben. Die Figuren lassen sich in drei Kategorien gliedern: Objekte, Quilts und Fraktale. Für die Objekte haben wir zwei Formeln verwendet: Die eine erlaubt es uns, die Symmetrie der Abbildung von $\mathbf{D}_n$ nach $\mathbf{Z}_n$ abzuändern, die andere besitzt einen nichtpolynomialen Term. Für die Quilts haben wir ebenso zwei Formeln verwendet: eine für die quadratischen Quiltmuster und eine für die hexagonalen. Die Fraktale wurden allesamt durch die Wahl einer affinen Abbildung kreiert.

Symmetrische Objekte

Jede der Formeln, die wir zur Erzeugung der symmetrischen Objekte verwendet haben, besitzt fünf reelle Parameter und einen ganzzahligen Parameter n, der den Grad der Symmetrie angibt.

Die erste und grundlegendste Formel zur Konstruktion von symmetrischen Objekten lautet

$$F(z) = [\lambda + \alpha z\bar{z} + \beta \operatorname{Re}(z^n) + \omega i]z + \gamma \bar{z}^{n-1},$$

wobei α, β, γ, λ und ω reelle Parameter sind. Für $\omega = 0$ ist diese Formel $\mathbf{D}_n$-symmetrisch, für $\omega \neq 0$ ist sie $\mathbf{Z}_n$-symmetrisch. Die Parameterwerte zur Konstruktion von symmetrischen Objekten unter Verwendung dieser Formel sind in Tabelle A.1 enthalten.

In der zweiten Formel lassen wir den Term ω weg (die Formel ist also immer $\mathbf{D}_n$-symmetrisch) und fügen einen nichtpolynomialen Term hinzu. Der Koeffizient dieses Terms ist δ. Wir haben also immer noch fünf reelle Parameter. Der Zweck dieses nichtpolynomialen Terms ist zu untersuchen, was mit den Attraktoren passiert, wenn man eine kleine Singularität in den Ursprung setzt, die Symmetrie dabei jedoch erhält. Der Grad dieser Singularität wird durch eine zweite ganze Zahl p bestimmt. Die Formel mit dem nichtpolynomialen Term lautet

$$F(z) = [\lambda + \alpha z\bar{z} + \beta \operatorname{Re}(z^n) + \delta \operatorname{Re}([z / |z|]^{np})|z|]z + \gamma \bar{z}^{n-1}.$$

Tabelle A.2 enthält die Parameterwerte, die zur Konstruktion von symmetrischen Objekten unter Verwendung dieser Formel benutzt wurden.

Symmetrische Quilts

Die Formel, die wir zur Berechnung der quadratischen Quiltmuster verwendet haben, lautet

$$\begin{aligned} f(x,y) = m(x,y) + v &+ \lambda(\sin 2\pi x, \sin 2\pi y) \\ &+ \alpha(\sin 2\pi x \cos 2\pi y, \sin 2\pi y \cos 2\pi x) \\ &+ \beta(\sin 4\pi x, \sin 4\pi y) \\ &+ \gamma(\sin 6\pi x \cos 4\pi y, \sin 6\pi y \cos 4\pi x) \\ &- \omega(\sin 2\pi y, \sin 2\pi x). \end{aligned}$$

Diese Formel enthält fünf reelle Parameter λ, α, β, γ, und ω, eine ganze Zahl m und eine Verschiebung, die entweder $v = (0,0)$ oder $v = (\frac{1}{2}, \frac{1}{2})$ beträgt. Für $\omega = 0$ ist diese Quiltformel $\mathbf{D}_4$-symmetrisch, für $\omega \neq 0$ ist sie $\mathbf{Z}_4$-symmetrisch. Tabelle A.3 enthält die Parameterwerte für die quadratischen Quiltmuster.

Tabelle A.1: Daten für symmetrische Objekte – Standardform

Abbildung	λ	α	β	γ	ω	Symmetrie	Name
1.1	−2, 7	5, 0	1, 5	1, 0	0, 0	$\mathbf{D}_6$	Halloween
1.2	−2, 08	1, 0	−0, 1	0, 167	0, 0	$\mathbf{D}_7$	Armband der Mayas
1.8	1, 56	−1, 0	0, 1	−0, 82	0, 12	$\mathbf{Z}_3$	Dreifachmuschel
1.13	−1, 806	1, 806	0, 0	1, 0	0, 0	$\mathbf{D}_5$	Krönungsmantel
1.15/1.17	1, 56	−1, 0	0, 1	−0, 82	0, 0	$\mathbf{D}_3$	Das Trampolin
1.18a	−2, 18	10, 0	−12, 0	1, 0	0, 0	$\mathbf{Z}_2$	Fisch und Auge
1.18b	−2, 195	10, 0	−12, 0	1, 0	0, 0	$\mathbf{D}_3$	
2.3	−1, 86	2, 0	0, 0	1, 0	0, 1	$\mathbf{Z}_4$	Wirbelnde Bänder
3.5	−2, 34	2, 0	0, 2	0, 1	0, 0	$\mathbf{D}_5$	Der Sanddollar
3.6	2, 6	−2, 0	0, 0	−0, 5	0, 0	$\mathbf{D}_5$	Der Pentagon-Attraktor
3.7	−2, 5	5, 0	−1, 9	1, 0	0, 188	$\mathbf{Z}_5$	Chaotische Blume
3.11	2, 409	−2, 5	0, 0	0, 9	0, 0	$\mathbf{D}_{23}$	Kachina-Puppen
3.13	2, 409	−2, 5	−0, 2	0, 81	0, 0	$\mathbf{D}_{24}$	Santa-Chiara-Objekt
3.14	−2, 05	3, 0	−16, 79	1, 0	0, 0	$\mathbf{D}_9$	Französisches Glas
3.15a	−2, 32	2, 32	0, 0	0, 75	0, 0	$\mathbf{D}_5$	Das Pentagramm
5.5	2, 5	−2, 5	0, 0	0, 9	0, 0	$\mathbf{D}_3$	Goldener Feuerstein
5.12 (oben)	1, 455	−1, 0	0, 03	−0, 8	0, 0	$\mathbf{D}_3$	
5.13 (oben)	2, 39	−2, 5	−0, 1	0, 9	0, 0	$\mathbf{D}_{16}$	
5.13 (unten)	2, 39	−2, 5	−0, 1	0, 9	−0, 15	$\mathbf{Z}_{16}$	
5.14	1, 5	−1, 0	0, 1	−0, 8	0, 0	$\mathbf{Z}_2$	
5.15	1, 5	−1, 0	0, 1	−0, 805	0, 0	$\mathbf{D}_3$	Dreieinigkeit in Rot

Tabelle A.2: Daten für symmetrische Objekte – nichtpolynomialer Term

Abbildung	λ	α	β	γ	δ	Symmetrie	p	Name
1.7	1, 5	−1, 0	−0, 2	−0, 75	0, 04	$\mathbf{D}_3$	24	Wildes Chaos
2.5	−2, 5	8, 0	−0, 7	1, 0	−0, 9	$\mathbf{D}_9$	0	Neunerlei
3.4	−2, 38	10, 0	−12, 3	0, 75	0, 02	$\mathbf{D}_5$	1	Gothisches Medaillon
3.9	1, 0	−2, 1	0, 0	1, 0	1, 0	$\mathbf{D}_3$	1	Mercedes-Benz
3.11	−2, 225	1, 5	−0, 014	0, 002	−0, 02	$\mathbf{D}_{57}$	0	Sonnenblume
3.15b	−2, 42	1, 0	−0, 04	0, 14	0, 088	$\mathbf{D}_6$	0	Der Davidstern
5.12 (unten)	1, 455	−1, 0	0, 03	−0, 8	−0, 025	$\mathbf{D}_3$	0	

Tabelle A.3: Daten für quadratische Quilts

Abbildung	λ	α	β	γ	ω	**Verschiebung**	m	**Name**
2.6	−0, 59	0, 2	0, 1	−0, 33	0, 0	$(0,0)$	2	Smaragdmosaik
2.12	−0, 59	0, 2	0, 1	−0, 27	0, 0	$(\frac{1}{2},\frac{1}{2})$	0	Pfeffer und Salz
3.18	−0, 2	−0, 1	0, 1	−0, 25	0, 0	$(0,0)$	0	Sizilianische Kachel
3.20	0, 25	−0, 3	0, 2	0, 3	0, 0	$(0,0)$	1	Rosen
3.21	−0, 28	0, 25	0, 05	−0, 24	0, 0	$(0,0)$	−1	Wagenräder
3.23	−0, 12	−0, 36	0, 18	−0, 14	0, 0	$(\frac{1}{2},\frac{1}{2})$	1	Viktorianische Keramikkacheln
3.24 (Seite 90)	0, 1	0, 2	0, 1	0, 39	0, 0	$(0,0)$	−1	Moschee
3.24 (Seite 91)	−0, 589	0, 2	0, 04	−0, 2	0, 0	$(\frac{1}{2},\frac{1}{2})$	0	Rote Kacheln
3.25	−0, 28	0, 08	0, 45	−0, 05	0, 0	$(\frac{1}{2},\frac{1}{2})$	0	Der Kathedralen-Attraktor
6.1	−0, 59	0, 2	0, 2	0, 3	0, 0	$(0,0)$	2	Gyroskope
6.2	−0, 28	0, 25	0, 05	−0, 24	0, 0	$(\frac{1}{2},\frac{1}{2})$	−1	Katzenaugen
6.3	−0, 11	−0, 26	0, 19	−0, 059	0, 07	$(\frac{1}{2},\frac{1}{2})$	2	Blumen mit Bändern

Tabelle A.4: Daten für hexagonale Quilts

Abbildung	λ	α	β	γ	ω	m	**Name**
2.9	0, 1	−0, 076	−0, 6	0, 1	0, 0	0	Holländischer Quilt
2.13	0, 2	0, 04	0, 1	0, 1	0, 0	1	Dornenkrone
3.28 (Seite 95)	−0, 105	−0, 15	0, 06	−0, 03	0, 0	0	Hexagonales Muster
6.4	0, 02	−0, 01	0, 14	0, 052	0, 0	0	Sonnenuhren
6.5	0, 02	−0, 1	0, 14	0, 052	0, 04	0	Zerbrochene Symmetrie
D.8	0, 02	−0, 1	0, 14	0, 052	0, 0	$e^{i\pi/3}$	Hexenmuttern
D.9	0, 1	−0, 076	−0, 06	0, 1	0, 101	0	Zirkustruppe

Zur Erzeugung der hexagonalen Quiltmuster haben wir folgende Formel verwendet:

$$\begin{aligned} f(\boldsymbol{X}) = m\boldsymbol{X} &+ \Lambda[\sin(2\pi \boldsymbol{N}\cdot\boldsymbol{X})\boldsymbol{N} + \sin(2\pi R\boldsymbol{N}\cdot\boldsymbol{X})R\boldsymbol{N} \\ &+ \sin(2\pi R^2\boldsymbol{N}\cdot\boldsymbol{X})R^2\boldsymbol{N}] + \alpha[\sin(2\pi\boldsymbol{M}\cdot\boldsymbol{X})\boldsymbol{M} \\ &+ \sin(2\pi R\boldsymbol{M}\cdot\boldsymbol{X})R\boldsymbol{M} + \sin(2\pi R^2\boldsymbol{M}\cdot\boldsymbol{X})R^2\boldsymbol{M}] \\ &+ \sin(2\pi\boldsymbol{L}\cdot\boldsymbol{X})\boldsymbol{a} + \sin(2\pi R\boldsymbol{L}\cdot\boldsymbol{X})R\boldsymbol{a} \\ &+ \sin(2\pi R^2\boldsymbol{L}\cdot\boldsymbol{X})R^2\boldsymbol{a} + \sin(2\pi F\boldsymbol{L}\cdot\boldsymbol{X})F\boldsymbol{a} \\ &+ \sin(2\pi RF\boldsymbol{L}\cdot\boldsymbol{X})RF\boldsymbol{a} + \sin(2\pi R^2F\boldsymbol{L}\cdot\boldsymbol{X})R^2F\boldsymbol{a}. \end{aligned}$$

Hierbei ist $\boldsymbol{X} = (x,y)$ ein Punkt in der Ebene, $\boldsymbol{L} = (3, \frac{1}{\sqrt{3}})$, $\boldsymbol{M} = (2,0)$ und $\boldsymbol{N} = (1, -\frac{1}{\sqrt{3}})$. Die Symbole R, F und Λ bezeichnen lineare Abbildungen der Ebene: R ist die Drehung um 120° entgegen dem Uhrzeigersinn, F ist die Spiegelung an der x-Achse und Λ entspricht der komplexen Multiplikation mit $\lambda + i\omega$. Für $\boldsymbol{N} = (n_1, n_2)$ und $\boldsymbol{X} = (x,y)$ ist $\boldsymbol{N}\cdot\boldsymbol{X} = n_1x + n_2y$ das Produkt.

Auch diese Formel besitzt fünf reelle Parameter: λ, α, $\boldsymbol{a} = (\beta, \gamma)$ und ω. Für $\omega = 0$ ist sie $\mathbf{D}_6$-symmetrisch und für $\omega \neq 0$ ist sie $\mathbf{Z}_6$-symmetrisch. Der Parameter m ist für gewöhnlich eine ganze Zahl, er kann jedoch als Wert auch eine sechste Einheitswurzel annehmen. Ist m keine ganze Zahl, dann ist die resultierende Figur nur $\mathbf{Z}_6$-symmetrisch. Die Parameterwerte, die wir für die hier gezeigten hexagonalen Quiltmuster verwendet haben, sind in Tabelle A.4 aufgeführt.

Symmetrische Fraktale

Zum Schluß betrachten wir die symmetrischen Fraktale. Jedes symmetrische Fraktal wird von einer affinen Abbildung erzeugt. Eine affine Abbildung wird durch sechs reelle Konstanten be-

Tabelle A.5: Daten für symmetrische Fraktale

Abbildung	a_{11}	a_{12}	a_{21}	a_{22}	b_1	b_2	Symmetrie	Name
7.1	$-0,4$	$0,75$	$0,2$	$-0,3$	$0,0$	$0,4$	$\mathbf{Z}_{55}$	Dreikäsehoch
7.3	$0,5$	$0,0$	$0,0$	$0,5$	$0,5$	$0,0$	$\mathbf{Z}_3$	Sierpiński-Dreieck
7.4 (Seite 166)	$0,5$	$0,0$	$0,0$	$0,5$	$0,5$	$0,0$	$\mathbf{Z}_5$	Sierpiński-Fünfeck
7.4 (Seite 167)	$0,5$	$0,0$	$0,0$	$0,5$	$0,5$	$0,0$	$\mathbf{Z}_6$	Sierpiński-Sechseck
7.7a	$0,45$	$0,0$	$0,0$	$0,45$	$0,55$	$0,0$	$\mathbf{Z}_3$	Striktes Fraktal
7.7c	$0,55$	$0,0$	$0,0$	$0,55$	$0,45$	$0,0$	$\mathbf{Z}_3$	Überlagertes Fraktal
7.8	$0,45$	$-0,1$	$-0,31$	$0,45$	$0,1$	$0,2$	$\mathbf{Z}_{11}$	Kreissäge
7.9	$0,4$	$-0,1$	$-0,35$	$0,4$	$0,01$	$0,2$	$\mathbf{Z}_9$	Feuerrad
7.10	$-0,1$	$0,35$	$0,2$	$0,5$	$0,5$	$0,4$	$\mathbf{D}_3$	Die Biene
7.12	$0,46$	$0,0$	$0,0$	$0,46$	$0,54$	$0,0$	$\mathbf{Z}_4$	Var. beim Sierpiński-Quadrat
7.13	$-0,25$	$-0,3$	$0,3$	$-0,26$	$0,5$	$0,5$	$\mathbf{D}_8$	Das Deckchen
7.14	$-0,25$	$-0,3$	$0,3$	$-0,34$	$0,5$	$0,5$	$\mathbf{D}_4$	Astigmatismus
7.15	$-0,25$	$-0,3$	$0,14$	$-0,26$	$0,5$	$0,5$	$\mathbf{Z}_{12}$	Paisley
7.16 (Seite 185)	$0,45$	$-0,1$	$0,3$	$-0,4$	$0,15$	$0,1$	$\mathbf{Z}_8$	Asymmetrische Farbgebung
7.17	$0,4$	$-0,1$	$-0,31$	$0,45$	$0,01$	$0,0$	$\mathbf{Z}_5$	Ein Fraktal wird vergrößert
7.18	$-0,15$	$0,75$	$0,2$	$-0,3$	$0,075$	$0,4$	$\mathbf{Z}_{50}$	Kaschmir

stimmt: Einer 2×2-Matrix, die aus vier Konstanten a_{11}, a_{21}, a_{12} und a_{22} besteht, und einem Translationsvektor mit den reellen Komponenten b_1 und b_2. Die symmetrischen Fraktale werden mit Hilfe der affinen Abbildung erzeugt, indem man nach dem Zufallsprinzip Elemente einer endlichen Gruppe auswählt. In diesem Fall ist diese Gruppe $\mathbf{D}_n$ oder $\mathbf{Z}_n$. Tabelle A.5 enthält die Daten, die wir zur Erzeugung der verschiedenen symmetrischen Fraktale verwendet haben.

Anhang B

PROGRAMME IN BASIC

Im folgenden wollen wir Ihnen in Basic abgefaßte Computerprogramme vorstellen, mit denen man symmetrische Objekte, symmetrische Fraktale und Quilts auf einem quadratischen sowie einem hexagonalen Gitter erzeugen kann. Für die Quiltmuster werden einfache Einfärbeschemen geliefert. Die Programme sind in Microsoft QuickBasic geschrieben, können aber leicht in normales Basic übertragen werden. (Alle Zeilen müssen mit Nummern versehen werden, und alphabetische Bezeichnungen wie *loops* oder *iterate* müssen durch die entsprechende Zeilennummer ersetzt werden.)

Je schneller Ihr Computer ist, desto mehr Freude werden Sie mit diesen Programmen haben. Auf einem 80286-Computer mit mathematischem Koprozessor (80287-Chip) erreicht man eine passable Geschwindigkeit. Die Programme arbeiten mit ausreichender Geschwindigkeit auf einem 8086-Computer mit mathematischem Koprozessor (8087-Chip) oder auf einem 80286-Computer ohne mathematischen Koprozessor. Da die Programme sehr rechenintensiv sind, werden Sie sie auf einem 8086-Computer ohne mathematischen Koprozessor unerträglich langsam finden. Wenn Sie Zugang zu einem Basic-Compiler besitzen, können Sie durch das Compilen der Programme die Geschwindigkeit erheblich beschleunigen. Das Programm für die symmetrischen Fraktale ist das schnellste, das für die symmetrischen Objekte ist fast genauso schnell. Probieren Sie die Quilt-Programme nicht aus, wenn Sie keinen mathematischen Koprozessor besitzen, denn hier wird bei jeder Iteration der Sinus und der Kosinus entwickelt.

Jedes Programm enthält

(1) eine Schleife zur Berechnung der Dynamik,

(2) eine Methode zum Zeichnen des Ergebnisses,

(3) ein Menu, mit dem die Parameter der Abbildung verändert werden können,

(4) einen Abschnitt für die Initialisierung und

(5) eine primitive Routine zum Finden von Fehlern.

Der mathematische Kern eines jeden Programmes ist die Routine zur Iteration zwischen *loops* und *GOTO loops*. Dieser Abschnitt der Programme erzeugt absichtlich eine unendliche Schleife, bei der die gewünschte Funktion je nach Wunsch iteriert wird; das Ergebnis wird anschließend gezeichnet. Aus dieser Schleife kann man folgendermaßen aussteigen: Betätigt man *m*, steigt das Programm aus der Schleife aus und geht zum Menu. An dieser Stelle können weitere Anweisungen eingegeben werden. Gibt man während dieser Schleife *c* ein, wird der Bildschirm leer und das Programm fährt ab diesem Punkt mit der Iteration fort. Gibt man *i* ein, wird die gegenwärtige Anzahl der ausgeführten Iterationen in der oberen linken Ecke des Bildschirms angezeigt.

Die Entwicklung der Funktion wird in dem Abschnitt des Programms durchgeführt, der mit *iterate* bezeichnet ist. An dieser Stelle gehen die Funktionen aus Anhang A ein. Der schwierigste Teil eines jeden Programmes ist der Graphik-Abschnitt. Das Graphik-Kommando ist das *PSET*-Kommando im *loops*-Abschnitt. Benutzt man Basic, muß man dem Computer mitteilen, was für ein Bildschirm angeschlossen ist. Wir gehen davon aus, daß Ihr Computer IBM-kompatibel mit VGA-Graphik ist. Diese Information wird im *initialize*-Unterprogramm eingegeben. Die Konstante *nscreen* = 12 bezeichnet VGA-Graphik. Dieser Wert muß abgeändert werden, falls Ihr Computer eine andere Graphikkarte besitzt. Zum Beispiel steht *nscreen* = 1 für eine CGA-Karte. Dem Programm muß auch mitgeteilt werden, wie viele Pixel Ihr Bildschirm besitzt. Die Anzahl der Pixel in horizontale Richtung ist *npixelx* und die in vertikale Richtung *npixely*. Diese Anzahlen betragen 640 und 480 bei VGA-Graphik und 320 und 200 bei CGA-Graphik. Sie werden im *initialize*-Unterprogramm eingegeben. Der Graphikteil der Programme gliedert den Bildschirm in zwei Teile (vgl. Abb. B.1). Die Parameterwerte für die Abbildungen werden im linken Teil angezeigt. Die Ergebnisse des Iterationsprozesses erscheinen im rechten Teil. Eine vertikale Linie trennt die beiden Teile voneinander. Die Koordinate des Pixels, bei der diese Linie beginnt, muß im *initialize*-Unterprogramm eingegeben werden. Die entsprechende Variable ist *nstartx*. Ihr Wert

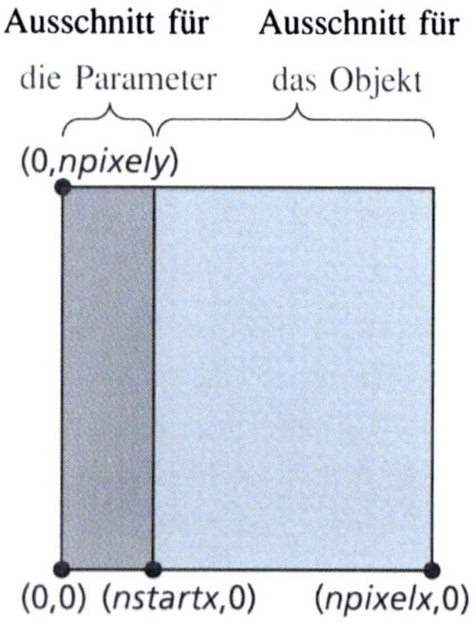

Abb. B.1: Parameter für den Bildschirm des Computers.

sollte bei VGA-Graphik auf 160 und bei CGA-Graphik auf 60 gesetzt werden. Für andere Graphikkarten findet man den Wert durch Experimentieren.

Die Funktionen *DEF fnxpix* und *DEF fnypix* konvertieren die Koordinaten der Ebene in Pixelkoordinaten. Mit dem Kommando *PSET* werden die entsprechenden Pixel zum Leuchten gebracht. In dem Programm für symmetrische Objekte und in dem für symmetrische Fraktale gibt es einen Parameter namens *scale*. Der Computer zeichnet nur die Punkte, deren reelle x- und y-Koordinaten zwischen *–scale* und *scale* liegen. Im *menu*-Unterprogramm können Sie den Wert für *scale* abändern, wenn die Punkte beim Iterationsprozeß aus dem Graphikfenster laufen. Schließlich ist es möglich (und im Programm für symmetrische Objekte nicht ungewöhnlich), daß sich der Iterationsprozeß aufbläst; die Iterierten streben gegen unendlich. Um dem zu begegnen, ist das Programm mit einer primitiven Fehlersuche ausgestattet (*ON ERROR GOTO errortrap*). Bei einem numerischen Overflow oder einem anderen Fehler wird automatisch das *menu*-Unterprogramm aufgerufen und die Anfangsbedingungen werden auf fixe kleine Werte gesetzt.

Jedes Programm enthält zwischen *menu* und *GOTO menu* ein *menu*-Unterprogramm. Dieses funktioniert folgendermaßen: Wenn das Menu auf dem Bildschirm erscheint, führt der Computer mit einer Ausnahme das entsprechende Programm aus, wenn Sie den zugehörigen groß geschriebenen Buchstaben eingeben. Die Ausnahme bildet die *Escape*-Taste. Mit ihr steigt man aus dem Programm aus. Um zum Beispiel den Parameter *alpha* abzuändern, müssen Sie *a* tippen. Der Computer fragt Sie dann nach dem neuen Wert für *alpha*. Diesen müssen Sie eingeben und die *Return*-Taste drücken. Im Menu gibt es zwei wichtige Schritte: Mit *r* startet man den Iterationsprozeß mit den eingegebenen Parametern, mit *x* kommt man in ein kleines Unterprogramm, das die Anfangsbedingungen zurücksetzt. Diese werden automatisch geändert, wenn man *r* eingibt, und lassen sich manuell abändern, wenn man *x* eingibt. Wählt man die manuelle Eingabe, muß man die beiden Koordinaten x, y eingeben (mit Komma). WICHTIG: Die Eingaben im Menu müssen in Kleinbuchstaben erfolgen!

Programm für symmetrische Objekte: Programm 1

```
   DEFDBL I, P-Q, X-Z
   ON ERROR GOTO errortrap
   DEF fnxpix (x) = nstartx + scalex * (x + scale)
   DEF fnypix (y) = npixely - scalex * (y + scale)
   GOSUB initialize
   GOSUB menu
loops:
   GOSUB iterate
   x=xnew: y = ynew
   PSET(fnxpix(x),fnypix(y))
   a$ = INKEY$
   IF a$ = "c" THEN iterates = 1: CLS: GOSUB parameters
   IF a$ = "i" THEN GOSUB parameters
restart:
   IF a$ = "m" THEN GOSUB menu
   iterates = iterates + 1
   GOTO loops
iterate:
   zzbar = x * x + y * y
   zreal = x: zimag = y
   FOR i = 1 TO n - 2
   za = zreal * x - zimag * y
   zb = zimag * x + zreal * y
   zreal = za: zimag = zb
   NEXT i
   zn = x * zreal - y * zimag
   p = lambda + alpha * zzbar + beta * zn
   xnew = p * x + gamma * zreal - omega * y
   ynew = p * y - gamma * zimag + omega * x
   RETURN
menu:
   GOSUB parameters
   PRINT USING "(x,y) = ##.#### ##.####"; x; y
   PRINT "Scale =", scale
   PRINT "ESC to exit program"
   PRINT "R to return to iteration"
```

```
1010:
  b$ = INKEY$
  iterates = 1
  IF b$ = " " THEN 1010
  IF b$ = "l" THEN INPUT "lambda =", lambda
  IF b$ = "a" THEN INPUT "alpha =", alpha
  IF b$ = "b" THEN INPUT "beta =", beta
  IF b$ = "g" THEN INPUT "gamma =", gamma
  IF b$ = "o" THEN INPUT "omega =", omega
  IF b$ = "d" THEN INPUT "degree of symmetry =", n
  IF b$ = "x" THEN GOSUB initialpoint
  IF b$ = "r" THEN iterates = 1: GOSUB parameters: RETURN
  IF b$ = "s" THEN INPUT "scale =", scale: GOSUB setscreen
  IF b$ = CHR$(27) THEN STOP
  CLS
  GOTO menu
parameters:
  LOCATE 1, 1
  PRINT "iterates =", iterates
  PRINT "Lambda =", lambda
  PRINT "Alpha =", alpha
  PRINT "Beta =", beta
  PRINT "Gamma =", gamma
  PRINT "Omega =", omega
  PRINT "Degree =", n
  LINE (nstartx,0) - (nstartx,npixely)
  RETURN
initialize:
  scale = 1
  nscreen = 12: npixelx = 640: npixely = 480
  nstartx = 160
  SCREEN nscreen
  GOSUB setscreen
  x = .01: y = .003: n = 4: iterates = 1
  lambda = -1.8:alpha = 2: beta = 0: gamma = 1: omega = 0
  RETURN
errortrap:
  x = .0234: y=.12345
  a$ = "m"
  RESUME restart
initialpoint:
  CLS
  PRINT "Enter r to reset coordinates automatically"
  PRINT "Enter x to INPUT coordinates"
3010:
  c$ = INKEY$
  IF c$ <> "r" AND c$ <> "x" THEN 3010
  IF c$ = "r" THEN x = .003: y =.0005345
  IF c$ = "x" THEN INPUT "(x,y)-coordinates =", x, y
  xnew = x: ynew = y
  RETURN
setscreen:
  CLS
  scaley = npixely / (2 * scale)
  scalex = (npixelx - nstartx) / (2 * scale)
  RETURN
```

Programm für symmetrische Fraktale

Das Programm für symmetrische Fraktale besitzt mit zwei Ausnahmen die gleichen Grundzüge wie das Programm für die symmetrischen Objekte. Die affine Abbildung, auf der das iterierte Funktionensystem basiert, wird in der Form

$$\rho(x, y) = \begin{pmatrix} a_{11}x + a_{12}y + b_1 \\ a_{21}x + a_{22}y + b_2 \end{pmatrix}$$

dargestellt. Im Menu entspricht jede dieser Konstanten einer Zahl zwischen 1 und 6, z.B. entspricht a_{11} der 1. Um die Konstanten abzuändern, muß man die entsprechende Zahl eingeben.

Die Dynamik des iterierten Funktionensystems konvergiert nur dann, wenn die affine Abbildung ρ eine Kontraktion ist, d.h. falls gilt:

$$a_{11}^2 + a_{21}^2 > 1,$$

$$a_{21}^2 + a_{22}^2 > 1,$$

$$a_{11}^2 + a_{21}^2 + a_{21}^2 + a_{22}^2 > 1 + (a_{11}a_{22} - a_{21}a_{12})^2.$$

Aus diesem Grund erscheint eine Warnmeldung, wenn Parameter eingegeben werden, für die ρ keine Kontraktion ist.

Programm für symmetrische Fraktale: Programm 2

```
  DEFDBL I, X-Z
  DEFINT M-N
  DIM c(100), s(100)
  ON ERROR GOTO errortrap
  DEF fnxpix (x) = nstartx + scalex * (x + scale)
  DEF fnypix (y) = npixely - scalex * (y + scale)
  GOSUB initialize
  GOSUB menu
loops: so wie in Programm 1 für die symmetrischen Objekte
restart: so wie in Programm 1 für die symmetrischen Objekte
iterate:
  xnew = a11 * x + a12 * y + b1
  ynew = a21 * x + a22 * y + b2
  m = INT(n * RND)
  x1 = xnew: y1 = ynew
  xnew = c(m) * x1 - s(m)*y1
  ynew = s(m) * x1 + c(m)*y1
  IF conj = 0 THEN RETURN
  m = INT(2 * RND)
  IF m = 1 THEN ynew = -ynew
  RETURN
```

```
menu:

   GOSUB parameters
   PRINT "Degree of symmetry ="; n
   PRINT USING "(x,y) = ##.#### ##.####"; x; y
   PRINT "Scale ="; scale
   IF conj = 0 THEN PRINT "Toggle for Dn symmetry"
   IF conj = 1 THEN PRINT "Toggle for Zn symmetry"
   PRINT "ESC to exit program"
   PRINT "R to return to iteration"

1010:

   b$ = INKEY$
   iterates = 1
   IF b$ = " " THEN 1010
   IF b$ = CHR$(27) THEN STOP
   IF b$ = "d" THEN INPUT "degree of symmetry =", n:
                    GOSUB trig
   IF b$ = "t" THEN conj = 1 - conj
   IF b$ = "1" THEN INPUT "new a11 =", a11
   IF b$ = "2" THEN INPUT "new a12 =", a12
   IF b$ = "3" THEN INPUT "new a21 =", a21
   IF b$ = "4" THEN INPUT "new a22 =", a22
   IF b$ = "5" THEN INPUT "new b1 =", b1
   IF b$ = "6" THEN INPUT "new b2 =", b2
   IF b$ = "x" THEN GOSUB initialpoint
   IF b$ = "r" THEN iterates = 1: GOSUB parameters: RETURN
   IF b$ = "s" THEN INPUT "scale =", scale
   GOSUB setscreen
   CLS
   GOTO menu

parameters:

   LOCATE 1, 1
   PRINT "iterates =", iterates
   PRINT USING "symmetry = !##"; d$(conj); n
   PRINT "1. a11 =", a11
   PRINT "2. a12 =", a12
   PRINT "3. a21 =", a21
   PRINT "4. a22 =", a22
   PRINT "5. b1 =", b1
   PRINT "6. b2 =", b2
   a1 = a11 * a11 + a21 * a21: a2 = a21 * a21 + a22 * a22
   IF a1 > 1 OR a2 > 1
          OR a1 + a2 > 1 + (a11 * a22 - a12 * a21)^2
   THEN PRINT "WARNING: Affine map is NOT a contraction"
   LINE (nstartx,0) - (nstartx,npixely)
   RETURN

initialize:

   CLS
   scale = 1
   nscreen = 12: npixelx = 640: npixely = 480
   nstartx = 160
   SCREEN nscreen
   GOSUB setscreen
   a11 = .4: a12 = .35: a21 = .2: a22 = .4
   b1 = 0: b2 = 4: iterates = 1
   x = .1: y = -.01: n = 3: conj = 1
   pi = 355 / 113
   GOSUB trig
   d$(0) = "Z": d$(1) = "D"
   RETURN

errortrap: so wie in Programm 1 für die symmetrischen Objekte

initialpoint: so wie in Programm 1 für die symmetr. Objekte

setscreen: so wie in Programm 1 für die symmetrischen Objekte

trig:

   FOR i = 0 TO n - 1
   c(i) = COS(2 * pi * i / n)
   s(i) = SIN(2 * pi * i / n)
   NEXT i
   RETURN
```

Programm für quadratische Quilts

Der Iterationsprozeß beim Programm für quadratische Quilts ist ähnlich wie der im Programm für symmetrische Objekte. Mathematisch gesehen liegt der wesentliche Unterschied im *iterate*-Unterprogramm. Hier wird die Iteration auf das Einheitsquadrat beschränkt. Wegen der vier *IF*-Bedingungen liegen die neuen x- und y-Werte immer im Einheitsquadrat. Die Iterationsformel wurde in Kapitel 6 sowie in Anhang A angegeben und wird in Anhang D hergeleitet. Die Verschiebung v war immer $(0, 0)$ oder $(\frac{1}{2}, \frac{1}{2})$. Betätigt man im Menu die Taste h, kann man zwischen diesen beiden Möglichkeiten wählen.

Die Hauptunterschiede dieses Programms zu Programm 2 liegen in der Graphik. Hier gibt es zwei Unterschiede: die Periodizität und die Farbe. Da die Attraktoren auf dem Einheitsquadrat periodisch reproduziert werden können, führen wir im Menu einen neuen Kontrollparameter *nperiod* ein, der die Anzahl angibt, mit der der Attraktor im Einheitsquadrat sowohl in horizontale als auch in vertikale Richtung verschoben wird. Am Anfang ist *nperiod* = 3, somit wird das Muster des Einheitsquadrates neunmal auf einem 3×3-Gitter reproduziert. Dies macht die Zeichenroutine kompliziert, deshalb haben wir sie nicht wie oben in die *loops* integriert, sondern dafür ein eigenes Unterprogramm namens *plotpoints* geschrieben.

Das Programm enthält im Gegensatz zu den vorhergehenden eine primitive Einfärberoutine. Die entsprechenden Programmschritte hierfür haben wir durch ein C gekennzeichnet. Wenn Sie keinen Farbeffekt wünschen, müssen Sie die entsprechenden Zeilen weglassen. Das C dient nur zur Kennzeichnung. Auch wenn Sie Farbe wünschen, dürfen Sie es nicht mit eintippen. Ist die Farbe enthalten, kann man im Menu durch die Eingabe von t zwischen den beiden Optionen "bunt" und "uni" wählen.

Wir beschreiben nun, wie das Einfärben funktioniert. Am wichtigsten dabei ist, daß wir zählen müssen, wie oft ein Pixel im Einheitsquadrat während der Iteration getroffen wird. Hierzu verwenden wir eine ganzzahlige Matrix. Die Fähigkeiten von Basic zum Speichern solcher Daten sind beschränkt. Ein Basic-Programm kann maximal eine ganzzahlige 160 × 160-Matrix speichern. Dies reicht nicht aus, um die Daten für den gesamten Bildschirm zu speichern. Selbst für CGA-Graphik benötigt man eine 200×200-Matrix. Für die Quilts müssen wir jedoch nur die Daten speichern, die zum Färben des Einheitsquadrats benötigt werden. Wenn wir also eine $N \times N$-Matrix von Pixeln einfärben wollen, müssen wir nur die Daten für eine $N\ /\ nperiod \times N\ /\ nperiod$-Matrix speichern. In VGA-Graphik zum Beispiel wollen wir eine 480 × 480-Matrix färben. Solange *nperiod* größer als 3 ist, kann Basic die benötigten Daten speichern, denn dann ist $480\ /\ nperiod \leq 160$. Zum Schluß erläutern wir die Details des Färbeprogramms. Wir nehmen an, wir hätten 15 verschiedene (nicht schwarze) Farben zur Verfügung (im Unterprogramm *initialize* ist *ncolor* = 15). Die Farben von 1–15 werden im Unterprogramm *setcolors* geordnet. (Je nachdem wie Ihre Basic-Version die Farben ordnet, müssen Sie diese Ordnung eventuell abändern.) Das Unterprogramm *setscreen* zeigt die Farben im Menu auf dem Bildschirm an.

Das Einfärben funktioniert folgendermaßen: Ist mc die Anzahl, mit der ein Pixel getroffen wird, färben wir das Pixel wie folgt ein:

Falls	$m_1 = 1 \leq mc < m_2$,	wähle Farbe 1,
falls	$m_2 \leq mc < m_3$,	wähle Farbe 2,
falls	$m_{14} \leq mc < m_{15}$,	wähle Farbe 14,
falls	$m_{15} \leq mc$,	wähle Farbe 15.

Hierzu erzeugen wir einen Vektor *mcolor* mit

$$mcolor(1) = \ldots = mcolor(m_2 - 1) = colord(1),$$

$$mcolor(m_2) = \ldots = mcolor(m_3 - 1) = colord(2)$$

usw. Dieser Schritt ist im Unterprogramm *setcolors* enthalten. Der Einfachheit halber haben wir $m_j = j$ gesetzt. Die Farbe eines Pixels ändert sich also jedesmal, wenn er getroffen wird, aber höchstens fünfzehnmal (15 ist die maximale Anzahl der zur Verfügung stehenden Farben). Nach dem fünfzehnten Mal bleibt die Farbe immer die gleiche, egal, wie oft das Pixel getroffen wird. Wenn Ihr Computer nicht in der Lage ist, eine große Zahl von Iterationen sehr schnell auszuführen, werden Sie diese Einfärberoutine kaum abändern wollen. Wenn Sie sie dennoch ändern wollen, ist dies möglich. Um so hochauflösbare Bilder zu erzeugen, wie sie hier abgedruckt sind, muß man Millionen von Iterationen durchführen. In der Praxis kann man auf einem IBM 80286 mit mathematischem Koprozessor nicht mehr als 100 000 Iterationen in annehmbarer Zeit durchführen.

Programm für quadratische Quilts: Programm 3

```
   DEFDBL I, P-Q, X-Z
   DEFINT M
   ON ERROR GOTO errortrap
C  DIM mcount(160,160), mcolor(200), colord(256)
   DEF fnxpix (x) = nstartx + (npixelx - nstartx) * x / nperiod
   DEF fnypix (y) = npixely - npixely * y / nperiod
   GOSUB initialize C
   GOSUB setcolors
   GOSUB menu
   iterates = 1
loops:
   GOSUB iterate
   x = xnew: y = ynew
   GOSUB plotpoints
   a$ = INKEY$
   IF a$ = "c" THEN iterates = 1: CLS: GOSUB setscreen
   IF a$ = "i" THEN LOCATE 1, 1: PRINT "iterates =", iterates
restart:
   IF a$ = "m" THEN GOSUB menu
   iterates = iterates + 1
   GOTO loops
iterate:
   sx = SIN(p2 * x): sy = SIN(p2 * y)
   xnew = (lambda + alpha * COS(p2 * y)) * sx - omega * sy
   + beta * SIN(2 * p2 * x) + gamma * SIN(3 * p2 * x)
   * COS(2 * p2 * y) + ma * x + shift
   ynew = (lambda + alpha * COS( p2 * x)) * sy + omega * sx
   + beta * SIN(2 * p2 * y) + gamma * SIN(3 * p2 * y)
   * COS(2 * p2 * x) + ma * y + shift
   IF xnew > 1 THEN xnew = xnew - INT(xnew)
   IF ynew > 1 THEN ynew = ynew - INT(ynew)
   IF xnew < 0 THEN xnew = xnew + INT(-xnew) + 1
   IF ynew < 0 THEN ynew = ynew + INT(-ynew) + 1
C  IF toggle = 0 THEN RETURN
C  mxnew = xnew * (npixelx - nstartx) / nperiod: mynew = ynew
             * npixely / nperiod
C  mcount(mxnew,mynew) = mcount(mxnew,mynew) + 1
   RETURN menu:
   GOSUB parameters
   PRINT "No. periods ="; nperiod
   PRINT USING "(x,y) = ##.#### ##.####"; x,y
C  PRINT "T to toggle coloring:";
C  IF toggle = 0 THEN PRINT "coloring off" ELSE PRINT
     "coloring on"
   PRINT "E to exit"
   PRINT "R for RETURN"
```

```
1010:
   b$ = INKEY$
   iterates = 1
   IF b$ = " " THEN 1010
   IF b$ = "l" THEN INPUT "lambda = ", lambda
   IF b$ = "a" THEN INPUT "alpha = ", alpha
   IF b$ = "b" THEN INPUT "beta = ", beta
   IF b$ = "g" THEN INPUT "gamma = ", gamma
   IF b$ = "o" THEN INPUT "omega = ", omega
   IF b$ = "m" THEN INPUT "m = ", ma
C  IF b$ = "t" THEN toggle = 1 - toggle
   IF b$ = "h" THEN shift = .5 - shift
   IF b$ = "n" THEN INPUT "# of periods =", nperiod
   IF b$ = "x" THEN GOSUB initialpoint
   IF b$ = "r" THEN iterates = 1: GOSUB setscreen: RETURN
   IF b$ = CHR$(27) THEN STOP
   CLS
   GOTO menu
parameters:
   LOCATE 1, 1
   PRINT "iterates ="; iterates
   PRINT "Lambda ="; lambda
   PRINT "Alpha ="; alpha
   PRINT "Beta ="; beta
   PRINT "Gamma ="; gamma
   PRINT "Omega ="; omega
   PRINT "M ="; ma
   PRINT "sHift by ="; shift
   LINE (nstartx,0) - (nstartx,npixely)
   RETURN
initialize:
   C toggle = 0: ncolor = 15
   nperiod = 3
   nscreen = 12: npixelx = 640: npixely = 480
   nstartx = 160
   CLS
   SCREEN nscreen
   pi = 355 / 113: p2 = 2 * pi
   x = .1: y = .334: xnew = x: ynew = y
   lambda = -.59: alpha = .2: beta = .1: gamma = -0.9:
   omega = 0
   ma = 0
   shift = 0
   RETURN
errortrap: so wie in Programm 1 für symmetrische Objekte
initialpoint: so wie in Programm 1 für symmetrische Objekte
setscreen:
   CLS
   GOSUB parameters
C  IF toggle = 0 THEN RETURN
C  FOR j = 0 TO (npixelx-nstartx) / nperiod
C  FOR i = 0 TO npixely / nperiod
C  mcount(j,i) = 0
C  NEXT i
C  NEXT j
C  FOR i = 1 TO ncolor
C  LINE (0,npixely - 20 * i) - (15,npixely - 20 * (i + 1)),
         colord(i),BF
C  NEXT i
   RETURN
C  setcolors:
C  colord(1)  =  8: colord(2)  =  6: colord(3) =  1:
   colord(4)  =  9: colord(5)  =  3: colord(6) = 11:
   colord(7)  =  2: colord(8)  = 10: colord(9) =  5:
   colord(10) = 13: colord(11) =  4: colord(12) = 12:
   colord(13) = 14: colord(14) =  7: colord(15) = 15
C  FOR j = 1 TO 15
C  mcolor(j) = colord(j)
C  NEXT(j)
C  RETURN
plotpoints:
   FOR i = 0 TO nperiod - 1
   FOR j = 0 TO nperiod - 1
C  IF toggle = 0 THEN PSET (fnxpix(x+i),fnypix(y+j)):
   GOTO 160: mc = mcount(mxnew,mynew)
C  IF mc < 15 THEN mm = mcolor(mc) ELSE mm = 15
   PSET (fnxpix(x+i),fnypix(y+j)), mm
Bemerkung: Wird die Farbe nicht verwendet, streichen
Sie bitte das "mm" in der vorhergehenden Zeile!
160:
   NEXT j
   NEXT i
   RETURN
```

Programm für hexagonale Quilts

Das Programm für die hexagonalen Quilts ist ähnlich aufgebaut wie das für die quadratischen Quilts. Insbesondere sind die Einfärberoutine und die Iterationsprozedur im Prinzip gleich. Der Hauptunterschied liegt in der Tatsache begründet, daß die zugrundeliegende Zelle nicht das Einheitsquadrat ist, sondern ein Parallelogramm, dessen erzeugende Vektoren einen Winkel von 60° bilden. Dies verursacht im Programm einige Indexprobleme. Sie werden mit elementarer linearer Algebra bewältigt, worauf wir hier nicht näher eingehen wollen. Ein weiterer Unterschied ist, daß die Formel für den Iterationsalgorithmus auf dem hexagonalen Gitter wesentlich komplizierter ist als die, die beim quadratischen Gitter verwendet wird. Diese Tatsachen bedingen die Unterprogramme *setvectors* und *vector3*. In diesen werden die Vektoren, die das Gitter $\mathcal{L}$ und das duale Gitter $\mathcal{L}^*$ erzeugen, zusammengesetzt. Die Vektoren des dualen Gitters erzeugen die Terme im Iterationsalgorithmus. Eine weitere Folge ist das nun länger gewordene Unterprogramm *iterate*.

Programm für hexagonale Quilts: Programm 4

Das Programm für hexagonale Quilts beginnt genau gleich wie das Programm 3 für quadratische Quilts. Die erste Änderung tritt im Unterprogramm *iterate* auf.

```
iterate:
   s11 = SIN(p2 * (el11 * x + el12 * y))
   s12 = SIN(p2 * (el21 * x + el22 * y))
   s13 = SIN(p2 * (el31 * x + el32 * y))
   s21 = SIN(p2 * (em11 * x + em12 * y))
   s22 = SIN(p2 * (em21 * x + em22 * y))
   s23 = SIN(p2 * (em31 * x + em32 * y))
   s31 = SIN(p2 * (en11 * x + en12 * y))
   s32 = SIN(p2 * (en21 * x + en22 * y))
   s33 = SIN(p2 * (en31 * x + en32 * y))
   s3h1 = SIN(p2 * (enh11 * x + enh12 * y))
   s3h2 = SIN(p2 * (enh21 * x + enh22 * y))
   s3h3 = SIN(p2 * (enh31 * x + enh32 * y))
   sx = el11 * s11 + el21 * s12 + el31 * s13
   sy = el12 * s11 + el22 * s12 + el32 * s13
   xnew = ma * x + lambda * sx - omega * sy
   ynew = ma * y + lambda * sy + omega * sx
   xnew = xnew + alpha * (em11 * s21 + em21 * s22 + em31 * s23)
   ynew = ynew + alpha * (em12 * s21 + em22 * s22 + em32 * s23)
   xnew = xnew + a11 * s31 + a21 * s32 + a31 * s33
   ynew = ynew + a12 * s31 + a22 * s32 + a32 * s33
   xnew = xnew + ah11 * s3h1 + ah21 * s3h2 + ah31 * s3h3
   ynew = ynew + ah12 * s3h1 + ah22 * s3h2 + ah32 * s3h3
   by = 2 * ynew /sq 3: bx = xnew - by / 2
   IF bx > 1 THEN bx = bx - INT(bx)
   IF by > 1 THEN by = by - INT(by)
   IF bx < 0 THEN bx = bx + INT(-bx) + 1
   IF by < 0 THEN by = by + INT(-by) + 1
   xnew = bx * k11 + by * k21: ynew = bx * k12 + by * k22
   IF toggle = 0 THEN RETURN
   mxnew = bx * (npixelx - nstartx) / nperiod
   mynew = by * npixely / nperiod
   mcount(mxnew,mynew) = mcount(mxnew,mynew) + 1
   RETURN
menu: Dieses Unterprogramm ist mit zwei Ausnahmen
gleich wie das in Programm 3 für quadratische Quilts.

Die Zeile
IF b$ = "h" THEN shift = .5 - shift
entfällt, und die Zeile
IF b$ = "r" THEN iterates = 1: GOSUB setscreen: RETURN
wird ersetzt durch die Zeile
IF b$ = "r" THEN iterates = 1: GOSUB setscreen: GOSUB vector3:
RETURN

parameters: so wie in Programm 3 für quadratische Quilts

initialize: bis zu der Zeile, in der pi definiert wird, gleich
wie in Programm 3 für quadratische Quilts.
   pi = 355 / 113: p2 = 2 * pi: sq3 = SQR(3)
   x = .1: y = .3: xnew = x: ynew = y
   gamma = .1: lambda = -.1: alpha = -.076: beta = 0:
   omega = 0:
   ma = 0
   GOSUB setvectors
   GOSUB vector3
   RETURN
errortrap: so wie in Programm 1 für symmetrische Objekte.
initialpoint: so wie in Programm 1 für symmetr. Objekte.
setscreen: so wie in Programm 3 für quadratische Quilts.
setcolors: so wie in Programm 3 für quadratische Quilts.
plotpionts:
   FOR i = -nperiod / 2 - 1 TO nperiod / 2 + 1
   For j = 0 TO nperiod
   xx = fnxpix(x + i * k11 + j * k21)
   IF xx < nstartx THEN 160
C  IF toggle = 0 THEN PSET(xx,fnypix(y + i * k12 + j * k22))
   GOTO 160
C  mc =mcount(mxnew,mynew)
C  IF mc < 15 THEN mm = mcolor(mc) ELSE mm = 15
   PSET(xx,fnypix(y + i * k12 + j * k22)), mm
Bemerkung: Wird die Farbe nicht verwendet, streichen
Sie bitte das "mm" in der vorhergehenden Zeile!
160:
   NEXT j
   NEXT i
   RETURN
setvectors:
   k11 = 1: k12 = 0
   k21 = 1 / 2: k22 = sq3 / 2
   el11 = 1: el12 = -1 / sq3
   el21 = 0: el22 = 2 / sq3
   el31 = -(el11 + el21): el32 = -(el12 + el22)
   em11 = 2 * el11 + el21: em12 = 2 * el12 + el22
   em21 = 2 * el21 + el31: em22 = 2 * el22 + el32
   em31 = 2 * el31 + el11: em32 = 2 * el32 + el12
   en11 = 3 * el11 + 2 * el21: en12 = 3 * el12 + 2 * el22
   en21 = 3 * el21 + 2 * el31: en22 = 3 * el22 + 2 * el32
   en31 = 3 * el31 + 2 * el11: en32 = 3 * el32 + 2 * el12
   enh11 = 3 * el11 + el21: enh12 = 3 * el12 + el22
   enh21 = 3 * el21 + el31: enh22 = 3 * el22 + el32
   enh31 = 3 * el31 + el11: enh32 = 3 * el32 + el12
   RETURN
vector3:
   a11 = beta: a12 = gamma
   a21 = (-a11 - sq3 * a12) / 2: a22 = (sq3 * a11 - a12) / 2
   a31 = -a11 - a21: a32 = -a12 - a22
   ah11 = a11: ah12 = -a12
   ah21 = (-ah11 - sq3 * ah12)
         / 2: ah22 = (sq3 * ah11 - ah12) /2
   ah31 = -ah11 - ah21: ah32 = -ah12 - ah22
   RETURN
```

Anhang C

ABBILDUNGEN FÜR OBJEKTE

Wie findet man Abbildungen der Ebene, die $\mathbf{D}_n$-symmetrisch sind? Die Antwort auf diese Frage liegt in einem Zweig der Mathematik, der *Invariantentheorie* genannt wird. Obwohl viele der Fragen in dieser Theorie ausgesprochen schwierig zu beantworten sind, ist die Antwort auf unsere Frage relativ einfach zu erklären. Wir erläutern zunächst das einfachste Beispiel und befassen uns danach mit der abstrakten Strategie. Zunächst benötigen wir einige grundlegende Definitionen.

Sei G eine Gruppe von linearen Transformationen von $\mathbf{R}^m$. So kann G zum Beispiel die Diedergruppe $\mathbf{D}_n$ der Symmetrien eines regelmäßigen n-Ecks sein, die auf der Ebene $\mathbf{R}^2$ operiert. Sei X ein Punkt aus $\mathbf{R}^m$. Dann ist die *G-Bahn* von X die Menge aller Punkte aus $\mathbf{R}^m$, die man erhält, wenn man alle Transformationen aus G auf X anwendet. Eine Funktion auf $\mathbf{R}^m$ heißt *G-invariant*, wenn sie auf den G-Bahnen konstant ist. Genauer: Eine Abbildung $p : \mathbf{R}^m \to \mathbf{R}$ ist G-invariant, wenn für alle $g \in G$ und $X \in \mathbf{R}^m$ gilt $p(g(X)) = p(X)$. Eine Abbildung $f : \mathbf{R}^m \to \mathbf{R}$ *kommutiert* mit G (oder ist *G-äquivariant*), wenn für alle $g \in G$ und $X \in \mathbf{R}^m$ gilt $f(gX) = gf(X)$.

Symmetrien auf der Geraden

Wir betrachten eine einfache Gruppe von Symmetrien auf der Geraden $\mathbf{R}$, nämlich die Gruppe $G = \mathbf{Z}_2$, wobei G auf $\mathbf{R}$ durch die Multiplikation mit ± 1 operiert. In diesem Fall ist eine Funktion $p : \mathbf{R} \to \mathbf{R}$ G-invariant, falls $p(-X) = p(X)$ für alle $X \in \mathbf{R}$ gilt. Derartige Funktionen p heißen *gerade* Funktionen. Die Bezeichnung "gerade" ist nicht aus der Luft gegriffen. Ist nämlich $p(X)$ ein Polynom, d.h.

$$p(X) = a_0 + a_1X + a_2X^2 + \cdots + a_mX^m,$$

dann ist

$$p(-X) = a_0 - a_1X + a_2X^2 - \cdots + (-1)^m a_m X^m.$$

Es folgt, daß die Identität $p(-X) = p(X)$ für alle X genau dann gilt, wenn alle ungeraden Terme verschwinden. Dies bedeutet

$$a_1 = a_3 = a_5 = \cdots = 0,$$

und daher ist

$$p(X) = a_0 + a_2X^2 + \cdots + a_{2k}X^{2k}.$$

Eine sehr einfache Aussage für gerade Polynome ist, daß für sie

$$p(X) = q(U)$$

mit $U = X^2$ und

$$q(U) = a_0 + a_2U + a_4U^2 + \cdots + a_{2k}U^k$$

gilt. Mit anderen Worten, jedes gerade Polynom ist ein Polynom in X^2.

Lassen Sie uns nun die Abbildungen $f : \mathbf{R} \to \mathbf{R}$ betrachten, die mit der Gruppe G kommutieren, d.h. für die

$$f(-X) = -f(X)$$

für alle $X \in \mathbf{R}$ gilt.

Derartige Abbildungen nennen wir *ungerade* Funktionen. Ein ähnliches Argument wie das für die geraden Funktionen zeigt, daß ungerade Polynome f die Gestalt

$$f(X) = b_1X + b_3X^3 + \cdots + b_{2k+1}X^{2k+1}$$

besitzen. Es folgt, daß wir ungerade Polynome f schreiben können als

$$f(X) = (b_1 + b_3 U + \cdots + b_{2k} U^k) X,$$

wobei wie oben $U = X^2$ ist. Jedes ungerade Polynom kann also als Produkt eines geraden Polynoms mit X dargestellt werden.

Diese Zerlegung läßt sich auf alle kompakten Symmetriegruppen von linearen Transformationen des $\mathbf{R}^m$ verallgemeinern. Hierbei gelten folgende Aussagen:

1. Sei $p : \mathbf{R}^m \to \mathbf{R}$ G-invariant und $f : \mathbf{R}^m \to \mathbf{R}^m$ G-äquivariant. Dann ist $pf : \mathbf{R}^m \to \mathbf{R}^m$ G-äquivariant.
2. Es gibt eine endliche Anzahl von G-invarianten Polynomen
$$U_1(X), U_2(X), \ldots, U_S(X),$$
so daß sich jedes G-invariante Polynom als Polynom in $U_1(X), \ldots, U_S(X)$ darstellen läßt.
3. Es gibt eine endliche Anzahl von G-äquivarianten polynomialen Abbildungen
$$f_1(X), f_2(X), \ldots, f_t(X),$$
so daß jede G-äquivariante polynomiale Abbildung die Gestalt
$$p_1(X) f_1(X) + \cdots + p_t(X) f_t(X)$$
besitzt, wobei jedes $p_j(X)$ ein G-invariantes Polynom ist.

Überträgt man diese Aussagen auf gerade und ungerade Polynome, lauten sie wie folgt:

1. Multipliziert man ein gerades Polynom mit einem ungeraden, erhält man ein ungerades.
2. Jedes gerade Polynom ist ein Polynom in $U_1(X) = X^2$.
3. Jedes ungerade Polynom ist das Produkt eines geraden Polynoms mit $f_1(X) = X$.

D_n-äquivariante Abbildungen

Die Operation von $\mathbf{D}_n$, der ebenen Symmetriegruppe eines regelmäßigen n-Ecks, wird erzeugt von

$$\kappa z = \bar{z} \quad \text{und} \quad \rho z = e^{2\pi i/n} z,$$

wobei $z \in \mathbf{C}$ eine komplexe Zahl ist.

Wir definieren die polynomialen Abbildungen $U_1, U_2 : \mathbf{C} \to \mathbf{R}$ durch

$$U_1(z) = z\bar{z} \quad \text{und} \quad U_2(z) = z^n + \bar{z}^n.$$

Man kann leicht überprüfen, daß U_1 und U_2 $\mathbf{D}_n$-invariante Polynome sind. Für das Folgende möchten wir festhalten, daß $U_2(z) = 2\,\mathrm{Re}(z^n)$ gilt. Wir behaupten nun, daß sich jede $\mathbf{D}_n$-invariante polynomiale Abbildung $p : \mathbf{C} \to \mathbf{R}$ als Polynom in U_1 und U_2 darstellen läßt. Dies bedeutet, daß es eine polynomiale Abbildung $q : \mathbf{R}^2 \to \mathbf{R}$ gibt mit $p = q(U_1, U_2)$. Weiterhin werden wir zeigen, daß jede $\mathbf{D}_n$-äquivariante polynomiale Abbildung $f : \mathbf{C} \to \mathbf{C}$ in der Form

$$f = p_1 z + p_2 \bar{z}^{n-1}$$

geschrieben werden kann, wobei p_1 und p_2 $\mathbf{D}_n$-invariante Polynome sind. Für Anwendungen ist die folgende Bemerkung nützlich: Diese Darstellung für $\mathbf{D}_n$-invariante und -äquivariante Abbildungen gelten auch für glatte (d.h. unendlich oft differenzierbare) Abbildungen. In diesem Fall ist q eine glatte Abbildung von $\mathbf{R}^2$ nach $\mathbf{R}$, und p_1 und p_2 sind glatte invariante Funktionen.

Wir beweisen zunächst unsere Behauptung über die polynomialen $\mathbf{D}_n$-invarianten Abbildungen. Sei hierzu $p : \mathbf{C} \to \mathbf{R}$ eine $\mathbf{D}_n$-invariante polynomiale Abbildung. p läßt sich in der Gestalt

$$p(z) = \sum_{j,k \geq 0} a_{jk} z^j \bar{z}^k$$

schreiben, wobei jedes $a_{jk} \in \mathbf{C}$ eine komplexe Zahl ist. Da p ein Polynom ist, ist die Summe endlich. Da p reellwertig ist, ist $p(z) = \overline{p(z)}$ und es folgt $\overline{a_{jk}} = a_{kj}$. Wegen $p(\kappa z) = p(z)$ gilt zudem $a_{jk} = a_{kj}$. Daher sind alle a_{jk} reell. Fassen wir nun Vielfache von $z\bar{z}$ zusammen, erhalten wir

$$p(z) = \sum_k b_k(z\bar{z})\,(z^k + \bar{z}^k),$$

wobei die b_k Polynome in $z\bar{z}$ sind. Nun verwenden wir, daß $p(\rho z) = p(z)$ gilt. Hieraus folgt, daß $b_k = 0$ ist, falls k nicht teilbar ist durch n. Daher hat p die Gestalt

$$p(z) = \sum_k c_k(z\bar{z})\,(z^{nk} + \bar{z}^{nk}).$$

Schließlich läßt sich mit der Identität

$$z^{n(l+1)} + \bar{z}^{n(l+1)} = (z^{nl} + \bar{z}^{nl})(z^n + \bar{z}^n) - (z\bar{z})^n (z^{n(l-1)} + \bar{z}^{n(l-1)})$$

induktiv zeigen, daß $p(z)$ als Polynom in U_1 und U_2 dargestellt werden kann.

Sei nun $f : \mathbf{C} \to \mathbf{C}$ eine polynomiale Abbildung, die mit $\mathbf{D}_n$ kommutiert. f läßt sich ebenfalls darstellen als

$$f(z) = \sum_{j,k \geq 0} a_{jk} z^j \bar{z}^k$$

mit $a_{jk} \in \mathbf{C}$.

Nun kommutiert f mit κ. Dies bedeutet $f(\bar{z}) = \overline{f(z)}$, woraus $a_{jk} = \overline{a_{jk}}$ folgt. Somit sind alle a_{jk} reell.

Da f mit ρ kommutiert, haben wir die Identität

$$f(z) = e^{-2\pi i/n} f(e^{2\pi i/n} z).$$

Es folgt $a_{jk} = 0$, außer für $j \equiv k + 1 (\bmod n)$. Fassen wir die Terme geeignet zusammen, erhalten wir

$$f(z) = \sum_{k \geq 0} [b_k (z\bar{z}) z^{nk+1} + c_k (z\bar{z}) \bar{z}^{n(k+1)-1}].$$

Nutzen wir die Identitäten

$$z^{n(l+1)+1} = (z^{nl} + \bar{z}^{nl})z - (z\bar{z})\bar{z}^{nl-1} \text{ und}$$

$$\bar{z}^{n(l+1)-1} = (z^{nl} + \bar{z}^{nl})\bar{z}^{n-1} - (z\bar{z})^{n-1} z^{n(l-1)+1},$$

können wir mit Induktion zeigen, daß f die gewünschte Gestalt besitzt.

Sei nun $f : \mathbf{C} \to \mathbf{C}$ eine $\mathbf{D}_n$-äquivariante polynomiale Abbildung. Betrachten wir nur die Terme von niedrigstem Grad in U_1 und U_2 und ersetzen U_2 durch $V_1 = \frac{1}{2} U_2$, erhalten wir die Abbildung

$$F(z) = \left(\lambda + \alpha z\bar{z} + \beta \operatorname{Re}(z^n)\right) z + \gamma \bar{z}^{n-1}$$

$$= (\lambda + \alpha U_1 + \beta V_1) z + \gamma \bar{z}^{n-1},$$

wobei λ, α, β und γ reelle Parameter sind. Dies ist die Abbildung, die wir zur Erzeugung der meisten unserer symmetrischen Objekte verwendet haben. Natürlich ist die spezielle Wahl unserer $\mathbf{D}_n$-äquivarianten Abbildung etwas willkürlich. Dies ist jedoch die einfachste Klasse von $\mathbf{D}_n$-äquivarianten Abbildungen, die chaotisches Verhalten und Erzeugung von Symmetrie an den Tag legen.

Bei unserer Betrachtung der Abbildungen mit $\mathbf{D}_n$-Symmetrie haben wir manchmal einen zusätzlichen nichtpolynomialen Term

$$f(z) = (\lambda + \alpha U_1 + \beta V_1) z + \gamma \bar{z}^{n-1} + \delta \operatorname{Re}([z/|z|]^{np}) z |z|$$

addiert. Obwohl dieser zusätzliche Term $\mathbf{D}_n$-äquivariant ist, besitzt er eine kleine Singularität im Ursprung. Die Iteration in der Nähe des Ursprungs wird in der Regel von diesem Term dominiert.

$\mathbf{Z}_n$-äquivariante Abbildungen

Wir werden nun kurz die $\mathbf{Z}_n$-invarianten und die $\mathbf{Z}_n$-äquivarianten Abbildungen beschreiben. Die Abbildungen

$$U_1 = z\bar{z}, \quad V_1 = \operatorname{Re}(z^n) \text{ und } V_2 = \operatorname{Im}(z^n)$$

sind $\mathbf{Z}_n$-invariant. Ähnlich wie bei den $\mathbf{D}_n$-invarianten Abbildungen kann man zeigen, daß sich jede $\mathbf{Z}_n$-invariante polynomiale Abbildung als Polynom in U_1, V_1 und V_2 darstellen läßt.

Jede $\mathbf{Z}_n$-äquivariante polynomiale Abbildung $f : \mathbf{C} \to \mathbf{C}$ besitzt die Gestalt

$$f = p_1(U_1, V_1) z + p_2(U_1, V_1) \bar{z}^{n-1}$$

mit komplexwertigen Polynomen p_1 und p_2.

In unseren numerischen Betrachtungen der $\mathbf{Z}_n$-Symmetrie haben wir der Abbildung F, die wir oben bei der $\mathbf{D}_n$-Symmetrie betrachtet haben, den Term $\omega i z$ hinzugefügt. Dies ergibt

$$f(z) = (\lambda + \alpha z\bar{z} + \beta \operatorname{Re}(z^n) + \omega i) z + \gamma \bar{z}^{n-1}$$

mit reellen Parametern λ, α, β, γ und ω. Für $\omega = 0$ ist f $\mathbf{D}_n$-äquivariant, für $\omega \neq 0$ ist f lediglich $\mathbf{Z}_n$-äquivariant.

Anhang D

EBENE GITTER

Ein ebenes Gitter ist eine Teilmenge $\mathcal{L}$ von $\mathbf{R}^2$, die aus allen Vektoren der Gestalt

$$n_1 \boldsymbol{k}_1 + n_2 \mathbf{k}_2$$

besteht, wobei $\boldsymbol{k}_1$ und $\boldsymbol{k}_2$ linear unabhängige Vektoren der Ebene und n_1 und n_2 ganze Zahlen sind. Die Menge $\{\boldsymbol{k}_1, \boldsymbol{k}_2\}$ heißt *Basis* von $\mathcal{L}$. In Abbildung D.1 haben wir einen Teil des Gitters dargestellt, für das $\boldsymbol{k}_1$ und $\boldsymbol{k}_2$ die Einheitsvektoren in Richtung der x- bzw. y-Achse sind. Aus offensichtlichen Gründen nennt man dieses Gitter *quadratisch*.

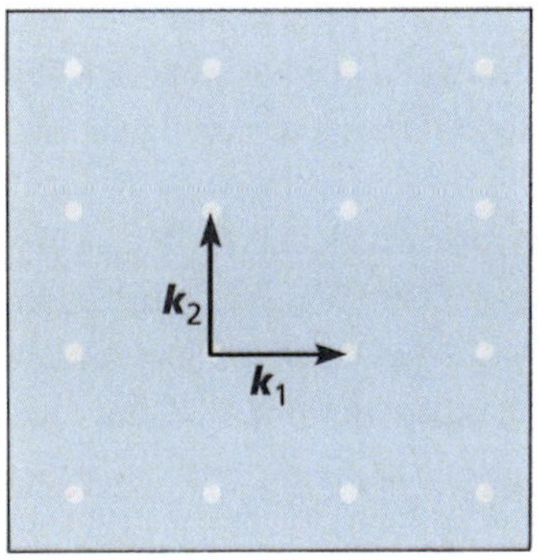

Abb. D.1: Das quadratische Gitter.

Eine Abbildung f der Ebene heißt *Symmetrie* von $\mathcal{L}$, falls $f(\mathcal{L}) = \mathcal{L}$ gilt. Zunächst wollen wir die Gruppe der linearen Symmetrien von $\mathcal{L}$ beschreiben.

Sei A eine lineare Abbildung der Ebene. Da $\{\boldsymbol{k}_1, \boldsymbol{k}_2\}$ eine Basis des $\mathbf{R}^2$ ist, können wir $A(\boldsymbol{k}_1)$ und $A(\boldsymbol{k}_2)$ als Kombinationen von $\boldsymbol{k}_1$ und $\boldsymbol{k}_2$ darstellen, d.h. es gibt reele Zahlen a, b, c und d mit

$$A(\boldsymbol{k}_1) = a\boldsymbol{k}_1 + b\boldsymbol{k}_2 \quad \text{und } A(\boldsymbol{k}_2) = c\boldsymbol{k}_1 + d\boldsymbol{k}_2.$$

Ist nun A eine Symmetrie von $\mathcal{L}$, dann muß gelten $A(\boldsymbol{k}_1), A(\boldsymbol{k}_2) \in \mathcal{L}$. Deshalb müssen a, b, c und d ganze Zahlen sein. Sind nun a, b, c und d ganze Zahlen, kann man leicht zeigen, daß $A(n_1\boldsymbol{k}_1 + n_2\boldsymbol{k}_2) \in \mathcal{L}$ gilt für alle ganzen Zahlen n_1 und n_2. Soll nun A eine lineare Symmetrie von $\mathcal{L}$ sein, muß $A(\mathcal{L})$ *gleich* $\mathcal{L}$ sein. Hierzu reicht es selbstverständlich nicht aus, daß a, b, c und d ganze Zahlen sind (setze $a = b = c = d = 0$). Damit $\mathcal{L}$ eine Symmetrie ist, muß A invertierbar sein, und die zu A inverse Abbildung muß ebenfalls eine Symmetrie von $\mathcal{L}$ sein.

Mit etwas Aufwand kann man zeigen, daß A genau dann eine lineare Symmetrie von $\mathcal{L}$ ist, wenn gilt:

(S1) a, b, c und d sind ganze Zahlen.

(S2) $ac - bd = \pm 1$.

Die Menge aller linearen Abbildungen, die die Bedingungen (S1) und (S2) erfüllen, nennen wir die Gruppe aller linearen Symmetrien von $\mathcal{L}$ und bezeichnen sie mit $G_{\mathcal{L}}$. Erfüllt eine lineare Abbildung A nur die Bedingung (S1), nennen wir A einen linearen *Endomorphismus* von $\mathcal{L}$. Den Raum aller linearen Endomorphismen von $\mathcal{L}$ bezeichnen wir mit $E_{\mathcal{L}}$. Offensichtlich gilt $E_{\mathcal{L}} \supset G_{\mathcal{L}}$, und $G_{\mathcal{L}}$ besteht genau aus den invertierbaren Elementen von $E_{\mathcal{L}}$.

Sei nun A ein Element aus $G_{\mathcal{L}}$. Dann ist $\{A(\boldsymbol{k}_1), A(\boldsymbol{k}_2)\}$ ebenfalls eine Basis von $\mathcal{L}$. Da $G_{\mathcal{L}}$ eine sehr große Gruppe ist, folgt hieraus, daß ein Gitter ziemlich viele verschiedene Basen besitzen kann. Die Abbildung D.2 zeigt eine weitere Basis für das quadratische Gitter. Man erhält sie aus der ersten, wenn man $a = 2$ und $b = c = d = 1$ setzt.

Bis hierhin haben wir bei unserer Betrachtung von Gittern jegliche Geometrie außer acht gelassen. Sind $\mathcal{L}$ und $\mathcal{L}'$ zwei Gitter, so folgt aus (S1) und (S2), daß $G_{\mathcal{L}}$ und $G_{\mathcal{L}'}$ isomorph sind. Deshalb besitzen zumindest unter dem Aspekt der linearen Symmetrien alle Gitter dieselbe Struktur.

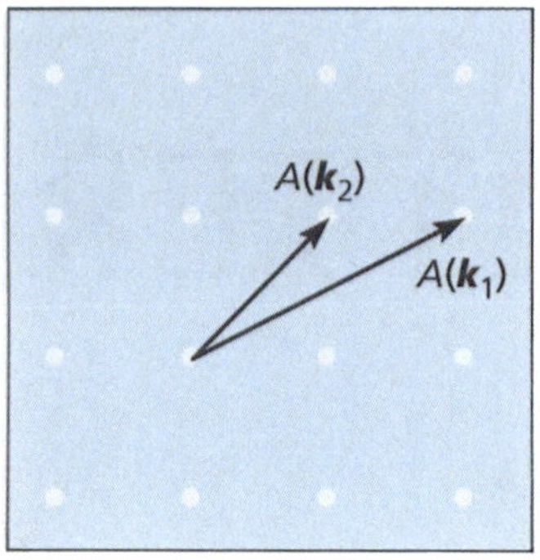

Abb. D.2: Eine andere Basis für das quadratische Gitter.

Wir führen eine geometrische Struktur ein, indem wir $\mathbf{R}^2$ als euklidischen Vektorraum betrachten. Insbesondere statten wir $\mathbf{R}^2$ mit dem Standardskalarprodukt aus. Für $x, y \in \mathbf{R}^2$ bezeichnen wir das Skalarprodukt von x und y mit $x \cdot y$. Sei $\mathbf{O}(2)$ die orthogonale Gruppe, die aus der Menge aller linearen Transformationen des $\mathbf{R}^2$ besteht, die das Skalarprodukt invariant lassen. Anders ausgedrückt: $\mathbf{O}(2)$ ist die Gruppe, die aus allen Drehungen um den Ursprung und allen Spiegelungen an Geraden durch den Ursprung besteht.

Die *Holoedrie* des Gitters $\mathcal{L}$ ist definiert als die Gruppe $\mathcal{H}_{\mathcal{L}}$, die aus den Elementen von $G_{\mathcal{L}}$ besteht, die Drehungen oder Spiegelungen sind, d.h.

$$\mathcal{H}_{\mathcal{L}} = G_{\mathcal{L}} \cap \mathbf{O}(2).$$

Im Gegensatz zu $G_{\mathcal{L}}$ ist die Gruppe $\mathcal{H}_{\mathcal{L}}$ abhängig vom Gitter $\mathcal{L}$.

Es ist nicht schwer zu zeigen, daß $\mathcal{H}_{\mathcal{L}}$ immer endlich ist und nicht von der Wahl einer Basis von $\mathcal{L}$ abhängt. Überdies enthält $\mathcal{H}_{\mathcal{L}}$ immer $\pm I$, denn $-I$ ist immer eine lineare Symmetrie von $\mathcal{L}$. Man kann beweisen, daß es genau fünf Gruppen gibt, die als Holoedrie von ebenen Gittern auftreten können. Diese Gruppen sind mit den entsprechenden Gittern in Tabelle D.1 aufgelistet.

Tabelle D.1: Die ebenen Gitter

Name	Länge der Basisvektoren	Winkel zwischen k_1 und k_2	Holoedrie
schiefwinklig	$\|k_1\| \neq \|k_2\|$	$\alpha \neq 90^\circ$	$\mathbf{Z}_2$
Rechteck	$\|k_1\| \neq \|k_2\|$	$\alpha = 90^\circ$	$\mathbf{Z}_2 \oplus \mathbf{Z}_2$
Raute	$\|k_1\| = \|k_2\|$	$\alpha \neq 60^\circ, 90^\circ$	$\mathbf{Z}_2 \oplus \mathbf{Z}_2$
Quadrat	$\|k_1\| = \|k_2\|$	$\alpha = 90^\circ$	$\mathbf{D}_4$
Sechseck	$\|k_1\| = \|k_2\|$	$\alpha = 60^\circ$	$\mathbf{D}_6$

Fundamentalbereiche und Tori

Das Gitter $\mathcal{L}$ besitze die Basis $\{k_1, k_2\}$. Dann ist der *Fundamentalbereich* des Gitters das Parallelogramm, das von k_1 und k_2 aufgespannt wird. Die Translationen des Fundamentalbereichs tesselieren die Ebene.

Wie wir schon bemerkt haben, besitzt ein gegebenes Gitter viele verschiedene Basen. Jedoch geben bei quadratischen und hexagonalen Gittern einige dieser Basen die Symmetrie der Holoedrie besser wieder als andere. Dies ist insbesondere dann der Fall, wenn die Basisvektoren die gleiche Länge besitzen und auf den Symmetrieachsen der Holoedrie liegen. Deshalb wählen wir für das quadratische Gitter die Basisvektoren

$$k_1 = (1, 0), \qquad k_2 = (0, 1)$$

und für das hexagonale Gitter die Basisvektoren

$$k_1 = (1, 0), \qquad k_2 = \left(\frac{1}{2}, \frac{\sqrt{3}}{2}\right).$$

Die gegenüberliegenden Seiten des Fundamentalbereichs werden durch Translationen identifiziert. Wenn wir uns den Prozeß der Identifikation von gegenüberliegenden Seiten geometrisch vorstellen, erhalten wir einen *Torus*, den wir T^2 nennen. Für den Fall des quadratischen Gitters wird dieser Prozeß in Abbildung D.3 veranschaulicht.

Nehmen Sie an, wir haben eine Abbildung $f : \mathbf{R}^2 \to \mathbf{R}^2$. Wann induziert f eine Abbildung auf dem Torus? Dazu dürfen sich $f(X)$ und $f(X + k)$ mit $k \in \mathcal{L}$ nur um ein Gitterelement unterscheiden, d.h. für jedes $k \in \mathcal{L}$ existiert ein $\hat{k} \in \mathcal{L}$ mit

$$F(X + k) = F(X) + \hat{k}.$$

Die Definition von $E_{\mathcal{L}}$ können wir nun folgendermaßen neu formulieren: Der Raum $E_{\mathcal{L}}$ der linearen Endomorphismen von $\mathcal{L}$ besteht aus den linearen Abbildungen des $\mathbf{R}^2$, die eine Abbildung auf dem Torus induzieren. Denn ist A eine lineare Abbildung des $\mathbf{R}^2$, so induziert A genau dann eine Abbildung von T^2, wenn für jedes $k \in \mathcal{L}$ der Vektor $A(X + k) - A(X) = A(k)$ ein Element von $\mathcal{L}$ ist.

Die Operation der Holoedrie auf dem Torus

Wir nehmen an, daß $\mathcal{L}$ entweder das quadratische oder das hexagonale Gitter ist und betrachten die entsprechenden oben beschriebenen Fundamentalbereiche. Sei T^2 der durch den Fundamentalbereich definierte Torus. Wegen $\mathcal{H}_{\mathcal{L}} \subset E_{\mathcal{L}}$ operiert $\mathcal{H}_{\mathcal{L}}$ auf T^2.

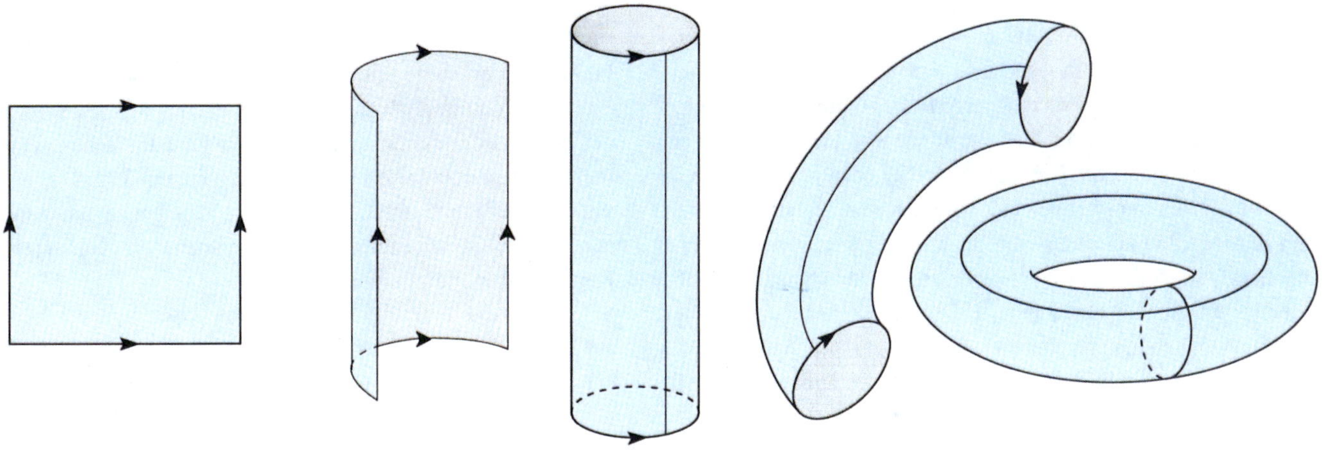

Abb. D.3: Die gegenüberliegenden Seiten eines Fundamentalbereichs werden miteinander identifiziert und ergeben so einen Torus.

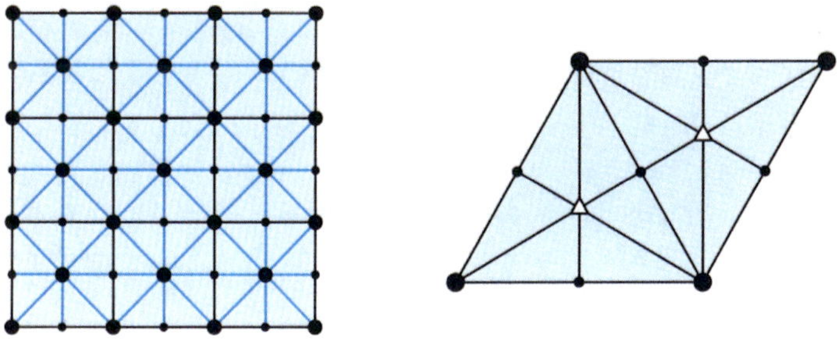

(a) (b)

Abb. D.4: Symmetriegeraden auf dem Fundamentalbereich (die dicken Punkte kennzeichnen die Fixpunkte der Holoedrie und die dünnen Punkte die Fixpunkte von echten Untergruppen der Holoedrie): (a) quadratisches Gitter; (b) hexagonales Gitter.

Wir möchten nun die Symmetriegeraden für die Operation von $\mathcal{H}_{\mathcal{L}}$ auf T^2 beschreiben. Dies geschieht am einfachsten, indem man die Symmetriegeraden auf den Fundamentalbereich zeichnet. In Abbildung D.4 haben wir dies für die Fundamentalbereiche des quadratischen und des hexagonalen Gitters getan.

Der Leser sollte beachten, daß es im Fundamentalbereich des quadratischen Gitters zwei Punkte gibt, die von allen Elementen der Holoedrie festgelassen werden. Diese Punkte sind $(0, 0)$ und $(\frac{1}{2}, \frac{1}{2})$. Sie werden dadurch charakterisiert, daß sie die einzigen Punkte sind, die auf allen Symmetrieachsen von $\mathcal{H}_{\mathcal{L}}$ liegen. Beim hexagonalen Gitter dagegen besitzt die Operation von $\mathcal{H}_{\mathcal{L}}$ auf T^2 nur einen Fixpunkt, nämlich $(0, 0)$.

Die Symmetriestruktur der Operation der Holoedrie wird uns klarer, wenn wir die entsprechenden Tesselationen mit den Symmetriegeraden zeichnen. Diese sind in Abbildung D.5a für

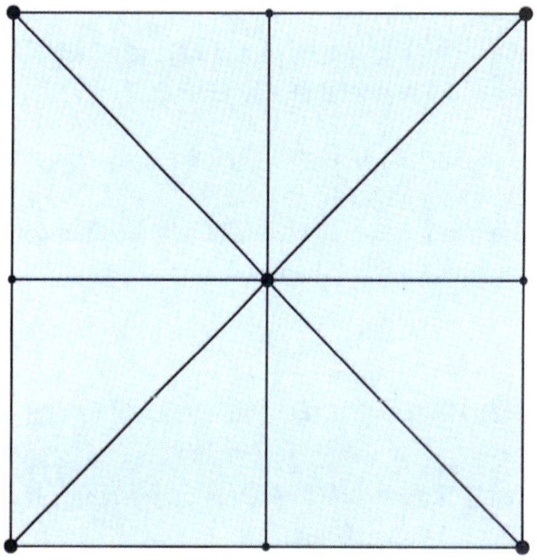

(a)

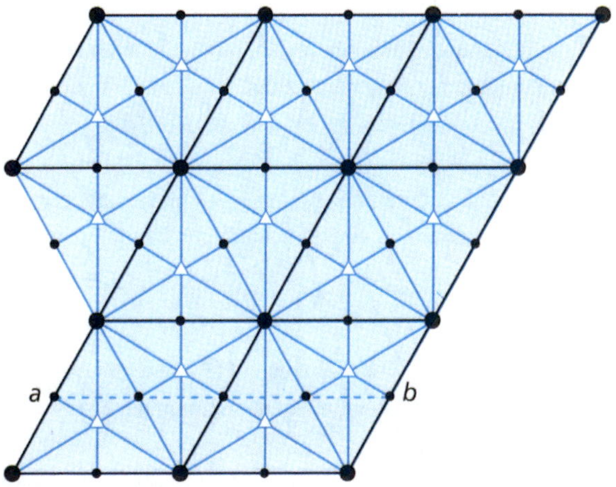

(b)

Abb. D.5: Symmetriegeraden in der Ebene (Bezeichnungen wie in Abb. D.4): (a) quadratisches Gitter; (b) hexagonales Gitter.

das quadratische und in Abbildung D.5b für das hexagonale Gitter dargestellt. Sie sollten beachten, daß hier viel mehr Struktur sichtbar wird als auf den entsprechenden Bildern für die linearen Operationen der Holoedriegruppen $\mathbf{D}_4$ und $\mathbf{D}_6$ auf der Ebene. Die Symmetriegeraden, die bei den Tesselationen auftreten, sind natürlich die Symmetriegeraden für das entsprechende Gitter. Beim hexagonalen Gitter treten nicht nur Spiegelungen und Drehungen auf, sondern auch Gleitspiegelungen. In Abbildung D.5b entdecken wir zum Beispiel eine Gleitspiegelung, die durch eine Translation und die Spiegelung an der Geraden ab definiert ist. Diese zusätzliche Struktur ist teilweise dafür verantwortlich, daß unsere Bilder von chaotischen Quiltpflasterungen solch reichhaltige Muster aufweisen.

Abbildungen auf dem Torus

Im allgemeinen besitzt jede stetige Abbildung $f : \mathbf{R}^2 \to \mathbf{R}^2$, die eine Abbildung auf T^2 induziert, die Gestalt

$$F(\boldsymbol{X}) = q(\boldsymbol{X}) + A(\boldsymbol{X}) + \boldsymbol{v}, \qquad (\text{D. }1)$$

wobei A ein Element von $E_{\mathcal{L}}$, $\boldsymbol{v}$ ein Element des Fundamentalbereichs, $Q(\mathbf{0}) = \mathbf{0}$ und q $\mathcal{L}$-periodisch ist, d.h. es gilt

$$q(\boldsymbol{X} + \boldsymbol{k}) = q(\boldsymbol{X})$$

für alle $\boldsymbol{k} \in \mathcal{L}$. Die Formel (D.1) können wir in drei Schritten verifizieren:

Als erstes muß $\boldsymbol{v} = f(\mathbf{0})$ sein. Hierzu muß man nur (D.1) an der Stelle $\boldsymbol{X} = \mathbf{0}$ entwickeln.

Als zweites muß $f(\boldsymbol{k}_1) = \hat{\boldsymbol{k}}_1$ und $f(\boldsymbol{k}_2) = \hat{\boldsymbol{k}}_2$ mit $\hat{\boldsymbol{k}}_1, \hat{\boldsymbol{k}}_2 \in \mathcal{L}$ gelten, da f eine Abbildung auf T^2 induziert. Sei A die lineare Abbildung, die durch $A(\boldsymbol{k}_j) = \hat{\boldsymbol{k}}_j$ für $j = 1, 2$ definiert ist. Dann ist A per Konstruktion ein Element von $E_{\mathcal{L}}$.

Als drittes halten wir fest, daß die Abbildungen $f(\boldsymbol{X})$ und $f(\boldsymbol{X})+\boldsymbol{k}$ dieselbe Abbildung auf T^2 induzieren. Daher können wir nach der Translation durch ein Element des Gitters annehmen, daß $\boldsymbol{v}$ im Fundamentalbereich liegt. Schließlich definieren wir

$$q(\boldsymbol{X}) \equiv f(\boldsymbol{X}) - A(\boldsymbol{X}) - \boldsymbol{v}.$$

Dann gilt $q(\mathbf{0}) = \mathbf{0}$ und wegen $f(\boldsymbol{X}+\boldsymbol{k}_j) = f(\boldsymbol{X})+\hat{\boldsymbol{k}}_j$ folgt $q(\boldsymbol{X} + \boldsymbol{k}_j) - q(\boldsymbol{X}) = \mathbf{0}$. Daher ist q wie behauptet $\mathcal{L}$-periodisch.

Symmetrische Abbildungen des Torus

Die Abbildung f der Ebene induziere eine Abbildung des Torus und besitze daher die Gestalt (D.1). Die Holoedrie $\mathcal{H}_{\mathcal{L}}$ des Gitters operiert auf dem Torus. Wir möchten nun wissen, welche Abbildungen des Torus mit der Operation der Holoedrie kommutieren. Denn das sind die Abbildungen, die im Fundamentalbereich des quadratischen Gitters Attraktoren mit quadratischer Symmetrie und im Fundamentalbereich des hexagonalen Gitters Attraktoren mit hexagonaler Symmetrie besitzen, also genau die Abbildungen, die die Quiltmuster erzeugen, die wir in den vorhergehenden Kapiteln abgebildet haben.

Damit die Abbildung f mit der Operation der Holoedrie auf dem Torus kommutiert, muß sie mit der Operation von $\mathcal{H}_{\mathcal{L}}$ auf der Ebene modulo dem Gitter kommutieren, d.h. für alle $h \in \mathcal{H}_{\mathcal{L}}$ gibt es ein $\boldsymbol{k}_h$ mit

$$f(h\boldsymbol{X}) = hf(\boldsymbol{X}) + \boldsymbol{k}_h.$$

Bei quadratischen und hexagonalen Gittern ist das genau dann der Fall, wenn f die Gestalt

$$f(\boldsymbol{X}) = q(\boldsymbol{X}) + m\boldsymbol{X} + \boldsymbol{v} \qquad (\text{D. }2)$$

besitzt. Hierbei ist m eine ganze Zahl, $\boldsymbol{v}$ ist ein Fixpunkt der Operation von $\mathcal{H}_{\mathcal{L}}$ auf dem Torus, $q(\mathbf{0}) = \mathbf{0}$ und q eine ist $\mathcal{L}$-periodische Abbildung, die mit $\mathcal{H}_{\mathcal{L}}$ kommutiert. Um (D.2) zu verifizieren, benutzen wir die Form (D.1), berechnen $f(h\boldsymbol{X})-hf(\boldsymbol{X}) = \mathbf{0}$ und erhalten

$$q(h\boldsymbol{X}) - hq(\boldsymbol{X}) = hA(\boldsymbol{X}) - A(h\boldsymbol{X}) + h\boldsymbol{v} - \boldsymbol{v} + \boldsymbol{k}_h.$$

Die linke Seite dieser Gleichung ist $\mathcal{L}$-periodisch, denn h ist Element der Holoedrie. Die rechte Seite ist affin und, falls der lineare Teil nicht null ist, unbeschränkt. Daher ist

$$hA(\boldsymbol{X}) = A(h\boldsymbol{X}).$$

Eine kurze Rechnung zeigt, daß die einzigen linearen Abbildungen der Ebene, die mit $\mathbf{D}_4$ oder $\mathbf{D}_6$ kommutieren, die Vielfachen der Identität sind. Damit solche Abbildungen in der Holoedrie liegen, müssen sie ganzzahlige Vielfache der Identität sein. Somit gilt $A(\boldsymbol{X}) = m\boldsymbol{X}$.

Aus $q(\mathbf{0}) = \mathbf{0}$ folgt, daß $h\boldsymbol{v} = \boldsymbol{v} - \boldsymbol{k}_h$ für alle Elemente der Holoedrie gilt. Daher ist nach der Projektion auf den Torus $h\boldsymbol{v} = \boldsymbol{v}$, d.h. $\boldsymbol{v}$ ist wie behauptet ein Fixpunkt der Holoedrie auf dem Torus. Es folgt nun, daß q mit der Operation der Holoedrie auf der Ebene kommutiert.

Wie wir bereits gezeigt haben, ist beim hexagonalen Gitter $\boldsymbol{v} = \mathbf{0}$ und beim quadratischen Gitter ist $\boldsymbol{v} = \mathbf{0}$ oder $(\frac{1}{2}, \frac{1}{2})$.

Um die Familien von Abbildungen anzugeben, die die von uns erwünschten Typen von periodischen Quilts erzeugen, müssen wir die $\mathcal{L}$-periodischen Abbildungen, die mit der Holoedrie kommutieren, näher spezifizieren. Dies geschieht am einfachsten mit Hilfe von Fourier-Reihen.

Fourier-Entwicklungen von $\mathscr{L}$-periodischen Abbildungen

Es gibt einen einfachen, aber genialen Weg, $\mathscr{L}$-periodische Abbildungen zu charakterisieren. Dieser verwendet das *duale Gitter*. Die Idee besteht darin zu untersuchen, welche *ebenen Wellen* $\exp(2\pi i \boldsymbol{l} \cdot \boldsymbol{X})$ $\mathscr{L}$-periodische Abbildungen sind. Eine kurze Berechnung zeigt, daß dies genau dann der Fall ist, wenn $\boldsymbol{l} \cdot \boldsymbol{k}$ für alle Gitterpunkte $\boldsymbol{k} \in \mathscr{L}$ eine ganze Zahl ist. Die Menge aller dieser $\boldsymbol{l}$ bildet ein Gitter. Es wird das zu $\mathscr{L}$ *duale Gitter* genannt und mit $\mathscr{L}^*$ bezeichnet. Eine Basis $\{\boldsymbol{l}_1, \boldsymbol{l}_2\}$ des dualen Gitters erfüllt die Gleichungen

$$\boldsymbol{l}_i \cdot \boldsymbol{l}_j = \delta_{ij}.$$

Hierbei ist δ_{ij} das *Kronecker-Delta*. Es ist gleich 1 für $i = j$ und 0 für $i \neq j$. Für das quadratische Gitter mit $\boldsymbol{k}_1 = (1, 0)$ und $\boldsymbol{k}_2 = (0, 1)$ ist

$$\boldsymbol{l}_1 = (1, 0) \quad \text{und} \quad \boldsymbol{l}_2 = (0, 1).$$

Für das hexagonale Gitter mit $\boldsymbol{k}_1 = (1, 0)$ und $\boldsymbol{k}_2 = (-\frac{1}{2}, \frac{\sqrt{3}}{2})$ ist

$$\boldsymbol{l}_1 = \left(1, -\frac{1}{\sqrt{3}}\right) \quad \text{und} \quad \boldsymbol{l}_2 = \left(0, -\frac{2}{\sqrt{3}}\right).$$

Wir können nun sehr viele $\mathscr{L}$-periodische Abbildungen der Ebene angeben. Sei $z_{\boldsymbol{l}}$ für alle $\boldsymbol{l} \in \mathscr{L}^*$ ein Element aus $\mathbf{C}^2$. Dann definiert die formale Summe

$$q(\boldsymbol{X}) = \sum_{\boldsymbol{l} \in \mathscr{L}^*} \mathrm{Re}[\exp(2\pi i \boldsymbol{l} \cdot \boldsymbol{X}) z_{\boldsymbol{l}}]$$

eine $\mathscr{L}$-periodische Abbildung, wenn sie konvergiert.

Aus der Fourier-Entwicklung folgt, daß jede stetige Abbildung q in dieser Gestalt dargestellt werden kann. Wir möchten die Details hier nicht näher ausführen. Dagegen wollen wir untersuchen, welche Bedingungen die *Amplituden* $z_{\boldsymbol{l}}$ erfüllen müssen, damit q mit der Holoedrie kommutiert.

Hierzu muß für alle $h \in \mathscr{H}_{\mathscr{L}}$ gelten

$$hq(h^{-1}\boldsymbol{X}) = q(\boldsymbol{X}).$$

Wir berechnen nun formal

$$\begin{aligned} hq(h^{-1}\boldsymbol{X}) &= \sum_{\boldsymbol{l} \in \mathscr{L}^*} \mathrm{Re}[\exp(2\pi i \boldsymbol{l} \cdot h^{-1}\boldsymbol{X}) h z_{\boldsymbol{l}}] \\ &= \sum_{\boldsymbol{l} \in \mathscr{L}^*} \mathrm{Re}[\exp(2\pi i h\boldsymbol{l} \cdot \boldsymbol{X}) h z_{\boldsymbol{l}}]. \end{aligned}$$

Setzen wir die Terme in den Fourier-Entwicklungen von $q(\boldsymbol{X})$ und $hq(h^{-1}\boldsymbol{X})$ gleich, erhalten wir

$$hz_{\boldsymbol{l}} = z_{h\boldsymbol{l}}.$$

Da $-I$ in der Holoedrie liegt, ist

$$z_{-\boldsymbol{l}} = -z_{\boldsymbol{l}}.$$

Kombinieren wir die $\boldsymbol{l}$- und die $-\boldsymbol{l}$-Terme, folgt, daß wir q in der Gestalt

$$q(\boldsymbol{X}) = \sum_{\boldsymbol{l} \in \mathscr{L}^*} \sin(2\pi \boldsymbol{l} \cdot \boldsymbol{X}) \boldsymbol{a}_{\boldsymbol{l}}$$

darstellen können mit $\boldsymbol{a}_{\boldsymbol{l}} \in \mathbf{R}^2$ und

$$\boldsymbol{a}_{h\boldsymbol{l}} = h\boldsymbol{a}_{\boldsymbol{l}} \tag{D. 3}$$

für alle $\boldsymbol{l} \in \mathscr{L}^*$.

Nun können wir die Summe, die q darstellt, auf eine etwas effizientere Weise schreiben. Die Holoedrie $\mathscr{H}_{\mathscr{L}}$ operiert auf dem dualen Gitter $\mathscr{L}^*$. Daher können wir das duale Gitter in die Bahnen der Holoedrie unterteilen. Aus jeder Bahn nehmen wir einen Vektor und bilden so die Menge $\bar{\mathscr{L}}^*$. Dann gilt

$$q(\boldsymbol{X}) = \sum_{\boldsymbol{l} \in \bar{\mathscr{L}}^*} \left(\sum_{h \in \mathscr{H}_{\mathscr{L}}} \sin(2\pi \boldsymbol{l} \cdot \boldsymbol{X}) h \boldsymbol{a}_{\boldsymbol{l}} \right).$$

Da $\boldsymbol{a}_{-\boldsymbol{l}} = -\boldsymbol{a}_{\boldsymbol{l}}$ und $\sin(-x) = -\sin(x)$, müssen wir die innere Summe nur über die Hälfte der Elemente der Holoedrie entwickeln. Zum Schluß geben wir einige Terme dieser Fourier-Entwicklung für das quadratische und das hexagonale Gitter explizit an.

Die Quiltabbildungen

Wir beginnen mit dem quadratischen Gitter. Beim quadratischen Gitter ist die duale Basis einfach $\boldsymbol{l}_1 = \boldsymbol{k}_1$, $\boldsymbol{l}_2 = \boldsymbol{k}_2$. Die erste Bahn der Wellenvektoren ist gerade $\pm\boldsymbol{l}_1$, $\pm\boldsymbol{l}_2$ (vgl. Abb. D.6a). Da es eine Spiegelung in der Holoedrie gibt, die jeden dieser Vektoren

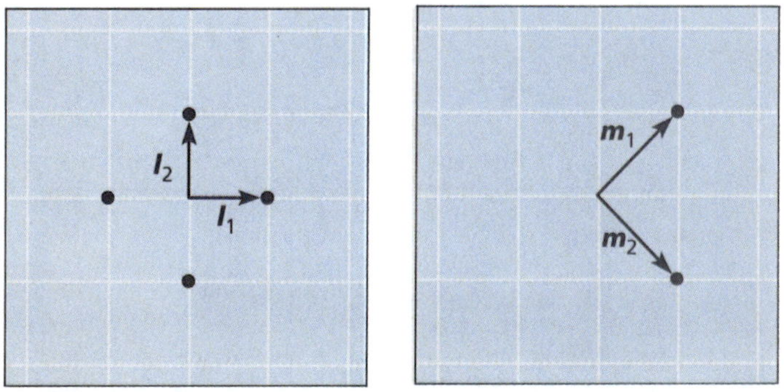

(a) **(b)**

Abb. D.6: Die Bahnen von dualen Wellenvektoren auf dem quadratischen Gitter.

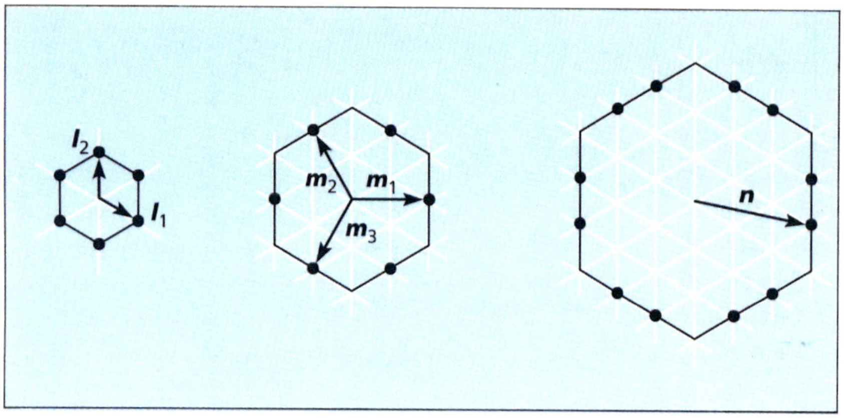

(a) (b) (c)

Abb. D.7: Die Bahnen von dualen Wellenvektoren auf dem hexagonalen Gitter.

invariant läßt, erhalten wir den Term

$$\lambda(\sin(2\pi \boldsymbol{l}_1 \cdot X)\boldsymbol{l}_1 + \sin(2\pi \boldsymbol{l}_2 \cdot X)\boldsymbol{l}_2).$$

Schreiben wir in Koordinaten $X = (x, y)$, ist dieser Term gerade

$$\lambda(\sin 2\pi x, \sin 2\pi y).$$

Für den zweiten Term wählen wir die Bahn, die vom Wellenvektor $\boldsymbol{m}_1 = \boldsymbol{l}_1 + \boldsymbol{l}_2$ erzeugt wird (vgl. Abb. D.6b). Die Bahn dieses Vektors besteht aus $\boldsymbol{m}_1$ und $\boldsymbol{m}_2 = \boldsymbol{l}_2 - \boldsymbol{l}_1$ sowie ihren Negativen, und der entsprechende Term in q lautet

$$\alpha[\sin(2\pi \boldsymbol{m}_1 \cdot X)\boldsymbol{m}_1 + \sin(2\pi \boldsymbol{m}_2 \cdot X)\boldsymbol{m}_2].$$

In Koordinatenschreibweise ist dies

$$\alpha(\sin 2\pi x \cos 2\pi y, \sin 2\pi y \cos 2\pi x).$$

Fährt man auf diese Art fort, kann man zeigen, daß die allgemeine Gestalt für $q(x, y)$ in Koordinaten lautet

$$q(x, y) = (p(x, y), p(y, x))$$

mit

$$p(x, y) = \sum_{m \geq 0, n > 0} a_{m,n} \sin 2\pi m x \cos 2\pi n y.$$

Wir nehmen nun für p vier beliebige Terme aus dieser Fourierentwicklung:

$$p(x, y) = \lambda \sin 2\pi x + \alpha \sin 2\pi x \cos 2\pi y$$

$$+ \beta \sin 4\pi x + \gamma \sin 6\pi x \cos 4\pi y.$$

Für unsere quadratischen Quilts haben wir diese Abbildung zusammen mit dem Translationsterm v und dem linearen Term mX verwendet.

Nun betrachten wir das hexagonale Gitter. Wir wählen $\boldsymbol{l}_1$ als Repräsentant für die Bahn und setzen $\boldsymbol{l}_3 = -\boldsymbol{l}_1 - \boldsymbol{l}_2$. Dann besitzt der erste Term in unserer Entwicklung für q die Gestalt

$$\sin(2\pi \boldsymbol{l}_1 \cdot X)\boldsymbol{a}_1 + \sin(2\pi \boldsymbol{l}_2 \cdot X)\boldsymbol{a}_2 + \sin(2\pi \boldsymbol{l}_3 \cdot X)\boldsymbol{a}_3. \quad \text{(D. 4)}$$

Es gibt ein Element h der Holoedrie, das $\boldsymbol{l}_2$ festläßt und $\boldsymbol{l}_1$ und $\boldsymbol{l}_3$ vertauscht (vgl. Abb. D.7a). Hieraus folgt

$$h\boldsymbol{a}_{l_2} = \boldsymbol{a}_{h l_2} = \boldsymbol{a}_{l_2}.$$

Da die einzigen Vektoren, die von h festgelassen werden, die Vielfachen von $\boldsymbol{l}_2$ sind, gibt es eine reelle Zahl λ mit $\boldsymbol{a}_2 = \lambda \boldsymbol{l}_2$. Deshalb können wir (D.4) schreiben als

$$\lambda[\sin(2\pi \boldsymbol{l}_1 \cdot X)\boldsymbol{l}_1 + \sin(2\pi \boldsymbol{l}_2 \cdot X)\boldsymbol{l}_2 + \sin(2\pi \boldsymbol{l}_3 \cdot X)\boldsymbol{l}_3].$$

Nun betrachten wir $\boldsymbol{m}_1 = 2\boldsymbol{l}_1 + \boldsymbol{l}_2$. Dies liefert die Bahn aus Abbildung D.7b. Es gibt eine Spiegelung in der Holoedrie, die $\boldsymbol{m}_1$ festläßt. Daher läßt sich das gleiche Argument wie oben anwenden. Dies liefert den zweiten Term für q:

$$\alpha[\sin(2\pi \boldsymbol{m}_1 \cdot X)\boldsymbol{m}_1 + \sin(2\pi \boldsymbol{m}_2 \cdot X)\boldsymbol{m}_2 + \sin(2\pi \boldsymbol{m}_3 \cdot X)\boldsymbol{m}_3],$$

mit $\boldsymbol{m}_1$, $\boldsymbol{m}_2$ und $\boldsymbol{m}_3$ wie in Abbildung D.7(b).

Für den dritten und letzten Term wählen wir $\boldsymbol{n} = 3\boldsymbol{l}_1 + 2\boldsymbol{l}_2$. Dieser Vektor wird von keinem nichttrivialen Element der Holoedrie festgelassen. Daher erhalten wir insgesamt sechs Sinus-Terme. Sei R die Drehung um 120° entgegen dem Uhrzeigersinn

Abb. D.8 (Seite 213): Hexenmuttern.

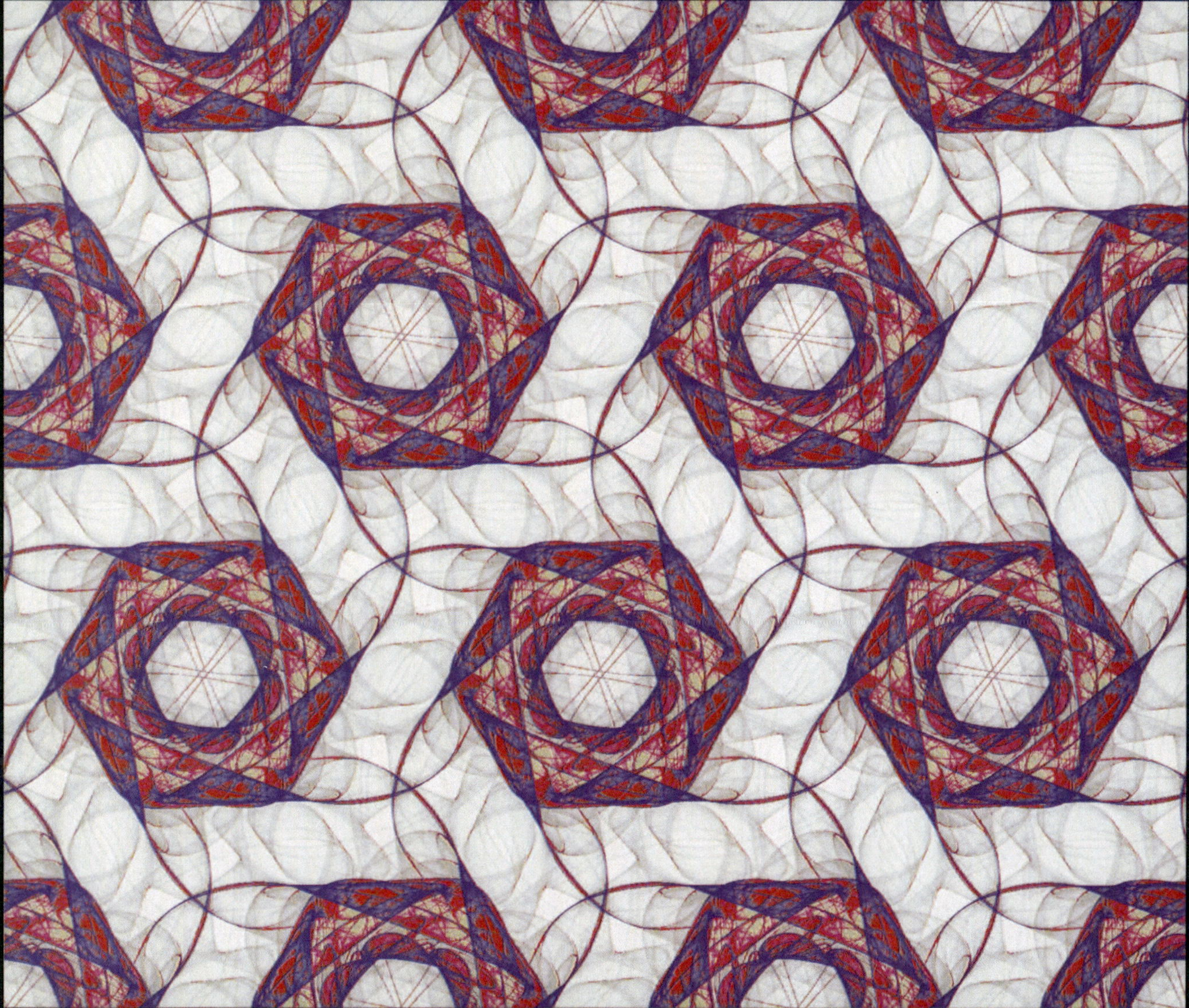

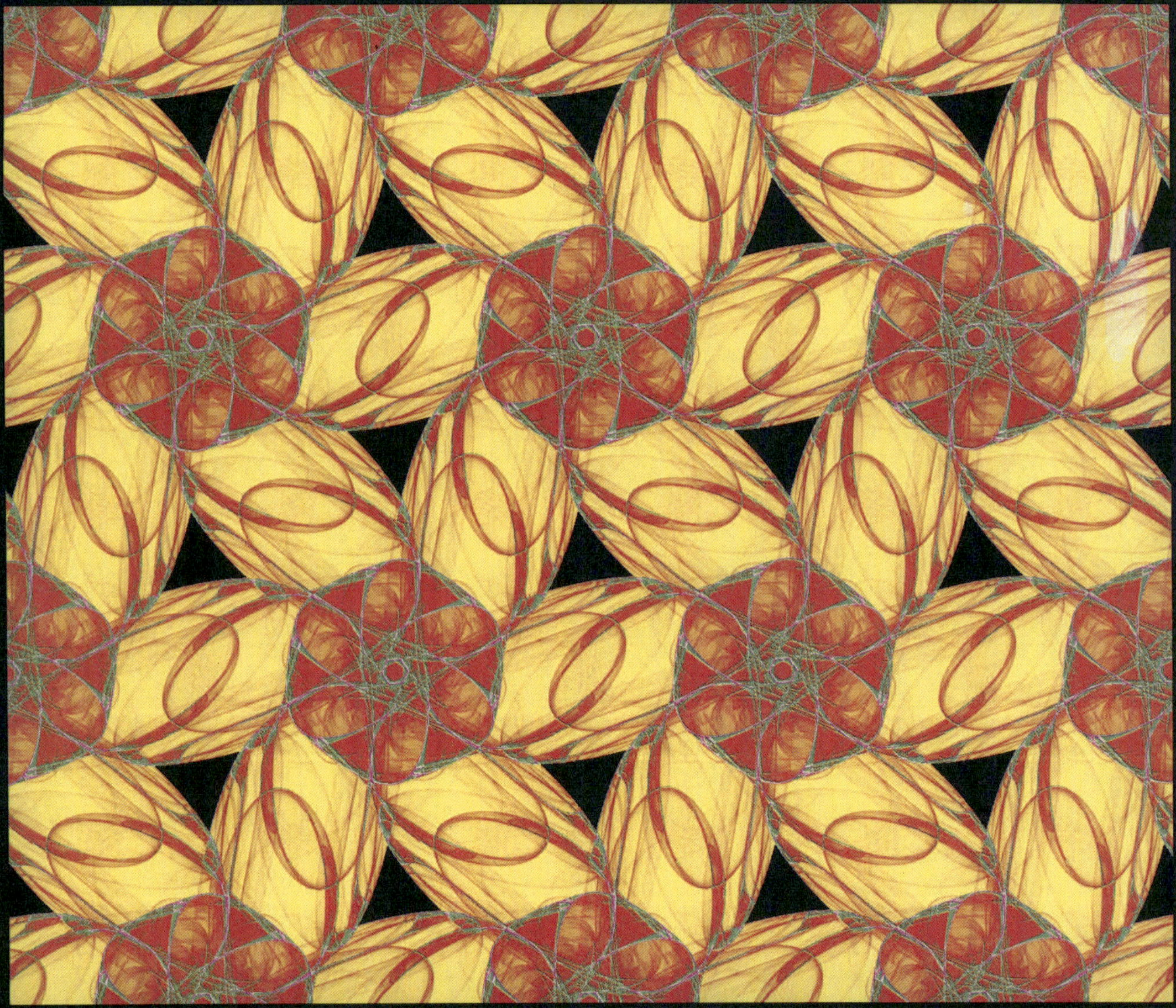

und F die Spiegelung an der x-Achse. Dann lautet der neue Term

$$\sin(2\pi \boldsymbol{n} \cdot \boldsymbol{X})\boldsymbol{a}_n + \sin(2\pi R\boldsymbol{n} \cdot \boldsymbol{X})R\boldsymbol{a}_n + \sin(2\pi R^2\boldsymbol{n} \cdot \boldsymbol{X})R^2\boldsymbol{a}_n$$
$$+ \sin(2\pi F\boldsymbol{n} \cdot \boldsymbol{X})F\boldsymbol{a}_n + \sin(2\pi RF\boldsymbol{n} \cdot \boldsymbol{X})RF\boldsymbol{a}_n$$
$$+ \sin(2\pi R^2F\boldsymbol{n} \cdot \boldsymbol{X})R^2F\boldsymbol{a}_n,$$

wobei $\boldsymbol{a}_n = (\beta, \gamma)$ nun ein beliebiger Vektor ist.

Summieren wir die verschiedenen Terme auf, erhalten wir eine Abbildung mit vier reellen Parametern $(\lambda, \alpha, \beta, \gamma)$ und einer ganzen Zahl m. Zusammen mit dem Term $m\boldsymbol{X}$ liefert dies die Abbildung, die wir zur Erzeugung unserer Bilder von hexagonalen Quilts verwendet haben.

Quilts mit zyklischer Symmetrie

Mehrere der Quilts, die wir abgebildet haben, besitzen zyklische statt hexagonale Symmetrie. Um diese Quilts zu erhalten, lassen wir für die Parameter komplexe statt reelle Werte zu. Für unsere quadratischen Quilts mit zyklischer Symmetrie wählen wir zum Beispiel als Anfangsterm

$$\lambda(\sin 2\pi x, \sin 2\pi y) + \omega(-\sin 2\pi y, \sin 2\pi x)$$

und lassen für ω Werte ungleich null zu. Bei den hexagonalen Quilts nehmen wir eine ähnliche Änderung vor.

Es gibt noch eine zweite Möglichkeit, zyklische Symmetrie in die Quiltabbildungen zu bringen. Wegen der diedrischen Symmetrie mußte die lineare Abbildung A, die in der Herleitung unserer Formeln auftritt, ein ganzzahliges Vielfaches der Identität sein. Soll sie nur zyklische Symmetrie besitzen, muß sie ein ganzzahliges Vielfaches einer Einheitswurzel sein. Insbesondere erscheint in quadratischen Quilts zyklische Symmetrie, wenn der Parameter m ein ganzzahliges Vielfaches von i ist. Hexagonale Quilts besitzen zyklische Symmetrie, wenn m ein ganzzahliges Vielfaches von $e^{i\pi/3}$ ist.

Wir beenden diesen Anhang mit zwei Bildern von chaotischen Quilts, die auf dem hexagonalen Gitter basieren. Der erste Quilt (Abb. D.8) ist $\mathbf{Z}_6$-symmetrisch. Hier wurde ein Wert für den Parameter m verwendet, der keine ganze Zahl ist. Der zweite Quilt (Abb. D.9) ist ebenfalls $\mathbf{Z}_6$-symmetrisch, wurde jedoch unter Verwendung eines nichtnegativen Wertes für den Parameter ω berechnet.

Abb. D.9 (Seite 214): Zirkustruppe.

LITERATURHINWEISE

Benno Artmann: *The Cloisters of Hauterive*, Mathematical Intelligencer 13, No. 2, 1991, 44–49.

Julian Barnard: *Victorian Ceramic Tiles*, London, Studio Vista 1972.

Michael Barnsley: *Fractals Everywhere*, San Diego, Academic Press 1988.

Roger Bell: *Great Marques: Mercedes Benz*, London, Octopus Books Ltd 1980.

F. Bianchini und F. Corbetta: *The Kindly Fruits* (englische Ausgabe), London, Cassell 1977.

Rafael Bombelli da Bologna: *L'Algebra*, Prima edizione integrale, Milano, Feltrinelli 1966.

Anke Brandstater und Harry L. Swinney: Phys. Rev. A 35, 1987, 2207–2222.

Girolamo Cardano: *Ars magna*, 1545 (engl.: The Great Art of the Rules of Algebra, Cambridge, Mass. 1968).

Pascal Chossat und Martin Golubitsky: *Symmetry increasing bifurcations of chaotic attractors*, Physica D 32, 1988, 423–436.

Painton Cowen: *Rose Windows*, London, Thames & Hudson Ltd 1979.

John Crossley: *The Emergence of Number*, Yarra Glen, Upside Down A Book Company 1980.

Michael Dellnitz, Martin Golubitsky und Ian Melbourne: *Mechanisms of symmetry creation*, in: ISNM 104: Bifurcation and Symmetry, hrsg. von E. Allgower, K. Bohmer und M. Golubitsky, Basel, Birkhäuser Verlag 1992, 99–109.

Walter B. Denny: *The Ceramics of the Mosque of Rüstem Pasha and the Environment of Chance*, New York, Garland Publishers Inc. 1977.

Maurits C. Escher: *The Graphic Work of M. C. Escher*, New York, Hawthorn/Ballantine 1971.

Mitchell Feigenbaum: *Quantitative universality for a class of nonlinear transformations*, J. Stat. Phys. 19, 1978, 25–52.

James Gleick: *Chaos – die Ordnung des Universums. Vorstoß in Grenzbereiche der modernen Physik*, München, Droemer Knaur Verlag 1988 (James Gleick, Chaos: Making a New Science, New York, Viking Penguin Inc. 1987).

Ernst J. Grube: *Islamic Pottery*, London, Faber & Faber Ltd 1976.

A. N. J. Th. a Th. van der Hoop: *Indonesian Ornamental Design*, Bandoeng, A. C. Nix & Co. 1949.

Claude Humbert: *Islamic Ornamental Design*, London, Faber & Faber Ltd. 1980.

Glenn James und Robert C. James: *Mathematics Dictionary*, Princeton, D. Van Nostrand Company Inc. 1960.

Carsten Knudsen, Rasmus Feldberg und Hans True: *Bifurcations and chaos in a model of a rolling railway wheelset*, London, Phil. Trans. R. Soc. London A. 1992.

Benoit Mandelbrot: *Die fraktale Geometrie der Natur*, Basel, Birkhäuser Verlag 1987 (Benoit Mandelbrot, The Fractal Geometry of Nature, San Francisco, W. H. Freeman & Co. 1982).

Karl Maramorosch (Hrsg.): *The Atlas of Insect and Plant Viruses: Vol 8*, Ultra Structures in Biological Systems 1977.

Robert May: *Simple mathematical models with very complicated dynamics*, Nature 261, 1976, 459–467.

Franz Sales Meyer: *A Handbook of Ornament*, London, Duckworth & Co. Ltd 1974.

Qi Ouyang und Harry L. Swinney: *Transitions to chemical turbulence*, Nature 352, 1992, 610–612.

Heinz-Otto Peitgen und Peter. H. Richter: *The Beauty of Fractals*, Berlin, Springer 1986.

Ian Stewart: *Spielt Gott Roulette?*, Basel, Birkhäuser Verlag 1990 (Ian Stewart, Does God Play Dice?, London, Basil Blackwell 1990).

Ian Stewart und Martin Golubitsky: *Denkt Gott symmetrisch?*, Basel, Birkhäuser Verlag 1993 (Ian Stewart und Martin Golubitsky, Fearful Symmetry: Is God a Geometer?, London, Basil Blackwell 1992).

J. Triska: *The Hamlyn Encyclopedia of Plants*, Hamlyn 1975.

Dorothy K. Washburn und Donald W. Crowe: *Symmetries of Culture*, Seattle, University of Washington Press 1988.

André Weil: *Zahlentheorie. Ein Gang durch die Geschichte von Hammurapi bis Legendre*, Basel, Birkhäuser 1992 (André Weil, Number Theory, An Approach Through History, Basel, Birkhäuser Verlag 1984).

Hermann Weyl: *Symmetrie*, Basel, Birkhäuser Verlag 1981 (Hermann Weyl, Symmetry, Princeton, Princeton University Press 1952).

Alfred North Whitehead: *Science and the Modern World*, New York, Macmillan 1954.

NAMEN- UND SACHVERZEICHNIS

P

Q

R

S

T

U

V

W

Z

ABBILDUNGSNACHWEIS

Wendy Aldwyn – Abb. 1.3, 1.4, 1.5, 1.6, 1.10, 1.11, 1.12, 1.14, 1.19, 1.20, 2.1, 2.2, 2.4, 2.7, 2.8, 2.10, 2.11, 3.3, 5.6, 5.7, 5.8, 5.9, 5.10, 5.11, 7.5, 7.6, 7.11, D.2, D.3, D.4, D.5, D.6, D.7

Science Photo Library – Abb. 1.9, 3.1 (Eric Grave), 3.8 (oben links) (Claude Nurisdany und Marie Perennon), 3.8 (oben rechts) (Manfred Kage)

Harry L. Swinney und Randy Tagg – Abb. 1.21

Harry L. Swinney und Anke Brandstater – Abb. 1.22

Cordon Art – Abb. 2.14 (Holzschnitt von by Maurits Escher)

Ancient Art and Arcitecture Collection – Abb. 2.15, 3.18 (Mosaik) (Chris Hellier), 3.27 (Madrasa)

Oxford Scientific Film – Abb. 3.2 (Enzian) (Geoff Kidd), 3.2 (Malve) (C. W. Helliwell)

Benno Artmann – Abb. 3.4 (Maßwerkfenster)

United States Air Force photograph by Msgt. Ken Hammond – Abb. 3.6 (Pentagon)

F. Bianchini und F. Corbetta, *The Kindly Fruits* (Englische Ausgabe), London, Cassell 1977 – Abb. 3.7 (Johanniskraut)

Telegraph Colour Library – Abb. 3.9 (Mercedesstern)

Christies, London – Abb. 3.10 (Mondflasche), 3.10 (Schale)

Ernest J. Grube, *Islamic Pottery*, London, Faber & Faber Ltd 1980 – Abb. 3.10 (Ladjvardina-Keramik)

Painton Cowen, *Rose Windows*, London, Thames & Hudson Ltd 1979 – Abb. 3.12, 3.13 (Santa-Chiara-Rad)

Karl Maramorosch (Hrsg.), *The Atlas of Insect and Plant Viruses: Vol 8, Ultra Structures in Biological Systems*, 1977 – Abb. 3.16 (Pflanzenviren)

Qi Ouyang und Harry L. Swinney – Abb. 3.17

The Gazebo of New York Inc. – Abb. 3.19

A. N. J. Th. a Th. van der Hoop, *Indonesian Ornamental Design*, Bandoeng, A. C. Nix & Co. 1949 – Abb. 3.20 (indonesisches Muster)

Royal Doulton – Abb. 3.23 (oben links und rechts)

Julian Barnard, *Victorian Ceramic Tiles*, London, Studio Vista 1972 – Abb. 3.23 (Minton und unten rechts)

Franz Sales Meyer, *A Handbook of Ornament*, London, Duckworth & Co. Ltd 1974 – Abb. 3.22

Woodmansterne – Abb. 3.25 (Kathedrale von Coventry)

Owen Jones, *Grammar of Ornament*, Dover, New York – Abb. 3.26

Michael Holford, Buildings Spain/Cordoba – Abb. 3.27 (Mezquita)

British Museum – Abb. 3.28 (Koran)

Sidney Harris – Abb. 7.2